森林管理制度論

志賀 和人 編著

J-FIC

はじめに

本書は，2011 年から著者を中心に続けてきた研究会の中間的成果である。私自身が筑波大学で森林管理学や同演習，フィールド実習，大学院ゼミを担当するなかで，森林・林業問題研究や森林管理制度に関する適当な入門書が見当たらず，不十分なものでもまず何か形にして世に問うことが必要と考えた。森林・林業問題研究は，入門者にとっては頂上が雲海に隠れてみえないうえに登山口の標識もない踏み跡を自らの感性と経験を信じて登って行く覚悟と諦めが必要である。それでも尾根に辿り着いたところで，霧の晴れ間から見上げた峰々を遠望できた瞬間や他のルートからの登山者との思いがけない出会いが何よりの楽しみと醍醐味だ。そんな年寄りの感傷に共感してくれる学生も少なくなった現在，入門書を騙り行く手の厳しさをそれとなく示すことも遭難者を減らす効果が期待できるかもしれない。

大学や研究機関の研究教育環境の変化により研究業績や大学院の学位授与，外部資金獲得の実績が厳しく問われるようになり，効率の悪い体系的研究や新たな方法論の提示が軽視される傾向にある。研究テーマ以外の大学院生への基礎教育も疎かになり，学会報告でも教員や中堅研究者による恥知らずと思える発表も見かけるようになった。

個人的な想いとしては，55 歳を過ぎた頃から統計分析や事例研究にあまり興味が持てなくなり，自らの研究が研究史や方法論において，どのような意味を持っているのか非常に気になってきた。林業団体から筑波大学助教授に 47 歳で赴任し，いま退職を目前にした研究生活の終盤で現代的森林管理制度論にどこまで迫れているかという想いがそれを強く意識させたように思う。私自身は団体職員として過ごした期間が長く，当時の経験の裏返しで現在の行政当局者に対しても失礼な表現があった場合は，現場で振り回され続けた当時の民有林関係者の仲間達を代表した相応のつぶやきとして，お許しいただきたい。

2011 年当時，林業経済学会の会長と総務担当理事として打ち合わせの機会が多かった志賀と山本氏が相談し，土屋氏，立花氏，興梠氏を加えた研究会を組織し，年数回の研究会を行っていた。2014年度に環境学（環境法）で申請した「現代的森林管理論と制度・政策の枠組み構築」（JSPS科研費26550106）が採択され，何らかの成果を世に問うことになった。森林管理の歴史は，人類誕生とともに生まれた最古の技術であり，人間らしさと愚かさの集大成としてその時代を生きた人々の極めてプラクティカルな歴史的営みである。それを唯物史観に基づく構造理解やビジネス化，個人の合理的選択の結果として単純化し，分析するのはいかにも方法的に残念な気がした。

本来は序章・終章のほか，第1章 森林利用と社会，第2章 森林・林業と市場経済，第3章 森林管理と法制度・政策の3章構成を想定していたが，第1章の森林利用と社会に関する分析は最終段階で担当者の都合により割愛せざるを得なくなり，従来の林政学・林業経済学による分析と異なる新制度論的分析視点が後退した。また，各章の関係性や制度変化に対する分析視点の統合が不十分と言わざるを得ないが，それでも各著者とも理論や方法を重視しつつもそれを絶対視せず，対象の多義性を考慮に入れて実証的に現場を見つめ，研究を深化させる視点は共有できていると思いたい。

林業経済研究者や大学院生，行政関係者だけでなく，森林・林業問題に関心を持つ近隣分野の読者からの忌憚のない批判により新たな森林管理制度論に結実することを期待している。本書は多くの研究成果に依拠しているが，読みやすさを優先するため，引用文献の頁数は本文中に明示し，注は必要最低限にとどめた。本研究はJSPS科研費26550106の助成を受け，刊行に当たっては，平成28年度科学研究費助成事業（研究成果公表促進費）「学術図書」（16HP5259）の交付を受けた。

2016年9月30日

志賀 和人

目　次

序章　森林管理制度論の研究対象と方法

第１節　森林管理問題と林政研究

1　森林管理制度論の射程

(1) 現代日本の森林管理問題

1992年の環境と開発に関する国際連合会議（UNCED）における森林原則声明の採択を受けて，国際的に森林法の全面改正や森林認証の拡大など持続可能な森林管理の確立に向けた取り組みが進展している。森林管理の理念と手法は，1990年代以降，従来の木材生産を中心とした経営管理を主体としたものから生態的，社会的，経済的持続性を備えた順応的管理に転換され，利害関係者の参加や民主的運営，科学性の重視が国際的潮流となった。

国際連合食糧農業機関（FAO）のGlobal Forest Resources Assessment 2010によると現行森林法の制定年代は，世界233カ国中98カ国，経済協力開発機構（OECD）加盟国30カ国中14カ国が1990年以降の制定である。日本は2000年以降も1951年森林法の全面改正に踏み込まず，2001年森林・林業基本法の制定による「望ましい林業構造」の確立を通じた林業生産活動の活性化を通じて，林業の持続的かつ健全な発展と森林の多面的機能の持続的発揮を図ることを森林・林業政策の目的としている。民主党政権下の森林・林業再生プラン（以下，再生プラン）では，2020年までに木材自給率50%を達成することを森林・林業政策の最重点課題に掲げ，都道府県段階の森林・林業に関する基本計画でも県産材の生産拡大を重点課題として掲げている県が多くなっている。

その反面，国際的にみると日本は人工林率が高く，伐期に達した人工林も多いにもかかわらず単位面積当たり木材生産量は0.7m^3/haと先進国で最低の水準にある。図序-1はFAO（2010）により主要先進国の1ha当たり森

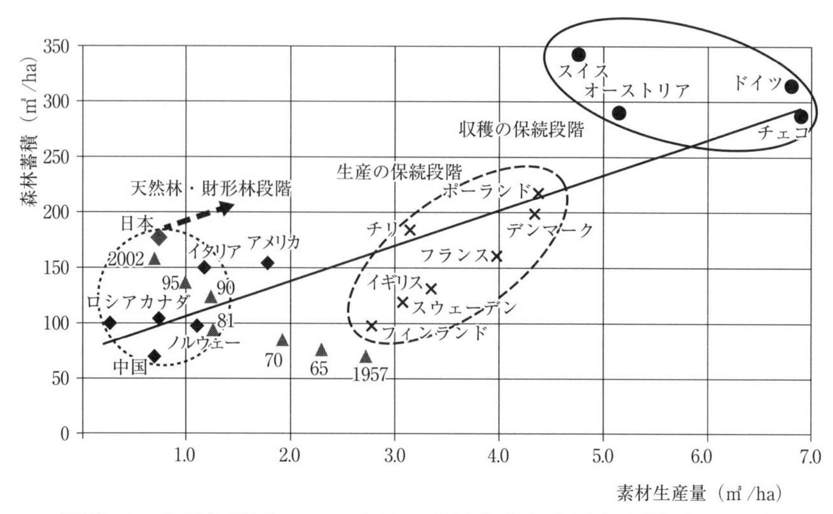

図序-1　主要先進国の 1 ha 当たり森林蓄積と素材生産量（2010 年）
資料：FAO（2010）Global Forest Resources Assessment.
注：▲は 1957 年から 2002 年の日本の推移，矢印は 2011 年基本計画の 2020 年目標を示す。

林蓄積と素材生産量を散布図に示したものである。ドイツ語圏諸国が森林蓄積 300m^3/ha・素材生産 5 m^3/ha 前後であるのに対して，日本は 186m^3/ha・0.7m^3/ha と先進諸国のなかで ha 当たり素材生産量が最低の水準にある。日本以外の国々では森林蓄積の増加と素材生産量に正の相関が認められるのに対して，日本は林業統計要覧による時系列資料をみても 1970 年 86m^3/ha・1.9m^3/ha から 1990 年 123m^3/ha・1.2m^3/ha，2002 年 160m^3/ha・0.7m^3/ha と森林蓄積の増加と素材生産量の減少が一貫して進行する負の相関を示している。

2011 年の森林・林業基本計画では，これまでのトレンドと不連続性の顕著な 2020 年 207m^3/ha・1.6m^3/ha を目標とした政策転換（図上の矢印）を無謀に断行した。国産材生産量は 2002 年 1,509 万 m^3 を底に増加傾向に転じているが，利用間伐の推進のみで同計画の達成や齢級構成の平準化は実現できず，主伐と新植面積の地域差が拡大している。北海道や九州の一部では 2000 年代後半から主伐・再造林が推進され，2012 年度 80 万 m^3 以上の素材生産量を有する 6 道県（北海道，岩手，秋田，熊本，大分，宮崎）は 2006 年度対比で素材生産量 108%，新植面積 111% を維持したが，その他 41 都府県では同111%，56%と新植面積が著しく減少し，6道県の全国の新植面積に占めるシェアは56%から70%に増加した。民主党政権下の再生プランによる森林環境保全直接支援事業と森林整備加速化事業による間伐補助施策の投入はさらにその傾向に拍車をかけた。

林野庁（2014）『平成25年度森林及び林業の動向』は，「森林の多面的機能と我が国の森林整備」を特集し，「高齢級（10齢級以上）の人工林も523万haに上っており，木材等生産機能と地球温暖化防止機能の発揮の観点からは，これらの成熟した森林資源を伐採し，利用した上で跡地に再造林を行う『若返り』を図ることが求められる」（33頁）として再生プランの長伐期・利用間伐至上主義からの路線変更を表明した。同白書は，「国内の林業は，依然として，小規模零細な森林所有構造下，施業の集約化，路網整備，機械化の立ち遅れ等により，生産性が低い状況にある」から「森林資源が十分に活用されないばかりか，必要な間伐等の手入れや収穫期にある森林の伐採，主伐後の再造林等の森林施業が適切に行われず，多面的機能の発揮が損なわれ，荒廃さえ危惧される森林もある」（33～34頁）としている。人工林の主伐・再造林の動向は，同白書の指摘のように林業の生産性が規定的要因であり，人工林の「若返り」は生産性改善のみで解決できる問題なのであろうか。

2016年森林・林業基本計画では，2020年210m^3/ha・1.3m^3/ha，2025年215 m^3/ha・1.6m^3/haと2011年計画の供給量目標数値の5年繰り延べによる修正がなされた。問題は，その世界水準とのパフォーマンス・ギャップを自覚せず，2016年基本計画が223m^3/ha・成長量2.1m^3/haを日本の「指向する森林の状態」とし，戦後日本の森林整備と素材生産の非持続性がどのような要因により規定され，その改善に何が必要かに関して，その原因と対策が的確に理解されていない点にある。図序-1のドイツ語圏諸国と日本の違いが何に起因するか，実態に即した検討と研究蓄積に依拠した現状認識が重要となる。

G. スパイデル（1967）は，林業の保続性を「経済的並びに経済外的な要求と目的の最適な実現における永続性と恒常を保証する経営条件の維持と創造を意味する」（27頁）と述べ，森林資源や林木生産の保続のみでなく，経営組織と経営対応を念頭に置いた保続概念を1960年代に提示している。再生プランは，ドイツ林業をモデルにしているとされるが，路網密度やフォレスターの設置などの表層ばかりが論じられ，森林管理全体の枠組みや森林経営に関する歴史的な基層と経営システム，経営組織に関する理解を欠いている。

図序-2にスイスの150年間（1860～2010年）の素材生産量と1ha当たり素材生産量の推移を示した。第2次世界大戦期と1990年，2000年の暴風害を例外として，燃材から用材へ用途転換しながら3～5 m^3/haの素材生産量の長期安定性を維持している。第2次世界大戦前と異なり森林面積の変化が少なくなる1970年代以降は，折れ線と棒グラフで示した1 ha当たり素材生産量と素材生産量の変化が対応するようになる。H. Kasper（1989）は，連邦工科大学林政学演習で使用されているテキストで，カントン・ニトヴァルデンの1923～1979年の団体有林の計画伐採量（Hiebsatz）と年間伐採量（Gesamtnutzung）の推移をグラフで示し，1940～47年の第2次世界大戦前後と1970年代の暴風害の時期を例外として，1950年代半ば以降，森林施業計画に準拠した素材生産と更新が継続されているとしている（108～110頁）。つまり，「生産の保続」のみでなく，「林木収穫の保続」を経営単位ごとに長期的に持続できる経営体の広範な成立がその基盤として重要である。

現在においても第2章第2節で検討するゲマインデ有林のように経営環境の変化に対応できる中核的森林経営が存在し，その総和として国全体の素材生産量の長期的安定性が保たれている。スイスの素材生産と森林資源の長期的持続性の基盤は，コスト問題や生産性視点のみでは説明できず，森林資源の循環利用に関しては，①森林資源と林産物生産，②投資資金，③施業技術・情報・人材，④地域社会と経済の4つの循環の統合が重要であり，日本とスイスの循環利用水準の違いは，この4つの規定要因の反映として，その改善策を構築すべきである。

著者の現代日本の森林管理問題に関する現状認識は，日本の近現代林政は「森林管理」と「森林経営」の両面における脆弱性を持ち，それに関して林野庁や政権与党，民主党の森林・林業政策や林業経済研究者の見解も問題の所在を的確に把握できていないと考える[(1)]。とりわけ終章の3で取り上げ

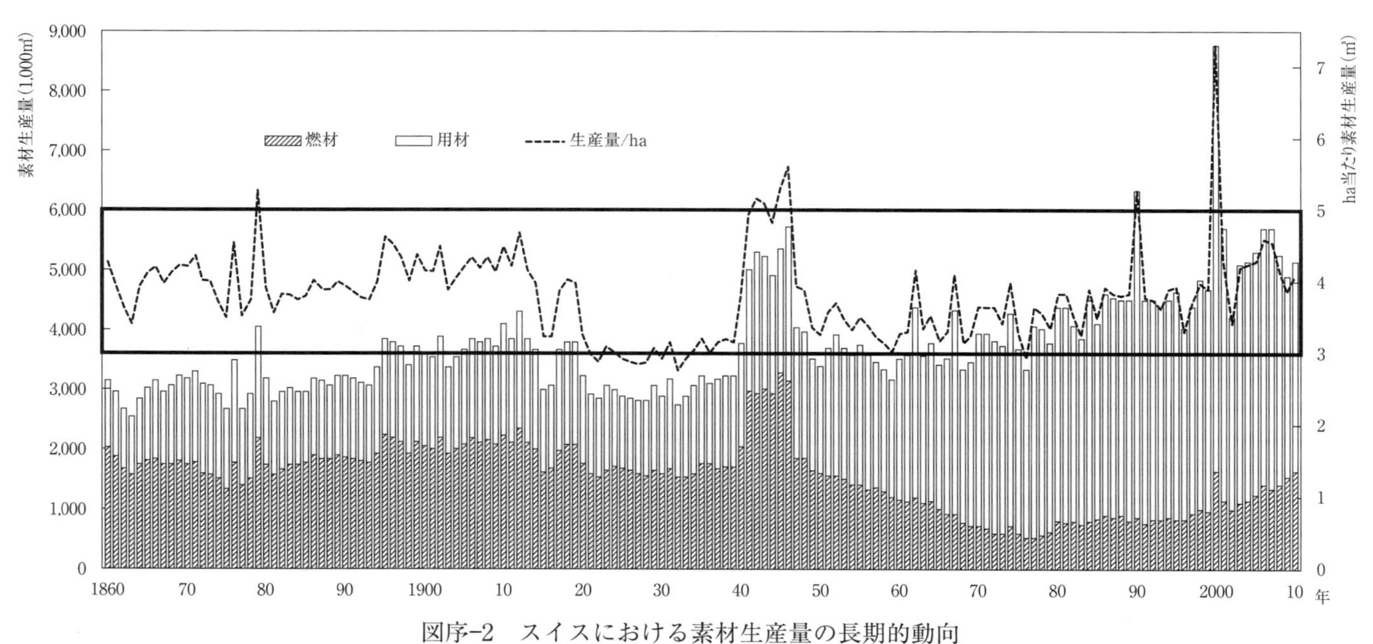

図序-2　スイスにおける素材生産量の長期的動向

資料：H. Ritzmann-Blickenstorfer（1996）Historische Statistik der Schweiz, BUWAL/BAFU: Wald und Holz Jahrbuch.

た森林利用と社会・住民の関係と慣習・法制度の関係性は，コモンズ論や社会的共通資本論，ガバナンス論の指摘を待つまでもなく重要であるが，現代的課題に対する実証研究の蓄積は少なく，今後の研究の進展が期待される。

(2) 本書の視点と構成

現代日本の森林・林業政策と森林管理の問題点を克服するためには，個別政策の部分修正にとどまらず，林政の基本理念を構成する森林管理（Forstverwaltung）及び経営（Betrieb）の形成過程と日本の抱える問題点を近現代林政の帰結として，総括する必要がある。本書では，序章第1節の現代日本の森林管理問題と林政学の研究史，第2節の近現代林政の歴史的展開過程，第3節の森林管理制度論の研究対象と方法に関する検討を踏まえ，以下の構成により森林管理制度論の枠組みを提示する。

序章では，現代日本の森林管理制度と林政研究の問題点に関して，ドイツ語圏諸国と日本の森林利用・経営・管理の歴史的展開と研究史を踏まえ，林政学・林業経済研究の問題点を明らかにした。その問題点を克服するため，新制度論による研究成果を踏まえ，歴史的制度論と森林管理論の統合による森林管理制度論の視点と方法を示した。

第1章から第4章では，森林・林業と木材産業の市場対応について，森林所有と林業経営，林家と地域，林業事業体と林業労働，森林の観光レクリエーション利用の観点から現状と課題を検討した。第1章では，一般経済と林業セクターの位置づけを概観し，木材産業の展開と木材需給，木材流通の変化に関する日本的特徴を示した。第2章では，森林資源の保続と育林投資，森林所有と林業経営体の関係を統計分析と代表的経営事例，ドイツ語圏諸国の森林経営との比較分析から日本の人工林経営における市場対応の問題点を指摘した。第3章では，林家の歴史的性格を踏まえて，林家による自伐と集落営林への取り組みと森林・林業基本法下の林業事業体と「緑の雇用」現場技能者育成対策事業（以下，「緑の雇用」事業）の展開過程を検討し，その性格規定を行った。第4章では，新たな市民的森林利用としての観光レクと観光レク開発の日本的発展を対比し，森林・山村への影響と自然公園・森林公園政策の検討を通じた自然保護・レク利用における市民的管理の可能性を検討した。

第5章の森林管理と法制度・政策では，近現代日本林政の展開過程について，森林法の展開と国土保全政策，資源政策，国有林政策，産業政策，社会政策，環境政策の6点から検討し，基本法林政以降の日本林政を「伏流化する国有林政策」と「流転する日本林政」として特徴づけた。終章では，序章で提起した戦後林政の克服と制度変化に関して，第1章から第5章の分析を踏まえて総括し，人工林の循環利用と多面的機能の持続的発揮を可能にする森林管理の制度的枠組みを示した。

以上の構成は，当初，後掲図序-3に示したドイツ語圏諸国と日本における森林利用と森林経営，森林管理の歴史過程に対応した共同体的管理から市場経済の浸透による私的・国家的管理，さらには21世紀における公共的管理への移行過程のなかで，現段階を規定する基層として，①森林利用と社会，②市場経済と森林・林業，③森林管理と法制度・政策の3部構成を想定し，その相互関係の分析を重視する研究計画を描いていた。しかし，①の森林利用と社会に関しては，担当者の都合により全面的に削除せざるを得なかったので，その点に関する分析の不充分さは否定できない。

本来であれば世界史的な森林利用・森林経営・森林管理の歴史過程に対応した日本の位置づけが必要であるが，現在の日本の森林・林業問題研究の蓄積や編者の能力を超えるため，森林資源の有限性を早期に経験し，育成林業の展開による循環経営の形成とUNCED以降の持続可能な森林管理への移行を先導したドイツ語圏・北欧諸国と日本の比較から森林管理制度論の枠組みと日本の課題に迫ることとした。J. ラトカウ（2012）は，「持続可能性へと向かう，林業におけるヨーロッパの特殊な道は，…中央ヨーロッパで最も顕著である」（279頁）として，その背景を資源の有限性（それを取り払うコロニアリズムの弱さ）と森林と権力に関する分権性に求めている。日本とスイスは，ともにドイツ林学の影響を受け，19世紀後半に森林（警察）法を制定し，山岳林が多い後発資本主義国として，近代林政の構築と森林経営の確立に取り組むが，120年後の到達点は対照的であった。

図序-1･2に示した単位面積当たりの森林蓄積・素材生産量と時系列的素材生産量の推移だけでなく，終章で検討した住民の森林に対する近親性や法体系にもそれは端的に表れている。スイス林業と林政も現在，様々な問題を抱えているが，Future Policy Award 2011を受賞するなど，その森林政策に関する国際的評価は高く，政策手法の分権性や多様性は，日本と対照的であるが故にその手法を直接，導入することはできないが，日本の問題点を映す鏡として最適である。スイスはドイツやオーストリアと異なり建国以来，ナポレオン傀儡政権のヘルベティア共和国時代の2年間以外は，国土は侵略されず海外の植民地も持たず，有限な自国の森林を対象とした森林管理を継続してきた。そのため，歴史的な経緯や制度の内容が把握しやすく，統計資料や政策情報の公開も進んでいることから本書における日本との主な比較対象としている[(2)]。

2　森林管理概念の変遷と林政学

(1) 森林管理の国際化と現代的管理

日本で1897年森林法が成立して，120年近くが過ぎようとしている。国有林や山梨県有林など日本を代表する森林経営体も100年を超える歴史を持つ。日本の森林・林業問題研究も明治期における林政学の導入から第2次世界大戦後の林業経済学の展開を経て，現在に至っている。

ドイツ連邦政府は，2013年国際森林年のテーマに「300年の持続」Internationaler Tag des Waldes 2013 zum Thema ≪ 300 Jahre Nachhaltigkeit ≫を掲げ「持続可能性を現代的なものと考えますか？ 私たちは300年前のカルロヴィッツの時代からドイツ林業で実践しています」とのメッセージをザクセン鉱山技師・官房学者H. C. von カルロヴィッツ(1713)『森林経済学』の写真を添え，ドイツ林政の歴史的継続性と国際的先進性を強調した。300年の王道を歩むドイツ語圏林業・林政に対して，日本は2015年で山林局設置から139周年，戦後林政70周年，島田錦蔵（1965年再訂版序）に「この種のものとしては世界唯一の立法」と言わしめた林業基本法制定から50周年を迎え，林業基本法から森林・林業基本法という国際的に例のない「孤高」の道を選択した日本林政の成果と国際性をどのように総括すべきであろうか。

歴史的な森林管理概念をドイツ語圏諸国と日本の代表的学術書から集約すると後掲表序-2に示した以下の3段階の解釈が存在する。1990年代以降,「林業経営的森林管理」から「21世紀の持続可能な森林管理」への最終的転換が国際的に進行したが，日本はこの潮流に十分な対応ができず，現段階の森林管理問題の解決への指針提示に最近20年間の林業経済研究は無力であった。個々の研究の実証的な積み重ねとともにその方法論を見直し，国際化を阻む日本の森林管理の基層を解明する必要がある。

第1の19世紀の森林警察論的森林管理は, J. C. フンデスハーゲン（1824）『林学百科事典：森林警察論』に代表されるドイツ林学・林政学における森林管理概念である。日本では川瀬善太郎（1903）『林政要論 全』第3編において,「森林に對する政府の任務」を保護林，森林警察，森林刑事，林役権，林地の整理及び分割制限，林業組合，営林監督，森林教育等の国家権力による制裁権，森林立法権に基づき，その森林警察論的管理を論じている。

第2の20世紀前半の林業経営的森林管理は,『林業百科事典』（1961）における「森林管理」概念で「人的集団としての林業経営の組織と運営に関するもの」（377頁）と松島良雄はこれを定義し,「森林管理」を林業経営に包含される部分概念とする経営経済学的理解である。島田錦蔵（1919）も「森林管理とは之を簡単に『森林企業の経営に関する理論及方法を攻究する学なり』と云うことが出来る」とし,「これを森林管理学（Forstverwaltungslehre）と名付くべきものなりと主張する者」もあると付け加えている。同冊子は農林省山林局内に置かれた興林会発行の興林会叢書第10輯として，東京帝国大学農学部実科の講義を収録したもので，当時の行政的・学術的理解と考えられる。

第3はUNCEDの森林原則声明や政府間プロセス，森林認証の基準・指標に具現化されている21世紀の持続可能な森林管理概念である。これは現在及び将来的に森林の生態的，経済的，社会的持続性を維持し，生物多様性や生態系にダメージを引き起こすことがないような方法と程度での森林の管理と利用と定義され，経営より広義の森林管理への再転換を意味する。日本では現在も「管理」と「経営」の明確な概念区分がなされず，日本林業技術協会編（2001）『森林・林業百科事典』では「forest management を森林経

表序-1　ヘルシンキ・プロセスの基準と汎欧州施業レベルガイドライン（PEOLG）の骨子

	ヘルシンキ・プロセスの基準	PEOLGの例示
基準1	森林資源の維持・増進と地球的炭素循環への貢献	管理計画とモニタリングの定期的実行，適切の育林措置の採用
基準2	森林生態系の健全性と活力の維持	森林の健全性の定期的監視，殺虫剤，農薬，肥料の使用制限
基準3	森林生産機能の維持および促進	管理計画における健全な経済的実績の追及，多面的機能への配慮
基準4	森林生態系における生物多様性の維持・保全	生物多様性・生態系保全，外来種等の使用規制，伝統的管理の尊重
基準5	森林管理における保全機能の維持・増進	水資源・土壌・インフラ保護への配慮，特別な保全機能の特定と責任
基準6	社会経済的な機能と条件の維持	所有権・利用権の明確化・尊重，雇用機会と労働安全，情報提供と教育

資料：http://www.pefcasia.org/japan/tech_doc/PEOLG.pdf から要約。

営と訳す場合と森林管理と訳す場合がある」（482頁）とし，現在も明確な概念の違いを区別していない。

UNCEDの森林原則声明と地域間プロセスで規定された持続可能な森林管理の枠組みを現場レベルまで掘り下げた国際的合意として，表序-1に示した汎欧州施業レベルガイドライン（Pan European Operational Level Guidelines, PEOLG）がある。PEOLGは，森林保護欧州閣僚リスボン会議で採択された森林管理の実行単位におけるガイドラインであり，ヘルシンキ・プロセスの6基準の生態学的，経済的，社会的要求事項に対応した「森林管理計画のためのガイドライン」と「森林管理の実践のためのガイドライン」から構成される。

PEOLGは，PEFC森林認証規格（Programme for the Endorsement of Forest Certification Schemes）の必須要求事項として，相互承認する各国森林認証規格で準拠され，日本では緑の循環認証会議（SGEC）の森林認証規格に取り入れられている[(3)]。日本の森林認証面積は森林管理協議会（FSC）39万haとSGECの150万haを併せても189万haと森林面積の8%に過ぎない（2016年7月現在）。SGECは2014年にPEFC森林認証プログラムに加盟し，2016年に相互承認を完了し，中国，インドネシア，マレーシアに続きアジアで第4番目のPEFCの相互承認国となった。日本における森林経営計画の計画事項や後掲表2–1に示した日本における「森林管理」の内容と比較し，その管理概念が意味する内容の違いや土地純収穫説に基づく経営モデルに対する制度の国際的規定性に注目したい。

(2) 林政学の研究史と主要文献

日本では明治初期のドイツ林学の導入から林政学の歴史が始まり，戦後，1955年に設立された林業経済研究会が1978年に林業経済学会に引き継がれ，研究対象と方法の多様化が進展している。林業経済学会編（2006）には，林業経済研究会から林業経済学会に至る60年の研究動向と分野別の文献リスト，主要論文が収録されている。しかし，問題はそれが各分野の回顧的評価にとどまり，そこから林業経済研究の方法的革新の方向性や展望が明確に見い出せない点である。

表序–2に日本とドイツ語圏諸国における林政学・森林経営学の主要文献を森林管理概念の変遷に対応させて示した。

ドイツでは17世紀頃から造林技術が開発され，皆伐作業による人工造林が行われ，区画輪伐や材積平分法による収穫規整が導入された。カルロヴィッツの時代の官房学から18世紀後半から19世紀になるとG. L. ハルティッヒ（プロイセン枢密顧問官・山林局長，ベルリン大学名誉教授）やH. コッタ（ザクセン森林測量局長，ターラント林科大学学長）らの林学者によって林学・森林経理学が体系化され，計画期間の標準伐採量から毎年の伐採量を決定し，各分期の材積収穫規整に基づいた施業計画を編成するようになった。J. C. フンデスハーゲン（ヘッセン林務官，ギーセン大学教授）により森林経営の理念的目標として法正林概念が形成され，標準伐採量から現実の森林を法正蓄積に誘導するフンデスハーゲン法が当時の代表的収穫規整法となった。

19世紀半ばから資本主義の発展により経済主義的傾向が支配的となり，C. J. ハイエル，M. R. プレスラー，J. F. ユーダイヒにより土地純収穫説に基づいた森林経理学が生み出された。ただし，第2章の第2節でバイエルン州有林施業案規程の動向を検討するが，島田錦蔵（1964）も土地純収穫説は「講壇で説かれただけであって，実行はされなかったことが注意を要する」

表序-2 日本とドイツ語圏諸国における林政学・森林経営学の主要図書

区分	年	林政学研究の主要文献と法制度
森林警察論的管理	1713	H.C. von カルロヴィッツ『森林経済学』
	1802	G.L. ハルティッヒ『森林行政学原理』，H. コッタ『林学概論』(31)
	1824	J.C. フンデスハーゲン『林学百科事典：森林警察論』
	1841	C.J. ハイエル『森林収益調整法』，オーストリア帝国森林法（52）
	1858	M.R. プレスラー『合理的森林経営と最高収益の造林 1 ～ 5 巻』(～ 68)
	1871	J.F. ユーダイヒ『森林経理学』
	1876	山林原野官民有区分，スイス連邦高山地帯森林警察法
	1881	農商務山林局，東京山林学校設置
	1887	J. レーア『森林政策』，高橋琢也『町村林制論 完』(89)
	1895	和田國次郎『森林学』，志賀泰山『森林経理学 前編』
	1897	第 1 次森林法（日本）
	1902	スイス連邦森林警察法
	1903	川瀬善太郎『林政要論 全』，本多静六『増訂林政学』
林業政策論的管理	1905	M. エンドレス『林政学ハンドブック』
	1907	第 2 次森林法（日本）
	1922	A. メーラー『恒続林思想』，H. ビオレー『照査法の基礎と森林経理』
	1926	H.W. ウェバー『林業政策論』，C. ワグナー『理論森林経理学』(28)
	1937	吉田正男『理論森林経理学』
	1939	森林法改正，V. ディートリッヒ『林業経営経済学』(38 ～ 45)
	1940	薗部一郎『林業政策 上巻』
	1941	島田錦蔵『森林組合論』
	1947	林政統一，島田錦蔵『林政学概要』(48)
	1949	V. ディートリッヒ『林業政策学』
	1951	第 3 次森林法（日本），石渡貞夫『林業地代論』(52)
	1956	甲斐原一郎『林業政策論』，国有林生産力増強計画（57）
	1960	「林業の基本問題と基本対策」答申，木材増産計画（61）
	1961	木材増産計画，吉田正男『林業経営学通論』
	1964	林業基本法，黒田迪夫『ドイツ森林経営学史』(62)
	1965	中尾英俊『林野法の研究』
	1967	G. スパイデル『林業経営経済学』
持続可能な森林管理	1971	K. ハーゼル『林業と環境』，熊崎実『森林の利用と環境保全』(77)
	1975	ドイツ連邦森林法，オーストリア連邦森林法
	1985	スイス連邦議会森林枯死特別セッション（連邦森林法制定の端緒）
	1990	半田良一編『林政学』(96 第 2 版部分修正)
	1991	スイス連邦森林法，カントン森林法改正（1995 ～）
	1992	国連環境開発会議
	2001	森林・林業基本法，M. クロット『森林政策分析』
	2002	オーストリア連邦森林法改正
	2012	G. オーステンら『森林経営のマネジメント』, 国有林野管理法等改正
	2013	国際森林年・ドイツ保続林業 300 周年キャンペーン
	2014	F. シュミットヒューゼンら『林業・林産業のマネジメントと企業』

注：（　）は，スペースの関係で統合した項目の年次を示し，著書は代表的著書を例示した。

(269頁) としている。

20世紀に入るとM. エンドレス (1905)『林政学ハンドブック』が出版され, 森林警察的行政理念から経済政策的理念 (Forstwirtschaftspolitik) への移行を決定づけた。エンドレスは土地純収穫説の立場に立ち, ミュンヘン大学教授・学長を務め, 日本の山林局幹部にも大きな影響を与えた(4)。1920年代にはA. メーラー (1922)『恒続林思想』やH. ビオレー (1922)『照査法の基礎と森林経理』が皆伐人工造林を中心とした施業法と森林経理に対し, 漸伐や択伐による施業法を合自然的施業として重視し, 昭和初期の日本における国有林施業にも大きな影響を与えた。

この頃からC. ワグナー(1928)『理論森林経理学』, 同 (1935)『林業経営学の基礎』, V. ディートリッヒ (1941)『林業経営経済学』, G. スパイデル (1967)『林業経営経済学』のように森林施業法・森林施業計画の樹立を研究対象とする伝統的森林経理学と林業経営の経済的側面を研究対象とする林業経営経済学を区分し, 後者に一般経営経済学の手法を導入する試みがなされた。

ディートリッヒは, エンドレスの後任としてミュンヘン大学の教授・学部長を務めた林政学・林業経営学の権威であり, V. ディートリッヒ (1945)『林業政策論』をK. ハーゼル (1971) は「Victor Dieterichの林政的森林機能論がなかったとしたら, 本書は, 恐らくこのような形では書かれなかったと思う」(緒言) と高く評価している。日本では戦後, 石渡貞夫 (1952)『林業地代論』に代表されるマルクス経済学や農業経済学の方法に準拠した林業経済論が主流となり, ディートリッヒやスパイデルの研究が1970年代までの林業経済学に大きな影響を与えることはなかった。

第2次世界大戦後の林政学では, K. ハーゼル (1971)『林業と環境』が「森林政策的機能論」に基づき林業と空間整備政策, 環境の関係を論じており, 1920年代以降の林業政策論的林政から1975年のドイツ連邦森林法に継承される多面的森林機能の持続的発揮を中心とした政策理念への転換を学術的に推進した。UNCED以降では, M. クロット (2001)『森林政策分析』が市場, 政治, 社会と生態的森林資源の相互関係のなかで森林管理制度を把握し, 社会や政治過程との関係性や情報・コミュニケーション過程を研究対象に取り込んでいる。

2010年代以降，ドイツ語圏ではF. シュミットヒューゼンら（2014）『林業・木材産業のマネジメントと企業』が林業経営と木材産業の関係からみたイノベーションに関する林政学と経営学を統合した分析を展開している。G. オーステン・A. レーダー（2012）『森林経営のマネジメント1巻～3巻』は，スパイデルの林業経営経済学を継承し，リスク管理に関する経営学の成果を踏まえた林業経営経済学の展開を試みている。

(3) 林政研究と制度・政策の研究視点

日本の明治期以降の代表的な林政学の教科書から各段階の森林管理制度の研究視点は，次のように特徴づけられる[(5)]。

1897年の第1次森林法制定当時の林政学は，ドイツ林政学を翻訳した森林警察論的林政学として，本多静六（1903）『増訂林政学』と川瀬善太郎（1903）『林政要論 全』に代表される。川瀬の林政学は，先にみたように国家政策による「林政の本務」としての制裁権・立法権の行使を中心とした林野所有と利用権の調整，森林行政組織の任務を主題としているが，1897年森林法では，御料林・国有林経営の確立が優先され，森林警察的規制は帝国議会の反対により削除され，林野行政がドイツ語圏諸国における公有林・私有林行政のように高権的任務を担うことはなかった。

森林経理学では，高知大林区署長・御料局業務課長を歴任し，明治・大正期の御料林における施業案編成の中心となった和田國次郎（1895）『森林学』（第1編森林学総論・森林設制学）やドイツ留学でユーダイヒに師事した志賀泰山（1895）『森林経理学』がある。志賀泰山は東京大林区署長と東京帝国大学教授を兼務し，国有林施業案心得草案を起草し，官有林野施業案編成心得及び製図式（1893年農商務省訓令第17号）として，それが公布されている。

1907年の第2次森林法の段階では，日露戦争後の木材需要の増加に対応した積極的利用増進を図るため，森林法第4章に土地の使用及び収用，第5章に森林組合の規定が新たに加えられた。後述するように行政組織や予算において私有林を対象とした林政が定着するのは，昭和期に入ってからである。明治末から大正期における林政学，森林経理学の図書に見るべきものがないのは，ドイツ林学導入から日本の実態に即した学問体系の構築に結実する期間が必要だったのであろう。薗部一郎・三浦伊八郎（1929）『標準林学講義 上巻・下巻』では，下巻で「第7編 林業の経営」，「第8編 林政」，「第10編 森林地理」，「第11編 森林美」が取り上げられている。しかし，「林業の経営」は測樹論，林木生長論，森林評価，林業較利，森林経理，森林管理の6章，「林政」は森林及び林業の歴史，林業の生産，森林の効用，森林政策の4章から構成され，経営や林政に関する分析が社会科学的方法として体系化されているとはいえない。

1939年森林法段階では，薗部一郎（1940）『林業政策 上巻』が20世紀以降のエンドレスやディートリッヒのドイツ林政学を参照し，森林機能論や経済政策的視点を付加し，木材生産機能に由来する「森林の直接的効用」と公益的機能に由来する「森林の間接的効用」の関係を論じている。島田錦蔵（1941）『森林組合論』は，森林組合制度・村持入会地研究の2部構成による島田の学位論文であり，ドイツ林政学の「翻案」からの脱皮を意図し，制度（と経済）とむら（共同体）に森林管理の基層を求めた。

戦後，1951年森林法段階では，甲斐原一朗（1956）『林業政策論』が林業政策論を林業に関する経済政策論と規定し，林政学における制度論的側面を切り捨てた。戦後，島田錦蔵（1948）『林政学概要』が出版され，53年に森林法改正，61年に林業の基本問題と基本対策答申，65年に林業基本法の制定を踏まえた改訂を重ね，通算1万部を超える林政書のベストセラーとなる。半田良一編（1990）『林政学』は，林業基本法制定以降の林政学の代表的教科書であり，産業としての林業の確立と国土保全，環境形成の確保を目的とし，政策主体としての林野庁・都道府県・市町村，関係団体を主体とした政府による実行，規制，誘導・助長措置を基軸にこれを検討している。

戦後における林政研究で特徴的な点は，林業経営（経済）学と森林経理学，国有林経営に関する研究の展開が1960年代半ば以降途絶え，熊崎実（1977）『森林の利用と環境保全』の厚生経済学による分析と中尾英俊（1965）『林野法の研究』の法社会学による研究以外に林野利用と森林環境政策を体系的に分析した研究が欠落し，森林法体系や基本法林政・基本政策に関する実証分析に基づく体系的研究がほとんど存在しない点である。

3　林業経済学の社会・歴史認識

(1) 林業経済学の社会認識

初期の林業経済学が方法的基礎としたマルクス経済学は，基本的に下部構造（経済）が上部構造（法・政治）を規定するという枠組みで社会と経済の関係を把握し，資本の運動法則に基づく経済メカニズムの探究を目指した。一方，新古典派経済学は，経済過程の独立的合理性を前提に経済人としての方法的個人主義による選択を社会や政治過程と切り離し，その経済理論を組み立てた。その結果として，両者の全知的合理性を前提とする世界観は，限定的合理性を前提とした経営学的研究や新制度論との認識論段階での相違として，研究の実践性と社会的当事者性及び問題解決の多様性にも反映される対極的方法を示すことになる(6)。

林業経済研究では，第1世代の代表的研究である倉澤博編著（1961）『日本林業の生産構造』や鈴木尚夫（1971）『林業経済論序説』では，林業における土地所有と資本，労働の関係を基軸とする「林業構造」を問題把握の基礎に据えた。林業問題を林業資本の運動法則として把握し，育林資本や林業生産期間の長期性に関する経済学的解明を目指した林業地代論研究では，土地の有限性という地代論に不可欠の前提を軽視し，石渡貞夫（1952）では採取的林業と素材生産資本を林業資本（林業経営）に祭り上げた。林業経済研究では現在もマルクス経済学的枠組みと個別事例における経営現象を無媒介的に結合した「研究」が横行し，方法的停滞に陥っている。

第2世代の林業構造研究会編（1978）『日本経済と林業・山村問題』では，林業内部の生産関係から日本資本主義による林業・山村把握にその分析視点を転換したが，両者とも経済関係を中心とした資本の運動法則として林業問題を分析し，森林管理問題や山村問題も林業問題や資本主義経済論の延長上に把握しようとした。林業経済論の主な文献と入門書として，森巌夫編（1983a），鈴木尚夫編著（1984），船越昭治編著（1999）がある。

塩谷勉・黒田迪夫編（1972）や森巌夫編（1983b）は，1970年代から80年代の林業経済論による山村問題研究の代表的業績であるが，1990年代以降，森林管理問題や山村問題は，林業問題と必ずしも同じ対象領域と方法論で論じきれないことが明らかとなる。山村問題研究では，岡橋秀典（1997）『周辺地域の存立構造』が1990年代までの山村問題研究の包括的文献レビューを行い，山村を林業によって分化した地域や林業集落として把握する林業経済学の林業問題視点からの山村問題把握を「山村における林地の卓越は否定しようもないが，そこから産業の基幹部門としての林業を導出することには無理があろう」（12頁）と総括している。

山村研究の国際動向では，W.ベェティング（1991）『アルプス：欧州地域景観の歴史と未来』やC.フィスター編（2002）『その日の後：1500年～2000年のスイス自然災害の克服過程』など人文地理学における国際的研究も参照される必要がある。森林管理問題では，志賀和人・成田雅美編著（2000）『現代日本の森林管理問題：地域森林管理と自治体・森林組合』が林業経済論を超えた地域森林管理の現状分析を試みている。

(2)「森林社会」論・コモンズ論の歴史認識

内山節編著（1989）『森林社会学宣言』は，森林・林業問題研究における経済学的分析の限界性を提起し，2000年代に入ると北尾邦伸（2005），三井昭二（2010）など「森林社会」をテーマとした学術書や研究が増加する。それらは総じて経済関係に限定されない社会と森林の関係に注目し，林業「経済学」に対する批判的視点から出発しているが，その方法は一様ではなく，分析対象である森林と社会の歴史や人間の関係性に即して，体系化されているとはいえない(7)。

環境史研究では，松田裕之・矢原徹一責任編集（2011），大住克博・湯本貴和責任編集（2011）が時間的射程を超長期な自然史のなかに森林生態系を位置づけ，歴史的・文化的な人と自然の関係に注目している。森林生態系と住民との歴史的・文化的関係の把握は森林管理の分析に重要であるが，そこでは国家や市場経済との関係が軽視される傾向にあり，J.ラトカウ（2012）が世界史的視野で「自然と権力」の関係を論じているように日本の森林環境史研究や里山論に対する重要な論点を提起している。

2000年代以降の林業経済研究では，アメリカにおける自然資源管理論やコモンズ論による地域資源管理における住民参加や共同管理に注目した研究が登場し，その代表的研究として柿澤宏昭（2000）『エコシステムマネジメント』や井上真・宮内泰介（2001）『コモンズの社会学』がある。全米研究評議会編（2012）『コモンズのドラマ』では，「世界中の多くの国々で自然資源の管理において共有資源制度の枠組みが実態として続いて」おり，「持続可能な資源管理とは，資源に対するガバナンスを形作る際に集合行為に基礎をおいた人間の制度の持続可能性から独立して存在せず，また，ローカルな利用者は往々にして資源と制度の持続可能性に関して最大の利害関係を有する」（56頁）ことから，「偏狭な利己心と1回限りのやり取り」（5頁）ではないコモンズの長期存続のための設計原理に注目している。

第3節の3で後述するように私的セクター（市場経済）と公的セクター（法制度・政策），共的セクター（地域社会）は別個に存在するのではなく，その歴史的な関係性において相互に重層的影響を与え，固有の歴史性と多様な地域性を持つ。本書ではある条件下で現存するコモンズの自然資源管理における国家や市場に対する優位性ではなく，国や自治体の制度・政策，林業セクターの市場対応に対する経路依存性と相互作用に注目する。

服部良久（2009）は，アルプスの林野利用に関する農民紛争の歴史から地域公共性と国家の関係を分析し，中世・近世における領主と農村社会の秩序形成において，林野利用は決定的な位置を占め，国家の社会統制のあり方をも規定したとし，ゲマインデ間の農民紛争，仲裁の相互行為（渓谷共同体）と領邦レベルの政治的意思決定への参加過程に注目し，「近代国家による社会統制は，多元的な法と慣習を持つ地域社会との妥協の過程を経てのみ，一定の効果を持ち得た」（288頁）としている。

日本における森林所有と利用権の対抗関係で最も濃密な対抗，協調関係を有した山梨県有林と恩賜県有財産保護組合の歴史をみても現存するコモンズは，大橋邦夫（1991，1992）や志賀和人・御田成顕ら（2008）が明らかにしたように山梨県有林の経営展開や国の制度・政策と無関係ではなく，歴史的過程のなかで再編され，変質したものである。そこで林野利用における地域共同性は，森林管理を支える重要なアクターを構成するが，それ単独では森林管理の長期持続性を支える必要十分条件を備えていない。森林管理問題を研究する際に歴史的時間を踏まえた社会と森林の関係性を制度や企業組織，地域社会との関係を視野に入れ，その実相を分析することが重要な所以である。

第２節　近現代林政の展開と経路依存性

1　森林利用・経営・管理の展開過程

(1) 森林管理の基層と時間軸

森林資源の有限性を地域が歴史的に経験し，育成林業が早くから展開したドイツ語圏諸国と日本の事例から中世以降の森林管理の歴史的基層と長期持続性の基盤を検討する。今後，新大陸や日本以外のアジア地域，発展途上国を視野に入れた国際研究の深化が期待される。

図序-3 に日本とドイツ語圏諸国における森林利用と管理制度の推移を示した。封建社会における自給的利用段階の共同体的管理から 19 世紀以降の商業的木材生産の拡大期（私的・国家的管理）を経て，現在，多面的森林機能の持続的発揮が求められる公共的管理の段階に移行している。

以上の過程は，国や地域単位にみるとその位相が異なり，直面する森林管理問題の歴史的，地域的多様性が大きい。したがって，問題解決の処方箋

時期区分	～18 世紀	19 世紀	20 世紀	21 世紀
社会環境	封建的規制の撤廃	育成林業の展開	燃料革命・木材貿易	「豊かな社会」と地球環境問題
森林利用	自給的利用		商業的木材生産の拡大	多面的森林機能の発揮
管理方式	共同体的管理		私的・国家的管理	公共的管理
政策課題 政策手法	所有権と利用権の調整 林務組織と森林警察	保続的森林経営の確立 保安林制度	施業計画・森林組合・補助	持続的森林管理 土地法・環境法との結合 森林認証
連邦段階の実定法	ドイツ：森林令等	（州森林法）	1975 年連邦森林法	（州森林法の改正）
	スイス：カントン森林法令	1876 年連邦高山地帯森林警察法・1902 年連邦森林警察法		1991 年連邦森林法 （2013 年一部改正）
	オーストリア：森林令等	1852 年森林法（ﾊﾌﾟｽﾌﾞﾙｸ帝国）	1975 年連邦森林法	2002 年連邦森林法
	日本：1897 年森林法	1907 年森林法	1951 年森林法　1974 年林業基本法	2001 年森林・林業基本法

図序-3　ドイツ語圏諸国と日本における森林利用・管理方式と政策課題の推移

は，国や地域の歴史性を踏まえた個別的検討が必須である。同時に国際的視点と社会経済システムの重層性を踏まえた特定の国の経路依存性の呪縛から自由な研究視点を堅持する必要がある。なお，森林・林業政策の階層性を秋吉貴雄（2015）に基づき政策（policy），施策（program），事業（project）として理解するが，本書では個別の事業内容の分析には踏み込まない。従来の林政学・林業経済学における政策分析は，国の林政に関する政策理念と個別事業の事例分析が多く，制度変化のメカニズムや国・都道府県・市町村・森林組合等の組織間関係，個別施策の政策体系における位置づけの分析を欠いていた。

第2節では森林管理制度の歴史的時間軸における制度変化の世界史的枠組みと近現代日本林政における制度変化の経路依存性と特徴を明らかにする。第3節では，第2節の森林管理制度の歴史的展開と研究対象の特徴を踏まえた制度論研究の方法を検討し，林政学による国家制度の歴史主義的把握に対して，新制度論に基づく制度分析の枠組みを示す。新制度論では，制度を国の法制度・政策だけでなく，組織規範・ルールと社会慣習を含めた概念として把握し，歴史的制度論では制度の歴史的動態変化を制度領域間の相互作用と経路依存性，重大局面に注目している。

(2) 自給的利用段階の共同体的管理

封建社会における自給的利用段階では，領主との対抗関係でむらやゲマインデが森林の管理・利用主体となった共同体的管理が行われた。伊藤栄（1971）『ドイツ村落共同体の研究』によると農耕地・家屋敷と一体化した林野の共同地用益権について，建築用材の伐採や燃料の採取，農業資材の調達，家畜の放牧は村民集会の協議により決定され，樹種や伐採方法の規制，採取期間，用途の制限（特に販売禁止）と違反に対する用益権の没収，罰金，村八分，刑罰が科された。都市においてもJ. ラートカウ（2013）がチューリッヒやニュールンベルクの事例で言及しているように都市行政における建築監督制度と木材業の監督と林政の関係が「都市における規制的行政〈ポリツァイ〉の起源となるもの」（49頁）であった。

15・16世紀以降，裁判領主の発言権が拡大し，スイス・南ドイツでは農民蜂起・ツンフト闘争が頻発し，農村・都市共同体の自治組織と身分制国家が変化する。16 ～ 17 世紀に村法が領邦村落条例，領邦条例に置き換えられ，フォルスト（王や領邦君主の高権下にある森林）から共有林に森林罰令権が拡大する。ドイツ連邦狩猟法では，狩猟権は土地所有者に帰属するが，それの起源は領主の狩猟特権に対する農民苦難の歴史を経た 1848 年狩猟特権の廃止に遡る。現在，ドイツでは狩猟地は狩猟が禁じられている市街地・墓地を除く全土が猟区に編入されているが，日本では野生動物は土地の所有権と分離され，無主物とされている。

ドイツでは 19 世紀初頭に教会領の国有化と農民解放が進展し，土地に対する相続権の確保と人格的自由の付与，賦役の廃止，土地所有権の授与が行われた。近代社会への移行期には，所有権と利用権の調整が森林政策の主要課題となり，森林法制と森林行政組織の構築による森林警察的手法が採用された。ドイツ語圏諸国では共同体的管理の伝統が領邦国家や州・カントン（Kanton）の森林法制に反映され，その後の森林管理の展開に大きな影響を与えた[(8)]。現在も例えば 2005 年バイエルン州森林法第 26 条には，「営林監督は高権的任務（die hoheitliche Tätigkeit）」と明確に規定されている。

(3) 林野所有権と利用権の歴史的推移

図序-4 にスイス・アールガウにおける林野所有権・利用権の歴史的推移を示した。日本とスイスの森林所有形態を比較するとスイスは公共的森林が 71％を占めているが，日本は私有林 55％，国有林 29％，公有林（独立研究法人等も含む）16％と私有林と国有林の比率が高い。スイスの森林面積は，市町村 29％，市民ゲマインデ 29％，団体５％，カントン４％，その他２％，連邦１％の公共的森林が 71％を占め，私有林は 29％と少なく，その所有規模も小さい。日本とスイスの所有形態の違いは，19 世紀初頭の林野所有権の確立過程に由来し，それが林野利用権や制度・政策，森林管理のあり方を大きく規定した。

スイスの中世・近世における林野所有権は領主や教会が持ち，ゲマインデが利用権を保持していた。19 世紀初頭に利用権者であるゲマインデが所有権を取得した地域が多く，ゲマインデ自らが森林経営を展開し，カントンと

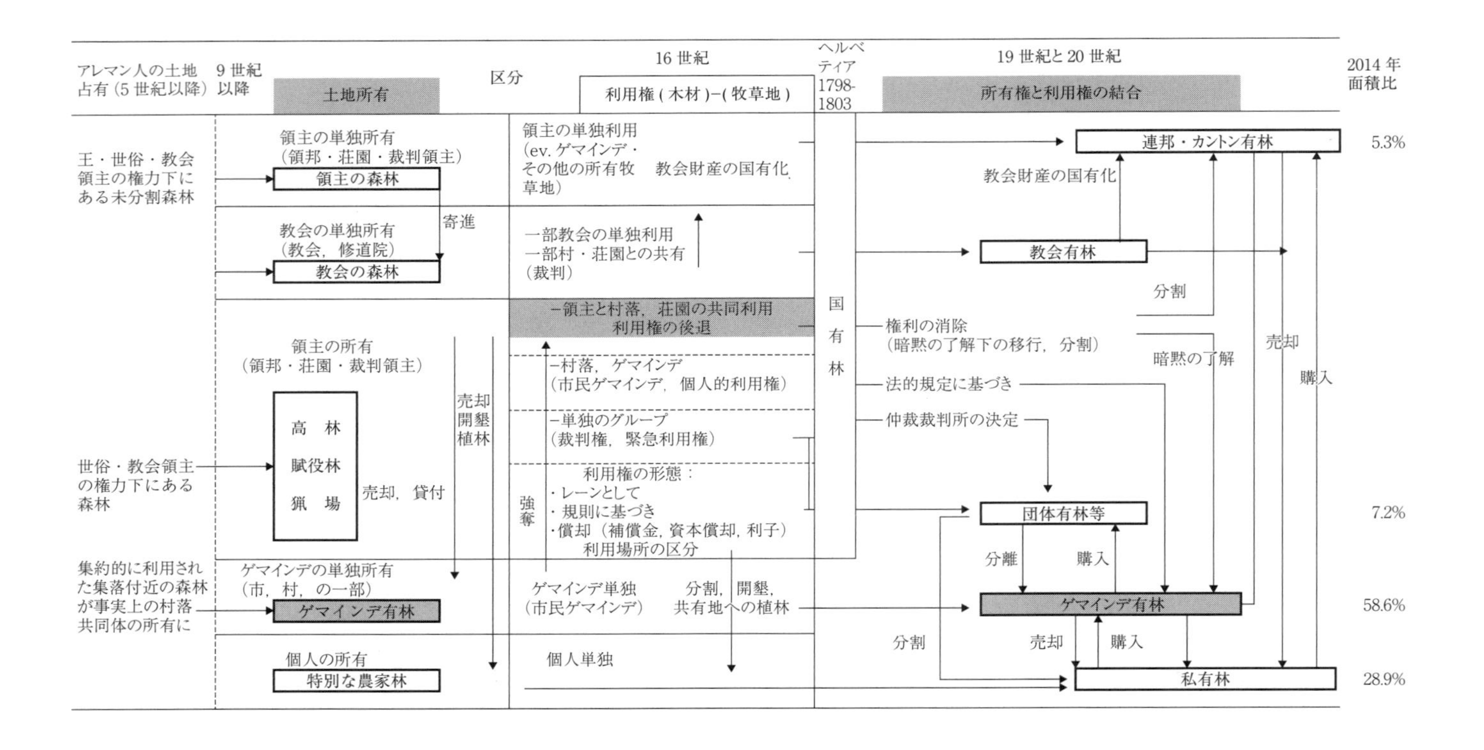

図序-4　スイス・アールガウにおける林野所有権・利用権の歴史的推移

資料：Erwin Wullschleger（1978）Die Entwicklung und Gliederung der Eigentums- und Nutzungsrechte am Wald, Eidgenossische Anstalt für das forstliche Versuchswesen, Birmensdorf, S.65.

連邦の森林法制においてもゲマインデ有林における保続経営の確立が重要な政策課題となる。都市住民を含めた入林権（アクセス権）が1907年民法第699条の規定により保証され，その例外規定が連邦・カントン森林法に定められる。

それに対して日本は，1876年の山林原野の官民有区分により入会権や慣習的な利用権を排除して，御料林・国有林が国家的所有として成立する。明治期の山林局は国有林経営組織として出発し，地域住民との入会紛争が解決し，盗伐や森林火災が減少すると森林警察はその基本的役割を終え，国や都府県の森林行政組織が市民的公共性の担い手として，森林警察権を行使することはなかった。こうした所有権と利用権の対抗関係が，所有形態や森林経営システムのみならず，地域の森林利用や法制度・政策のあり方に大きな違いを生む。

スイスの森林警察権は，日本のように国家による盗伐や森林火災の取り締まりだけではなく，アクセス権の保障や施業規制，林地の転用禁止などを含むものとして，カントンの森林高権と連邦の上級監督権が森林法に規定されている。一方，日本の森林法制は行政手続法的性格が強く，地域住民の森林利用や地域の土地利用・環境計画との直接的な結びつきを欠いた制度的規定に終始し，北海道以外では森林警察権が国有林営林署・森林管理署に独占される。

(4) 林野所有の形成と森林経営の展開

19世紀後半から20世紀半ばに資本主義の発達に伴う商業的木材生産の拡大と入会林野の解体が進行し，私的・国家的林野所有の形成と用材生産を目的とする森林経営が展開する。この段階では，保続経営の確立が主要な政策課題となり，森林施業計画の編成や造林補助，森林組合の設立が進められる。

ドイツ語圏諸国の林業技術者の主要任務は，この段階への移行により従来の保安林等の禁令監視人（Wannwarte）から森林管理者（Forstwart，職業訓練を受けた熟練労働者），さらにはフェルスター（Förster）としての経営責任者に移行し，その教育研修体系と資格制度が整備される。ドイツ語圏諸国における森林経営と技術者の関係をみると，国家資格を持った技術者による専門知識に基づいた計画的経営を公共的森林等に義務づけ，代表的森林所有者が直営労働組織を保持し，見習から森林管理者，フェルスターへのデュアルシステムに基づく教育体系を構築している。代表的森林経営の形態は，ドイツの州有林・大規模私有林，スイスのゲマインデ有林，オーストリアの連邦有林・大規模私有林と国や地域により異なるが，概ね1970年代までに年成長量と計画伐採量を均衡させた保続経営を確立し，その経営単位における現場責任者として，フェルスターの社会的地位が確立する。

ドイツでは山田晟（1958）『近代土地所有権の成立過程』が明らかにしたように第1次世界大戦後にワイマール憲法155条で家族世襲財産廃止が規定され，諸邦において家族世襲財産廃止の立法措置がとられるまでは，貴族の世襲財産林が広範に存在した。こうした世襲財産林では分割を禁じ，その正常な収益のみを消費することとし，元本を譲渡売却，生前処分することを禁じた（194～198頁）。ライヒ立法による1938年の家族世襲財産及びその他の被拘束財産の消滅に関する法律の制定後は，「森林所有地」や「森林財団」の消滅が規定されたが，「家族世襲財産に属し，かつ，その性格および範囲上継続的な森林経営に適する森林は，不合理な経営および不経済な分割をふせぐために保護林（Schutzforst）とされるべきである」（202頁）と同法5条で規定され，第2次世界大戦後までそれが存続した。

戦前期の日本では，明治期以降，華族について世襲財産が認められ，華族の大規模森林所有も多く存在したが，森林を世襲財産とする林政的な措置は採用されず，明治末期から金融市場や農地等との収益性の比較による地主・大規模所有者による林分単位の自由な森林集積と売却，造林投資が行われた。

(5) 持続可能な森林管理と森林法制

ドイツ語圏諸国では1970年代から多面的森林機能の発揮に対する国民的要請が高まり，1975年ドイツ連邦森林法，オーストリア連邦森林法に代表される森林法制と土地法・環境法との結合が進展する。さらに1980年代半ばから酸性雨による森林被害の拡大を契機に国民の森林問題への関心が高まり，1990年代以降，生物多様性や景観保全を含めた持続可能な森林管理の確立が国際的な潮流となった。

1991年スイス連邦森林法では，1902年連邦森林警察法以来の伝統的な施業規制や利用規制に加えて，森林へのアクセス権や空間計画との調整措置，多面的な森林機能を保全するための森林計画の枠組みと助成措置が新たに規定され，法制度と執行組織，技術者，地域での合意形成システムを統合し，自国の歴史的伝統に即した国際性を持つ公共的森林管理の枠組みを確立する。スイスでは連邦憲法の改正により1876年連邦高山地帯森林警察法が制定されるまで，森林政策に関する主権は連邦ではなくカントンにあり，カントン法令とゲマインデ森林規則に基づき森林警察権が行使されていた。連邦は現在も連邦憲法と1991年連邦森林法に基づき森林管理に関する上級監督の権限を有するが，各カントンは連邦森林法の枠内で独自のカントン森林法を制定し，森林法の執行と公益性の維持に対する責任を負っている。

表序-4に日本と欧州諸国の現行法に至るまでの森林法の制定過程を示した。日本以外で1990年以前に制定された森林法は，1975年ドイツ連邦森林法のみであるが，州森林法はバイエルン州やバーデン・ビュルテンベルク州など1990年代以降に州森林法を改正し，森林の多面的機能や生物多様性の保全，近自然性を森林政策の目的に追加している。

石井寛（1996）は，欧州諸国の森林法の展開モデルを1850年代以降の森

表序-4　日本と欧州諸国の森林法の制定過程

主な国・州	制定・改正年					現行法
日本	1897	1907				1951
オーストリア連邦	1852	1975				2002
ドイツ連邦						1975
バイエルン州	1852	1965	1974			2005
バーデン・ビュルテンベルク州	1833	1854	1976			1995
ヘッセン州	1819	1905	1923	1954	1978	2000
スイス連邦	1876	1902				1991
カントン・ベルン	1836	1973				1997
フランス	1827	1922	1952	1976	1985	2001
フィンランド	1886	1928	1967			1996
スウェーデン	1903	1923	1948	1979		1993

資料：石井寛（1996）「ヨーロッパにおける森林法をめぐる新動向」『林業経済研究』129に追加。

林施業規制・警察法としての森林法から20世紀初頭，特に第2次世界大戦以降の森林造成・林業振興法としての森林法，1970年代初頭以降の開発規制・環境法としての森林法，1990年代以降の環境法としての強化と規制緩和の方向への分裂として把握している（39～40頁）。石井寛（2003）では，さらに「日本は産業政策としての林政推進に固執しており，21世紀における森林政策のあり方を国民に提示することに成功していない」（3頁）とした。

2　近代日本林政の形成と虚構性

(1) 時期区分と制度変化の重大局面

1876年の山林原野の官民有区分から1897年森林法の制定によって，日本の林野所有と森林管理制度の骨格が形成され，1世紀以上が経過した。本項では近現代林政の展開過程における経路依存性と制度変化に関して[(9)]，その時間的射程と重大局面を3期・8区分し，現代日本の森林管理問題と戦後林政に対する規定性を検討する。なお，民有林施策を含む個別施策の史的展開は，第5章で詳述される。

表序-5は，近現代日本林政の展開過程を19世紀後半の近代林政形成期，20世紀前半の官林経営展開期，20世紀後半以降の戦後林政期に区分し，国有林問題を中心とする重要局面と民有林行政の関係を示した。これによると次のような各期の特徴が指摘できる。

近代林政形成期（1868～1898年）は，明治政府の成立から山林原野の官民有区分と山林局設置により国有林と御料林経営展開の基盤と組織が整備され，1897年に第1次森林法が制定され，官林経営展開期に移行する。

20世紀前半の官林経営展開期（1899～1944年）は，1899年の国有林野法の公布と特別経営事業開始から同事業が終了する1921年までを経営着手期とした。日露戦争後，樺太・朝鮮・台湾における国有林経営と内地府県では公有林野整理，公有林野官行造林事業が開始される。特別経営事業が終了する1921年には，山林局内に興林会が設立される。

1922年の特別経営事業終了後から1944年の終戦までを経営拡大期とした。

表序-5　近現代日本林政の展開過程

時期区分		年次	法制度・政策
近代林政形成期	官民有区分期	1873	官林の無制限払下政策の保護政策への転換
		1876	山林原野の官民有区分（～81），内務省山林局設置（79）
		1881	農商務山林局，東京山林学校設置，森林法草案を提出，廃案（82）
		1885	宮内省御料局設置，御料林編入，最初の木材パルプ気田工場操業
	整備期	1886	北海道国有林を道庁に移管，大小林区署制，市制・町村制公布（88）
		1889	憲法公布，御料林大面積編入，高橋琢也『町村林制論 完』
		1897	第1次森林法，河川法，砂防法制定，吉野林業全書刊行（98）
官林経営展開期	経営着手期	1899	国有林野法，国有土地森林原野下戻法公布，特別経営事業開始
		1907	第2次森林法制定，帝室林野局官制公布
		1909	公有林野整理事業が本格化
		1911	第1期森林治水事業，朝鮮森林令，樺太国有林野産物特別処分令
		1920	公有林野官行造林法，台湾森林令公布（19）
		1921	興林会設立・技術者運動，特別経営事業終了
	経営拡大期	1924	営林局署官制，農林省官制公布（25）
		1926	山林所得に五分五乗法採用，林業共同施設奨励規則
		1929	拓務省設置，国有林択伐・天然更新，造林奨励規則，木材関税引き上げ
		1931	国立公園法公布，王子製紙，富士製紙・樺太工業を合併
		1939	森林法改正（森林組合制度，私有林施業案監督）
		1941	第2次世界大戦開戦，木材統制法制定
戦後林政期	戦後再編期	1945	ポツダム宣言受諾，日本国憲法公布（46），農地改革・財閥解体（46～）
		1947	林政統一，国有林野特別会計法，技官長官制構築
		1951	第3次森林法制定（計画制度再編と伐採許可制），町村合併促進法（53）
	「生産力増強」期	1954	洞爺丸台風による北海道国有林の大風倒被害，森林開発公団法（56）
		1957	国有林生産力増強計画，森林法改正，分収林特別措置法（58）
		1959	国有林野経営規程改正，林政協力事業，対馬林業公社の設立
		1961	木材増産計画，林業の基本問題と基本対策，水源林造成事業の創設
		1962	森林法改正（全国・地域森林計画新設，森林区実施計画廃止）
	基本法林政期	1964	林業基本法制定，林業構造改善事業の実施
		1966	入会林野近代化法制定，森林法改正（68）
		1971	環境庁設置，国有林における新たな森林施業，自然環境保全法（72）
		1974	森林法改正（林地開発許可制度等）・国土利用計画法制定
		1978	国有林野事業改善特別措置法（84，87，91年改正）
		1979	森林総合整備事業，林野庁間伐対策室設置（81）
		1984	林野庁長官に事務官就任（以後，長官・次長を技官と事務官が交互）
		1991	森林法改正（流域管理），林業労働力確保促進法（96），COP3京都議定書（97）
		1998	国有林野事業改革特別措置法等，森林法改正，地方分権一括法（99）
	基本政策期	2001	森林・林業基本法，森林法改正（機能区分，施業計画作成主体等）
		2003	「緑の雇用」事業創設，森林法改正（森林整備保全事業計画）
		2004	森林法改正（特定保安林制度恒久化），新生産システム推進対策（06）
		2009	森林・林業再生プラン公表，岩手県・大分県林業公社廃止（07）
		2011	森林法改正（森林経営計画等），国有林野管理法等改正（12）
		2013	国有林野事業の一般会計化，森林整備保全事業計画の改定（14）
		2015	TPP大筋合意，COP21パリ協定採択
		2016	森林法，森林組合法，木材安定供給確保特措法，森林総合研究所法等改正

注：制度・政策欄の（　）はスペースの関係で行を統合して示した項目の年次を示す。

1924年に林区署制が廃止され営林局署制が採用され，翌25年に農商務省が農林省に再編され，山林局に林務課，公私有林課，林業課が設置された。内地国有林とともに樺太・朝鮮・台湾における国有林経営が本格化し，1929年に拓務省が設置される。民有林政策では外材輸入の増加を背景に国内林業の保護と私有林振興対策が打ち出され，戦時体制に移行していく。

戦後林政期（1945年以降）は，第2次世界大戦の敗戦により戦前の植民地を失い，1947年に御料林と北海道国有林が農林省所管となり国有林野特別会計法が成立し，技官長官制に移行する。1951年に第3次森林法が制定され，林野公共事業の展開による林野庁・都道府県の民有林行政組織と林業財政の基礎的枠組みが形成される。戦後林政期は，1945年ポツダム宣言受諾から戦後改革，1951年森林法制定までを戦後再編期，1957年の国有林生産力増強計画から木材増産計画を経て，1964年林業基本法制定までを「生産力増強」期，1964年から2001年森林・林業基本法制定までを基本法林政期，2001年森林・林業基本法制定以降を基本政策期とした。

「生産力増強」期には，国有林が1957年の国有林生産力増強計画を契機に「経営の近代化」を推進するとともに森林開発公団を設置し，各府県では林業公社が設置された。その後，国有林は1998年の国有林野事業の改革のための特別措置法（以下，国有林野事業特別措置法）制定時に3.8兆円，林業公社は2008年度末で1兆円のそれぞれ長期債務を抱え，経営改善に取り組むことになる。森林総合研究所森林整備センターに引き継がれた森林開発公団の水源林造成事業に関しても2014年度決算の借入金残高1,507億円に対して販売収入は4.5億円とされ，独立行政法人評価制度委員会の業務及び組織の見直しに関する意見で借入金償還計画の公表と検証が求められている。

萩野敏雄（1990）は，「近代的林野所有，官林経営体制の整備，森林法制充実などをつうじて明治30年にいたり，①官林政策，②森林立法政策，③木材資源政策，の3基軸を三位一体とする近代林政の構築を達成した」（14頁）とし，同時に「要するに，『日本林政』としての実体はなんらなく，したがってその呼称はまさに多数から成る集合体の頭に冠した虚構にすぎなかった」（19頁）と付け加えている。

萩野が「虚構」とした根拠は，林政の主体と基本的性格が内地は農商務省

(山林局)：先進的枠組みを持つ近代林政，北海道（北海道庁）及び樺太（樺太庁）は内務省：産業扶植の観点から処分（土地・林木）を強行する拓殖林政，御料林は宮内省（帝室林野局)：天皇制経営，台湾・朝鮮・関東州は総督府，南洋委任統治領（南洋庁）は拓務省：植民地経営のための統治林政と分化し，1897 年の近代林政推進の対象となった内地府県の林野面積は 28％に過ぎず，その内地府県を対象とした近代林政も経営拡大期までは国有林が中心で私有林政策にみるべきものはなかったことをそのように表現したものとみられる。戦後の林野庁・国有林と官僚組織を林野技官としてみてきた萩野が指摘する日本近代林政の虚構性は，何を契機に戦後どのように変化したのであろうか。

(2) 近代林政形成期：官民有区分と森林法の成立

江戸時代における森林法規について，島田錦蔵（1950）は「大綱を律するにとどまったが，その制裁は峻厳を極め，これに民有林野の秩序は警察国家的に維持された」が，明治維新により「これらの産業警察は一途に廃され，…明治初年の森林濫伐はその結果として起こった」（1 頁）としている。

1882 年の森林法草案は，フランス森林法と藩政期の取締法規を合体させ提出されたが廃案となり，その後 15 年間森林法の制定作業は頓挫する。高橋琢也（1889）『町村林制論 完』は，1888 年の市制・町村制公布の翌年に出版され，市町村有林と町村の自治，欧州諸国の市町村有林と町村制施行後の営林規約の要目を論じ，山林保護申合規約の実例を収録している。同書には当時の農務局長前田正名，農林学校長高橋是清の序と農商務大臣井上馨，御料局長品川弥二郎の揮毫が付され，高橋は第 1 次森林法の制定時の山林局長となるが，8 年間の時代の流れと当時の国家体制は，高橋の想いを超越するものであったのであろう。

日本近代林政の特徴は，第 1 にその出発点で御料林・国有林の形成と経営の確立が最優先された点にある。萩野敏雄（1990）は「山林局予算のほとんどは国家的林野所有の強化とその経営ベクトルに投入された。このため…私有林はもとより公有林についてもほとんど放置にひとしかった」（14 頁）とし，近代林政の起点に「『士農工商』の林業版である『帝（御料）・国・公・

私』といった林野所有序列の強化過程」(15頁）をみている。

1897年の第1次森林法において森林警察的規制は帝国議会の反対により削除され，営林監督の対象は荒廃防止を主眼とする公有林・社寺有林に限定され，本格的な私有林政策の展開は昭和期以降となる。この点は日本の私有林政策の形成過程と現状への規定性を検討する際に重要である。

明治期における林野所有の形成と御料林・国有林の経営展開は，日本の林野所有権と利用権のあり方に大きな影響を与えた。ドイツ語圏諸国では森林行政組織が森林アクセス権の保証や転用の例外許可，施業規制等の森林警察権の行使を通じ，森林の公益性維持の責任を負っているが，日本の森林警察権は国有林営林署に独占され，国有林の盗伐・放火取締り規定としての森林警察（国家警察）にその機能が限定された。

(3) 官林経営展開期：御料林・国有林経営と植民地開発

1899年の国有林野法の制定と特別経営事業の開始により国有林経営が本格的に開始され，御料林・国有林の経営組織と林業技術者が形成される。帝国大学以外にも高等農林専門学校に林学科が設置される。

民有林政策では1907年の第2次森林法に基づき森林組合制度が創設され，昭和初期に林道，造林補助が導入されるが，1939年の森林法改正による施業案監督と森林組合制度の改正まで私有林政策の本格的な展開に至らず，1941年の木材統制法の制定以降は戦時体制に組み込まれ，森林組合の組織化や施業案監督が私有林経営の確立として実を結ぶことはなかった。戦前期の都道府県の民有林行政組織は，1898～1911年に岐阜県や宮城県，岩手県，福島県，宮崎県などで内務部の係であった林業担当から林業を専門に担当する山林課や林務課が設置される。宮崎県では，1911年の林務課設置から1947年の林務部誕生まで6人の林務課長は「いずれも中央からの派遣職員であった」(宮崎県（1997)，32頁）とされ，他県も戦後しばらくその状況が続いた。

20世紀に入ると国有林では樺太・朝鮮・台湾国有林への資本誘致が行われ，住友・三井・片倉等の財閥と大地主層の朝鮮進出と樺太国有林材の王子製紙への年期特売が行われる。戦時体制下の内地国有林では，1940年以降，年伐標準量を上回る伐採と更新放棄が拡大する。戦前の技術者運動は，民有林技術者や現場労働者と無縁な国有林官僚の「技術者」運動としての限界を持ち，戦時体制下の国有林増伐と結合し，戦後，林政統一により国有林経営を基軸とする林野行政組織にそれが継承される。

3　戦後林政の制度変化と流転

(1) 戦後再編期：林政統一・戦後体制と制度変化

戦後再編期は，敗戦による戦後改革と御料林・北海道国有林の編入による林政統一，1951年第3次森林法の制定を起点に現在の林政の枠組みと国・都道府県の森林・林業行政組織，行財政構造が形成される。農地改革により地主的農地所有が解体し，自作農となった農林家の余剰労働力は，造林補助金を利用して，薪炭林や農用林の伐採跡地の拡大造林に投下された。林野公共事業を起点に拡大造林の推進を基調とする政策理念が民有林政策に定着し，都道府県の財政的・政策的な国家政策への依存体質が形成された。

都道府県の行政組織は，当初，地方自治法により局部組織の名称や所管事務，設置数が規定され，その後1952年改正で標準局部例が例示され，府県の意向や状況に応じた組織編成が基本的に認められたが，稲垣浩（2015）によれば府県はその後も「自己制約的」に組織改革に対応した。森林・林業行政は，現在も標準局部例と同様の農林（水産）部所管が主体であるが，1990年代以降，環境森林部等への再編も一部で進展する。出先組織に関しては，例えば岩手県では1942年に地方事務所が設置されているが，1960年代までは木炭検査・林産物検査業務が主体であり，農林事務所の執行体制が整備されるのは1960年代半ば以降である。この点は都道府県の森林・林業行政と地域の関係を考える際に重要である。

敗戦後の最も大きな変化は，萩野敏雄（1996）が指摘するように樺太，朝鮮，満州の植民地を失い，戦前と比較した林野面積が47％減少した点である。1950年代半ばになると戦後復興や戦後改革が一段落し，「林業の産業化」や「資源政策から経済政策へ」が林政のスローガンに掲げられ，樺太等の原料供給地を失った紙・パルプ産業とその代弁機関の森林資源総合対策協議会はパルプ材供給の増加を「経済政策への転換」に求めた。

紙・パルプ企業は，社有林の拡大や分収林の設定によるパルプ産業備林の拡大と造林推進に乗り出し，1957年に通商産業省が義務造林指導要綱を制定し，製紙企業に生産施設の新増設に対応した人工造林を義務づけた。萩野敏雄（1996）によると林野庁は1956年より「林業の経済性を通じて公益性へ」を前面に打ち出すに至り，「林政はそれいご，占領林政における「負の遺産」の早期払拭，具体的には森林計画制度における伐採制限廃止のほか，国有林生産力増強計画の策定，林野3公共事業の強化，パルプ産業備林育成策の推進」（251頁）を行った。萩野はこの過程の延長として，林業基本法へつながる「長い道のり」を見通している。2001年森林・林業基本法の制定時には基本政策の柱に「木材産業等への支援」が追加され，経路依存的必然として紙・パルプ，木材産業の生み出す「需要」に対応した「林業の産業化」や「経済政策」を林政に求める森林・林業・木材産業の予定調和論が基本政策の底流となるのは，必然のなりゆきであった。

(2)「生産力増強」期：国有林経営「近代化」と基本問題答申

戦後再編期に続く「生産力増強」期には，国有林では1957年の国有林生産力増強計画と翌58年の国有林経営規程の改正により，改良を要する林分について成長量を上回る伐採を認め，国有林経営計画の単位を営林署に対応した経営区から営林署を超える経営計画区に拡大し，従来の作業級に代わり経営計画区内に施業団を設定した。それは林野庁・国有林が理念的にも「林木収穫の保続」と決別した瞬間であった。

南雲秀次郎（2005）は，この変更を「この施業団は従来の作業級の機能の一部を模して作られたものであって，同一の作業種の林分から構成されている点では作業級と類似している。しかし，作業級には輪伐期が存在し，収穫保続の単位であり，法正林実現の単位である。これに対して施業団は経営計画区の中にあって，複数の旧経営区にまたがって設定されるほど広大なものでありながら，輪伐期も想定せず，収穫の保続もその要件ではない。…経営計画の最大の問題点は，それが経営の独立した単位であるとともに林政との接合単位とされ，収穫保続の単位であるにもかかわらず，そこを経営管理する責任者がいない点である」（49頁）としている。

この点は林野庁の国有林経営主義林政が「経営単位」を最終的に放棄し，無謀にも市場経済に「近代化」の名のもとに挑んだ歴史的教訓として重要である。さらに1961年の木材増産計画では，植栽密度の増加や林地肥培，育種の効果等による見込み成長量を見込んだ「新生林分収穫表」が作成され，許容伐採量を水増しした増伐が展開され，国有林の経営破綻に至る。

1960年代に入ると外材輸入が増加し，製材用材は1969年，パルプ用材も1973年に国産材率が50%を下回る。政府は港湾整備10カ年計画に木材港湾整備を織り込み，林野庁は臨港部木材工業団地の形成に乗り出し，外材製材を伸長させる契機となる。日本製紙連合会は，1958年に外材輸入委員会を設置し，北米産チップ・南洋材チップの開発輸入と海外工場の建設を拡大する。1963年に通商産業省は設備の新増設承認の際に輸入チップ使用を義務づける「木材パルプ製造施設の新増抑制措置について」を通達し，チップ輸入における三井物産・三菱商事・伊藤忠商事など7社の総合商社による紙・パルプ企業との系列関係が形成される。

1960年の林業の基本問題と基本対策答申では，林野行政に農林水産行政の組織規定性が刻印され，現在に至る農業鋳型林政が形成される。萩野敏雄（1996）は，その検討審議過程を「総指揮者である小倉武一・大臣官房審議官の強烈な問題意識に根ざしたもので……農業先行としたため林業・漁業の本格審議はあと回しとなり……実質的には『小倉武一・横尾正之』の2名によって進められた」（252～254頁）としている。農林水産省における政策形成や法律改正における事務官の主導性や農政の枠組みを林政に移行させる手法は，度重なる農協法と森林組合法改正や食料・農業・農村基本法と森林・林業基本法の策定過程においても基本的に貫かれる。1955年以降の長期政権与党の自由民主党農林族と農政横並び林政による大蔵省・財務省に対する林野予算対策が展開され，その政策論理が財政のみならず政策理念や政策手法としても構造化される。

森林計画制度は，1951年森林法による発足後，57年の改正により普通林広葉樹を伐採許可制から届け出制に移行させ，62年には都道府県が伐採許容限度と造林を行う箇所を年度計画で定める森林区実施計画が廃止され，普通林の伐採が届出制に改められた。同時に保安林に指定施業要件が定められ，保安林の施業管理は，所有者の経営の一環としての経営判断ではなく，行政の定める指定施業要件に準拠する制度的枠組みがこれにより誕生した。

(3) 基本法林政期：国有林累積債務と構造政策

1970年代に入ると国有林の天然林伐採に対する自然保護運動の展開や経営収支の悪化を背景に72年に「国有林における新たな森林施業」が通達され，87年の国有林野事業改善特別措置法により一般会計からの繰り入れと国有林野事業の合理化による収支均衡が課題となる。1984年に林野庁長官秋山智英の後任に角道謙一が事務官として初めて林野庁長官に就任し，以後，長官・次長の事務官・技官による「たすき掛け」人事が定着する。国有林野事業の累積債務はその後も3.8兆円まで増大を続け，1998年の国有林野事業の改革のための特別措置法等の制定による「抜本的改革」に至る。

基本法林政期には，民有林における経営主体像が林業の基本問題と基本対策の家族経営的林業から「森林組合協業」へ移行し，林業構造改善事業による森林組合の資本装備の充実が図られ，地元農家等の兼業労働力の森林組合作業班への組織化が進展した。1959年の対馬林業公社の設立から1960年代前半には各府県で林業公社の設立が進み，1996年には44公社に達する。造林補助制度は，1979年の森林総合整備事業の創設により下刈り，除間伐に対する本格的な補助が開始され，81年に林野庁間伐対策室が設置され，間伐補助事業が創設された。森林組合の事業方式は，造林・保育，間伐の作業受託を中心とし，森林組合合併助成法による森林組合の規模拡大が推進されたが，造林補助事業における労賃単価と諸掛費率の設定から森林整備事業を中心とした事業展開は，資本蓄積メカニズムにおいては一定の限界を孕むものであった。

1960～70年代の基本法林政段階では，固有の森林管理問題は，政策課題として登場せず，経営問題のなかに埋没している。林業政策理念は，産業としての林業の確立を目的とし，補助制度による人工林用材生産の確立が中心的施策として推進された。この段階の「森林管理」主体は，林業経営主体としての森林所有者やその共同組織・事業体としての森林組合が想定されたが，1980 年代以降，この枠組みは一定の変容を遂げる。政策過程としては，1980 年代の「地域林業」政策，1990 年代の「流域林業」政策がサブステージを形成し，そこでは「経営」・生産力視点に基本的に依拠しながら，1980 年代に林業の確立の場としての「地域」における多様な担い手の育成や国産材の流通加工体制の整備，市町村林政の推進が新たな政策手法として登場する。1990 年代には国有林の経営改善対策との関係で「地域」が「流域」に拡大され，トータルコストの削減や事業体育成対策としての林業労働力対策，森林整備に対する重層的な補助制度と費用負担が追加される。

開発規制に関しては，1974 年の国土利用計画法の制定に伴う森林法改正により 1 ha を超える林地転用を対象とする林地開発許可制度が創設され，これにより国の制度による林地転用規制は，保安林に対する農林水産大臣・知事による解除手続きと 1 ha を超える普通林に対する林地開発許可制度の二本立てとなった。

(4) 基本政策期：「経営」主義林政と戦後性の軛

基本政策期に入ると 2001 年の森林・林業基本法の制定を契機に同法第 8 条（林業従事者の努力の支援）に従来からの「国及び地方公共団体は，森林及び林業に関する施策を講ずるに当たっては，林業従事者，森林及び林業に関する団体」と併せて「並びに木材産業その他の林産物の流通及び加工の事業（以下「木材産業等」という。）の事業者がする自主的な努力を支援することを旨とする」が加えられ，国産材産業に対する「支援」が本格化する。

木材産業対策として，従来の林業構造改善事業による協同組合方式による流通加工施設の設置から 2004 年の国産材新流通・加工システム検討委員会，2006 年度の新生産システム推進事業によるモデル地域での製材・合板工場等の大規模需要者への素材供給体制の整備と加工施設に対する補助が推進された。第 2 章第 1 節の「4　人工林の循環利用と木材産業」で述べるように森林整備加速化・林業再生事業や林業・木材産業構造改革事業により大型製材・集成材・合板加工施設が設置され，これにより周辺地域の素材需要構造が大きく変化し，素材生産と主伐・再造林の地域格差が拡大し，造林未済地問題が顕在化する。2011 年の森林法改正による森林経営計画と天然更新完了基準の導入により「適確な更新の確保を図る」措置がとられるが，後述するように素材生産の拡大に対応した資源の保続や循環利用水準は低位にとどまった。

2009年の「林業公社の経営対策等に関する検討会」報告書による「林業公社の存廃を含む抜本的な経営の見直しの検討」の答申や2011年の国有林野管理法改正による国有林野事業の一般会計化など，「生産力増強」期の政策理念に基づき「経営」拡大を目指した国有林と公的経営の破綻が明らかとなり，その後始末が行われる。しかし，その帰結をもたらした組織や制度，「経営」のあり方は戦後性の軛から解き放されたわけではなかった。

2001年の森林法改正を契機に森林施業計画の作成主体に森林所有者以外に森林組合等も追加され，施業管理委託契約の締結が全国的に拡大する。林野庁の組織は，2001年から指導部が森林整備部となり森林組合課は経営課，基盤整備課は整備課に改称され，2006年の第2期森林・林業基本計画の開始に合わせて従来の木材課を木材産業課と木材利用課に再編し，木材産業対策を強化した。都道府県では，1990年代から2000年代に林務行政組織の再編が行われ，従来の農林水産部や林務部から環境森林部等に再編された都道府県も増加し，総合計画と結合した森林・林業基本計画の策定や森林環境税の導入による独自の森林整備事業が開始された。

2003年度には「緑の雇用」事業が創設され，林業事業体に対する支援と新規林業就業者の研修教育が全国的に開始される。同時に2001年の森林法施行令・施行規則の一部改正により保安林の指定施業要件の基準（択伐率及び間伐率の上限の引き上げと植栽本数・植栽樹種）が見直され，2003年森林法改正による市町村の役割の強化により「伐採の届出」,「施業の勧告」及び「伐採計画の変更命令等」の権限が都道府県から市町村に移行された。さらに2004年同法改正により特定保安林制度の恒久化と普及指導職員の一元化が実施された。都道府県段階では，全国の林業公社の借入金残高が1兆円を超え，2007年の岩手県，大分県林業公社の解散以降，解散や債務整理への取り組みが進展している。

2010年には民主党政権下で「森林・林業の再生に向けた改革の姿」が策定され，2011年の森林法改正により従来の森林施業計画に代わり森林経営計画が創設され，市町村森林整備計画の「マスタープラン化」が目指された。そこでは，①保安林における必要最低限の施業「規制」としての指定施業要件，②市町村森林整備計画によるゾーニングと森林経営計画の認定基準による施業の「誘導」，③経営計画認定森林以外の施業方法は規制されない伐採等届出制度が併存することになり，「持続的な林業経営」の主体として森林経営計画の作成者が想定され，経営計画の樹立が造林・間伐補助の要件とされた。同時に「造林未済地」の発生を防止するため，2012年度から国の定めた「手引き」に基づき地域森林計画及び市町村森林整備計画で天然更新完了の基準について，判断に必要な事項や具体的基準を定め，更新調査を市町村が行うこととした。平成の大合併により山間部の多くの町村が都市部との合併により消滅したが，石崎涼子（2012）は，アンケート調査から合併により森林・林業行政の財政基盤や予算，森林・林業行政の質（人員や専門性等）が改善されているわけではなく，「大多数の市町村が『役割強化』を『迷惑だ』と感じている」（13頁）としている。

再生プランにより森林組合等の受託事業の内容は，切捨間伐から利用間伐に転換され，2011年から開始された「緑の雇用」現場技能者育成対策事業では，全国統一カリキュラムによる3段階（林業作業士，現場管理責任者，総括現場管理責任者）のキャリア形成目標が設定された。国有林野事業は，2012年の「国有林野の有する公益的機能の維持増進を図るための国有林野の管理経営に関する法律などの一部を改正するなどの法律」により，2013年に特別会計から一般会計に移行した。

2001年森林・林業基本法の検討過程では，別の制度的枠組みの「持続的森林経営基本法案」が検討されたが，同法案の内閣法制局の法案登録説明直後2週間程度で法案の内容が変更され，最終的に現在の森林・林業基本法に落ち着いたといわれる。以上は林野庁にも持続可能な森林管理の確立は林業だけでは達成できないという現状認識が存在したが，農業・水産業と比較した基本法の名称や数値目標が当時の政権与党の自由民主党から問題視され，当時の担当事務官の杉中淳（2004）によると「あくまで林業を通じた森林管理が本筋」とする選択がなされた[(10)]。この結果，日本林政は21世紀以降も「森林の多面的機能の発揮」を自ら行政組織の責任で実現するのではなく，

「望ましい林業構造の確立」による「林業生産活動の活性化」を通じてそれを実現することを目指し，補助事業による誘導施策を展開した。

2016年の森林法等の一部改正では，森林法，森林組合法，分収林特別措置法，木材の安定供給の確保に関する特別措置法，国立研究開発法人森林総合研究所法の改正が行われ，森林法では伐採後の造林の状況報告の義務化，市町村が作成する林地台帳の整備，森林組合法では森林経営事業の要件緩和と森林組合連合会における販売事業に係る同事業の導入，合同会社・認可地縁団体への移行措置など生産森林組合制度の見直しが盛り込まれている。利用間伐の推進を中心とした再生プラン段階から2015年以降は基本政策期における新たなサブステージに移行しているのかもしれない。

先進国の森林法体系は1990年代以降，先に述べたように開発規制や環境法的側面の強化に転換し，政策目的や政策対象，政策手法が大きく変化している。日本は現在も森林整備と林業振興を主眼とする1951年森林法体系をこれまで13次にわたる一部改正を繰り返しつつ保持し，森林・林業基本政策や再生プランにおいても保安林・森林計画制度と林野公共事業（治山，林道，造林）の枠組みをその基軸施策として維持した。

第3節　研究対象の特徴と制度論の方法

1　研究対象の特徴と多様性

日本の森林管理の歴史と現状，研究史を踏まえて，森林管理制度論の研究視点と方法を検討する。2000年以降の森林管理をテーマにした学術書は，志賀和人・成田雅美編著（2000）『現代日本の森林管理問題』，藤森隆郎（2003）『新たな森林管理』，木平勇吉（2004）『森林管理と合意形成』，山田容三（2009）『森林管理の理念と技術』が出版されている。これらは日本森林学会の林政，造林，経営，利用部門に該当する研究分野の研究業績であり，森林管理が領域横断的分野を包括していることを示している。しかし，関連学会や方法論が異なるため，森林管理論を構成する学問領域間の交流や議論が十分なされているとは言えない。森林管理制度論は，将来的には関連分野と連携し，森林管理制度や社会経済組織のあり方を社会科学的視点から解明する役割を担うことが期待される。

現代において森林機能の多面的発揮と持続可能性が問われる所以は，伝統的な林学的知見に加え，次の２点が実践的課題として新たに提起され，森林管理と社会の関係性が改めて問われている点にある。

第１に地球環境問題の深刻化と持続可能な森林管理の確立に関する国際的潮流のなかで，国や地域レベルの森林管理に関しても地域条件に対応した森林機能の発揮と生態的，経済的，社会的持続可能性に配慮した取り組みが求められ，森林の利用や管理も木材生産を中心とした私的・国家的管理から多面的森林機能の持続的発揮が求められる段階に移行している。従来の行政組織と林業経営体・事業体を中心とした林業的施業管理からそこでは利害関係者の参加に基づいた公共的管理の枠組みが重要となり，経済合理性に基づく個人の判断や国家政策だけでは森林管理が完結しない状況に至っている。

第２にそれに伴い森林管理のあり方を規定する市場経済と国家・自治体，地域の関係は，相互に重層的な関係性を持ち制度化され，森林管理の歴史的経過や社会経済環境の変化のなかで地域の抱える森林管理問題が多様化し，以下の多様性を踏まえた制度分析と課題解決が求められている。

①森林機能に関する分析では，森林の多面的機能（生物多様性保全，地球環境保全，土砂災害防止・土壌保全，水源涵養，快適環境形成，保健・レクリエーション，文化，物質生産など）や再生可能なカーボンニュートラルな地域資源としての特性や生態系サービスが強調されている（木平勇吉編著（2005）を参照）。宇沢弘文・関良基編（2015）では，「普通考えられる公共的な財・サービスは，必ず排他性なり，競合性なりをもち，サミュエルソンのいう公共財の概念（非排他性と非競合性）をもって律することはできない」（12頁）とし，「社会的共通資本の持続的な利用とそこから生み出されるサービスの公正な配分を実現するためにもっとも効率的な行動原理と社会組織の形態は，私有制か公有制かという二者択一的な普遍的な一般原則から演繹されるものではなく，そのときどきの経済的，社会的，文化的，自然的諸条件との関連で決められるものである」（10頁）としている。その意味では，重層的で関係論的な森林機能の把握が要請される。

②森林の空間的特徴と歴史性に基づく利害関係者の多様性である。森林は陸域生態系のなかで自然環境，国土景観に対する規定性が大きく，慣習や文化，国民意識に歴史的，地域的背景が強く反映している。森林の所有・経営形態の多様性とともに林業・木材産業，行政組織，住民，観光利用者，自然保護団体など利害関係者の性格により森林に対する要請と社会過程への影響力が異なり，その相互関係と森林管理主体との関係性を踏まえた分析が重要となる。

③森林所有と森林利用，管理主体が多様で重層性を持つ。森林の所有・経営形態は，国有，公有，私有（産業林，農家林，共有）など多様であり，その管理方式や利用形態，規模は国や地域により大きく異なる。また，アクセス権や入会権などの林野利用権が存在し，所有と利用，経営・管理主体の関係性が重層的で，それが国や地域の制度・政策の展開や森林管理を担当する社会経済組織のあり方を大きく規定している。本書では日本のコモンズ論や宇沢弘文（2015）の社会的共通資本論とは異なり，「さまざまな形態をとる自然資本に関して，その社会管理組織として歴史的に形成されてきたのが，いわゆる『コモンズ』（共有地，入会地）の制度である」（21～22頁）とのみ考えず[(11)]，森林管理に関係する社会経済組織と利害関係者の相互関係と重層性に注目する。

④森林施業技術と森林経営の多様性が大きい。森林施業に対する自然的規定性が大きく，人工林と天然林，天然生林が並存し，生産期間や施業技術が多様であり，地域住民の自然観・森林観により森林管理のあり方や施業対応に差異が生じ，育林投資に関する投下資金の固定期間や流動性，資金回収に対する不確実性が大きく異なる。

⑤木材市場と木材産業に関する多様性である。日本は製紙・合板・製材企業が分離し，各企業の規模や行動範囲，系列関係や行政組織との対応関係が大きく異なる。紙・パルプ産業は経済産業省，合板・製材等の木材産業は林野庁所管，都道府県や市町村は県産材・地域材振興の観点から地域の木材産業振興に支援を行うなど，林業・木材関連産業の市場・組織間関係と行政組織・中間組織の相互関係も多様である。

以上，森林管理制度論における研究対象の特徴を検討し，森林所有と利用・経営主体及び施業技術，木材産業に関する地域的多様性と文脈依存性を指摘した。それらは森林管理問題を個人の合理的選択や市民参加，自然資源管理一般に解消し得ない根拠を構成し，分析対象に即した経済，国家政策，市民・地域至上主義を超えた新たな制度論的アプローチを必要とする。

2　新制度論と森林管理制度論の方法

森林管理制度論に関する研究は，前項で述べたように研究対象が複雑系で不確実性が高く，長期の歴史過程において複数のシステムが競合・共生している時間的射程と地域的多様性を持つ制度や社会経済組織を対象としている。21 世紀における森林管理の転換は，森林生態系の順応的管理と利害関係者の協働を必須とし，事前合理性だけでは説明できない管理主体の重層的関係性を踏まえた社会的合理性の探求を不可欠にした。このため，研究の背景となる人間観・社会観は，関係組織や利害関係者の組織論的「管理（経営）人」としての限定合理性による意思決定過程を総体として把握し，市場経済・経営対応と制度・政策，地域社会の重層的関係を統合する研究視点と方法が求められる。

表序–6 に社会科学分野における新制度論を中心とした代表的学術書を示した。これらの研究業績は，経済学や経営学，政治学・行政学，社会学・科学技術論，歴史学・制度分析と分野や方法は異なるが，1990 年代以降，マルクス経済学や新古典派経済学に基づく研究への批判として，制度や組織間関係，歴史過程に注目し，各研究分野における研究方法の展開と交流が促進された。林業経済研究では林政学の歴史的展開と対峙し，それを克服する方法的革新を経ることなく，マルクス経済学や新古典派経済学，環境社会学に方法的基礎を求め，分析対象の全体像に関する包括的現状分析と理論化の歩みを停滞させた。

特に林政論に関しては，1980 年代までのマルクス経済学の国家独占資本主義論や農民層分解論による林業・山村問題研究から 1990 年代以降は環境社会学による市民参加・自然資源管理論に依拠した研究が増加したが，それさえも「国家規模の政治のありようを，ある特定の『理念』に基づいて批判

表序-6　社会科学分野における制度論文献の例示

研究分野	欧米諸国文献の翻訳	日本語文献
経済学	K. ポランニー（2005）人間の経済 I	宇沢弘文・関良基（2015）社会的共通資本としての森
	D．ノース（1994）制度･制度変化･経済成果	社会経済史学会編（2002）社会経済史学の課題と展望
経営学・組織論	H. サイモン（2009）新版 経営行動	桑田耕太郎・田尾雅夫（2010）組織論 増訂版
	A. ピコーら（2007）新制度派経済学による組織入門	山倉健嗣（1993）組織間関係論
政治学・行政学	P. ピアソン（2010）ポリティクス・イン・タイム	小野耕二（2007）比較政治
社会学・科学技術論	N. ルーマン（2007）システム理論入門	藤垣裕子（2003）専門知と公共性
歴史学・制度分析	A. グライフ（2009）比較歴史制度分析	服部良久（2009）アルプスの農民戦争

資料：海外文献は入手可能な日本語訳の発行年次を示した。
注：欧米諸国の文献と日本語文献の対象とする領域や方法は必ずしも対応するものではない。

する」（伊藤洋典（2013），84頁）政策理念論の応酬にとどまり[12]，政治学・行政学の個別分野としての林政論の方法的探究に向かうことはなかった。このため，こうした林政論的知見が充分な実践的有効性を持ち得ず，多くの事例研究も蓄積の伴わない研究にとどまった。

新制度論における制度変化の歴史的プロセスの動態的変化を重視した研究や歴史的制度論には，制度分析を歴史的分析と社会科学的分析の統合として把握したD. ノース（1994）『制度・制度変化・経済成果』，同（2016）『ダグラス・ノース 制度原論』，A. グライフ（2009）『比較制度分析』，政治・社会分析における歴史過程と経路依存性を重視したP. ピアソン（2010）『ポリティクス・イン・タイム：歴史・制度・社会分析』がある。ノース（2016）は，過去から得られた制度や信念が現在の選択に影響する経路依存性と不確実性から「私たちが求めなければならないのは，非エルゴード的世界の特定的文脈における理論とその適切性である」（29頁）とし，グライフ（2009）は，制度を「（社会的）行動に一定の規則性を与えるルール・予想・規範・組織のシステム」（27頁）と定義し，制度の動態的変化を歴史的プロセスとして把握している。ピアソンは，歴史的制度論の立場から長い時間的射程を包含するマクロの歴史過程と社会科学における時間的文脈の関係を重視し，「政治過程の中核をなす4つの仮定（集合行為，制度発展，権限の行使，社会的解釈）は正のフィードバックに満ちている」(51頁）として，政治過程における経路依存性と制度設計の限界，制度発展を対象とした分析アプローチの重要性を指摘している。

森林管理制度論の方法的特徴を伝統的林政学や新制度論の合理的選択制度論と対比して示すと表序-7の通りである。B. ガイ・ピータース（2007）『新制度論』では，旧制度論の法律主義，構造論，全体論，歴史的分析，規範的分析といった特徴を指摘し，新制度論を合理的選択制度論，歴史的制度論，社会学的制度論に規範的制度論，経験的制度論，国際的制度論を加えた7つに分類している。

建林正彦・曽我謙悟・待鳥聡史（2008）は，合理的選択制度論の立場から制度を方法論的個人主義と合理性の仮定のもとでの個人の相互作用（ゲームのルール）として，その因果的推論（説明）のなかに取り込まれた社会科学的分析を新制度論とし，合理性の仮定を非同意とする社会学的制度論や方法論的個人主義を拒絶する構造的制度論，歴史的制度論と合理的選択制度論に基づく新制度論を区分している。合理的選択理論に基づく森林管理行動に関する研究には林雅秀（2012）があるが，新制度論の諸潮流に基づいた体系的実証分析は今後の課題となる。

小野耕二（2007）は，E. オストロムの1997年アメリカ政治学会での会長演説から「利己的人間像」と「完全合理性」による合理的選択理論の第一世代モデルからオストロムの「共有資源」論が経験的基礎を有し，限定合理性に基づき道徳的決定作成の分析を可能にする「合理的選択の第二世代モデ

表序-7　森林管理制度論の方法的特徴

学問分野	制度のとらえ方	社会経済主体（人間観）	方法論
林政学	林野行政基軸	国・都道府県，所有者・業界（林業組織・政策対象）	国家制度の歴史主義的把握
森林管理制度論	社会慣習・法制度	行政・経済・地域の重層性（組織論的管理（経営）人）	対象に即した社会的合理性
合理的選択制度論	ゲームのルール	合理的経済人（合理的選択者）	方法論的個人主義

資料：合理的選択制度論は，建林正彦・曽我謙悟・待鳥聡史（2008）を参照。

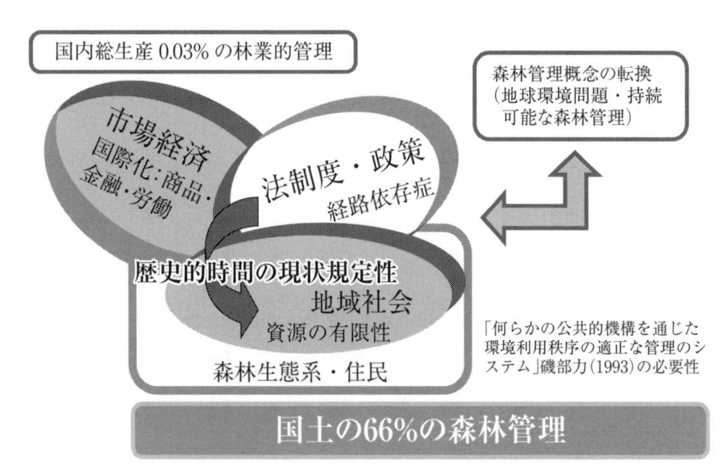

図序-5　森林管理の基層と制度変化に関する分析の枠組み

ル」（187 頁）への展開を進めた点を評価し，学会内部の学術的進展にとどまらず，その現実政治の改善に繋がる現実的意義を重視している。加藤淳子（1994）も新制度論に関して早い段階から「歴史的新制度論から見れば，分析以前に，経済学的合理性のような強い仮定を持ち込むことは，パターン化された関係として制度をとらえるという，歴史的新制度論の帰納的アプローチと相容れない」（177 頁）としつつも「両者の相違は，経済学的合理性の仮定を，ハーバート・サイモン型の限定合理性に置き換えた場合にさらに縮まる」として，「抽象度の高い数学的定式化のなされたものを除けば，合理的選択論による比較研究では，経済学的合理性のような定義ではなく，限定合理性のような弱い定義で十分なものが多い」（180 頁）としている。

本書では研究対象となる森林管理の特徴を踏まえた組織論的限定合理性と歴史的経路依存性を重視し，制度を国の法制度・政策や個人の相互作用としてのみ把握せず，図序-5 に示すように市場経済と国家・自治体の制度・政策，地域社会の織り成す歴史的時間を背景とした森林管理制度の社会的合理性と実践的有効性を追求する。

高橋公夫（2014）「経済学を超える経営学」では，取引コスト論とエージェンシー理論に基づく「組織の経済学」は，「たとえ限定合理的で機会主義的であっても，結局は費用節約的な効率性こそがいわば規範である。それに対して，経営学の場合には，費用補償経済を条件にしてさまざまな価値観に基づく目標設定が可能になる」(61頁）として，経済学の「経済人モデル」に基づく限定合理性に対する経営学・組織論の「管理（経営）人モデル」に基づく「経営学独自の実践的な構想力」の可能性と危険性をそこにみている。田尾雅夫（2012）『現代組織論』では，組織論における限定合理性の理解に関して，「端的にいえば，組織とはさまざまの利害の巣窟であり，その意味ではパワー・ポリティクスが跋扈するところである。…株主や監督官庁，下請け会社や親会社，業界団体など…それぞれが勝手な思惑で考え行動している。その行く手に予定調和などあり得ない。」(111頁）としている。

戦後林政学の到達点といえる半田良一編（1990）『林政学』では，林政の目的と政策主体・手段を産業としての林業の確立と国土保全・環境形成確保に置き，林野庁・都道府県・市町村，関係団体を主体とした政府による実行，規制，誘導・助長措置を基軸に林政を把握し，法制度以外の制度や経営・組織・森林利用に関する分析と制度変化への視点が島田錦蔵（1948）『林政学概要』から後退している。半田は『林政学』の冒頭で「近年，『環境』や『文化』の名のもとで語られる森林の諸機能の多くは，まだまだ，社会的価値として定着しそれに見合った技術が生まれつつあるとはいえない」(はしがきiii頁）としているが，四半世紀が過ぎてもその状況は変化していない。

それは20世紀の林業政策論的管理理念による国家政策主導の近現代日本林政の経路依存性の証でもあるが，旧制度論としての林政学が制度変化に関する内在的な論理と変動の予想能力を持ち得なかった方法上の問題でもあった。21世紀における森林管理概念の転換と日本の産業構造，地域社会の変化は，20世紀の林業政策論的管理の実践的有効性を掘り崩し，今日では国内総生産の0.03％の林業振興のみで国土の66％を占める森林管理は行い得ない事態に立ち至っている。

3　森林管理制度論の社会認識と制度変化

森林管理制度論の方法的基盤として，社会科学としての学術的普遍性とともに，研究対象としての森林管理制度の特徴に適合した研究方法と制度変化に対する臨床的実践性の統合の重要性を指摘した。本書では試論としての枠組み提示にとどまる点も多いが，当該地域の歴史的多様性と社会経済システムの重層性を踏まえた森林管理の国際的展開と地域の位相を統合した研究視点とともに以下の新制度論研究の動向を参照した社会的合理性と実践的有効性を追求した実証研究を積み上げていくことを重視している。

第1は，市場経済や国家に単純化できない「社会」と制度の相互関係の把握である。K.ポランニー（2005）は，人間社会を支える社会的組織として性格の異なる「互酬」，「再分配」，「交換」の3形態を抽出し，「統合が経済過程のなかにあらわれるのは，空間，時間，および占有上の差異の影響を克服する財と人の移動が，その移動のなかで相互依存を生むように制度化される度合に応じてである」（88頁）としている[(13)]。宇佐美誠（2009）は「一国内の諸組織は政府・市場・市民社会のいずれかに振り分けられ，異なる空間に位置づけられた諸組織は互いに異質なものとして把握される。こうした見方を領土モデルと呼ぶことができる」（76頁）として，ハーバマス的市民社会論を「領土モデルは簡明な見取り図の代償として，市民社会の本質的特徴を不可視化している」と批判し，「部分的に重なり合う諸実践という視覚から社会を理解する」星団モデルを提起している。

第2は，森林管理制度論における科学的合理性・専門性と社会的合理性の境界領域に関する知見の重要性である。藤垣裕子（2003）『専門知と公共性：科学技術社会論の構築に向けて』は，「社会的に頑強な知識とは，科学的合理性と社会的合理性の境界領域の知識であり，社会的現場に『状況依存』した知識を含んでいる」（183～184頁）とし，行政と市民の責任境界を踏まえた方法の重要性を提起している。この社会的現場に状況依存した社会的合理性を持つ知識とは，市場経済や国家政策・市民社会至上主義や抽象理論に基づいた政策理念の主張ではあり得ない。分野における厳密な専門性とともに研究者に対する社会的現場への熟練と自らが下した社会的合理性に関する事後的結果責任が厳しく問われなければならない。

政治学においても小野耕二（2007）「『政治学の実践化』への試み：『交流』と『越境』のめざすもの」は，アメリカ政治学会における「政治学の実践化」のための「構造主義・文化主義・合理主義という三アプローチ間の交流」や「新しい制度論」における「合理的選択理論と歴史的制度論などいくつかの潮流間の交流」(178頁)の試みを紹介し，公共的有意性による「行動主義」と科学としての厳密さによる「科学主義」との相互作用のなかでこそ，政治学の新たな展開方向が見出されると日本政治学会編『年報政治学2006』で総括している。

第3は森林管理制度論の方法と制度変化に関する分析の枠組みである。ピアソン(2010)は，「制度発展は，時間的射程，意図しない結果，学習過程と競争淘汰過程，経路依存性などの長期の時間的枠組みを組み込んで扱わなければ，適切に論じることができない」(20頁)とし，第5章の「制度発展」で歴史的制度論と社会学的制度論における制度変化に関するアプローチから「重大局面」の重要性，周辺集団の役割，制度領域間の相互作用，「企業家」や「熟練した社会的アクター」の重要性を指摘し，制度変化の典型的過程として堆積(layering)・転用(conversion)・伝播(diffusion)の3パターンを挙げ，その調整問題と拒否点などの制度弾性要因を考慮に入れる必要性を指摘している。

以上を踏まえて森林管理制度をめぐる環境変化や不確実性に柔軟に対応し得るアクターと市場経済・経営対応，制度・政策，地域社会の関係性を統一的に把握するためには，森林管理に関する現在の実践的課題への対応の積み重ねにより磨きこまれた歴史とそれを共有した組織や制度，地域社会の長期的安定性を森林管理の持続性の基盤として，実証的に分析していくことが重要である[14]。その条件を欠いた場合，利那的な一時の流行はあってもその制度・政策や研究は拡散し，収束することはなかろう。日本の近代林政140年の歴史の虚構性は，現在もその根源が克服されることなく，戦後林政の流転となって顕在化している。

参照文献（序章の理解のために参照して欲しい文献）

林業構造研究会編(1978)『日本経済と林業・山村問題』(マルクス経済学をベースとした林業経済研究者による林業・山村問題分析の代表作)

半田良一編(1990)『林政学』(1996年以降発行の増補版を推奨，旧制度論としての歴史主義・林業経済学による代表的林政学の教科書)

注

(1) 個別の論点は，第2章と終章の分析で言及する。この点に関する本書と異なる見解は，餅田治之・遠藤日雄編著（2015）の遠藤日雄「市場メカニズムに基づいた下からの木材産業近代化の展開」，餅田治之「育林投資の新段階」における企業化論，宇沢弘文・関良基編（2015）の関良基「森林を社会的共通資本とするために」，山本美穂「地域と森林の時間軸・空間軸：流域圏と農山村の遺産」を参照。

(2) スイス史に関しては，踊共二・岩井隆夫編（2011），スイスの連邦制と参事会制に関しては，岩崎美紀子（2005）を参照。

(3) 日本を含む環太平洋諸国が参加するモントリオール・プロセスでは，基準・指標とは別に個別の森林管理の実行組織レベルに適応するためのガイドラインは存在しない。森林認証に対する林野庁と林業組織の対応は，岩本幸・志賀和人「SGEC森林認証の展開と林業組織の対応」（志賀和人・藤掛一郎・興梠克久編著（2011）所収，17～37頁）を参照。

(4) 太田が技官として農商務省に就職し，青森大林区署に勤務することになった際に上司から「しばらくEndresのForstpolitikを読むことを命ぜられてあわてざるをえなかった」とあり，当時の山林局幹部のエンドレスに対する評価がうかがえる（太田勇治郎（1976），465頁）。

(5) 明治期の教科書には小出房吉（1908），戦後期には塩谷勉編（1973），筒井迪夫編（1983），堺正紘編著（2004），遠藤日雄編著（2008，2012改訂），永田信（2015）がある。

(6) 経営学史学会編（1996）『日本の経営学を築いた人びと』では，戦前から1970年代に活躍したマルクス派経営学者の重鎮馬場克三の「個別資本説と近代管理学の接点」について，川端久夫は「不完全意識性が対峙したのは，マルクス経済学（の教条主義的理解）の資本家像（＝人格化した資本）である」（99頁）として「個別資本の主体が具有・行使している〝不完全〟意識性と，企業組織における意思決定過程を特徴づけている〝限定的〟合理性とは，時間・空間を隔てた，異なる環境ないし文脈において発生した異なる問題に対する，異なる参加者による〝解〟である」（97頁）とする。また，三戸公は「馬場5段階説」の現代的意義と論点を「第1は個別資本と総資本をどのように把握するかの5段階規定の問題である。第2は個別資本における企業家の目的意識的活動をどのように把握するかの意識性の問題，そして，第3に経営学を理論であると同時に技術論であるとする学問的性格の問題である」（83頁）としている。

(7) 森林・林業問題を社会学的視点から分析した研究として，そのほかに平野秀樹（1994），西川静一（2008）がある。

(8) ドイツ森林史と林学者のプロフィールは，K.ハーゼル（1996），J.ラトカウ（2014），片山茂樹（1968）を参照。P.ブリックレ（1990）は，領邦国家の構造が中世後期から近代初期に村落の国家的機能を喪失し，領邦議会・軍隊・裁判における領邦君主，貴族・高位聖職者，農民・市民の関与のもとに近代的国家体制に再編される過程を共同体との関係で検討している。

(9) P.ピアソン（2010）は，経路依存性を「初期段階での比較的小さな摂動の影響を受けてその後に複数の帰結が生じる可能性があるが，ひとたび特定の経路が定まれば，自己強化過程から方向転換することが非常にむずかしくなる」（58頁）としている。日本の林野行政における国有林の規定性は，第5章と林業発達史調査会編（1960），大日本山林会『日本林業発達史』編纂委員会編（1983），萩野敏雄（1984，1990，1993，1996），西尾隆（1988）を参照。

(10) 同法案では，「むしろ林業だけでは政策目標を達成できないという現状を認識し，持続的に森林を管理するため新たな政策手法も導入し」，基本的施策に「経済的手法による森林管理」，「地域社会による森林管理」，「国民全体による森林管理」を想定していた。

(11) 宇沢弘文・関良基編著（2015）は，制度学派経済学の権威による社会的共通資本論と「制度資本としてのコモンズ」に注目した研究であるが，従来の政府対市場の2項対立に「制度資本としてのコモンズ」を加えたことで，各セクターの対立を止揚できる論理は見出せず，森林管理や制度の多様性の背景も所有形態や所有構造にとどまらない点に留意する必要がある。

(12) 伊藤洋典（2013）は，戦後の政治学における時代背景を「革命の時代の終焉と政策的課題解決の時代の幕開け」と捉え，松下圭一と高畠通敏の新しさを「ふつうの人びとの日常，生活の現場に立脚して新しい政治的世界を立ち上げようとした点にある」とする。林業経済研究における市民参加論や自然資源管理論は，「政策的課題解決」を装うだけで「前の世代が理念あるいはエートスとして語った『市民』のありよう」を一般的に述べているに過ぎないのかもしれない。

(13) 松沢裕作（2013）は，ポランニーに依拠して国家による「再分配」がある境界を持った人間集団のまとまりを前提とするのに対して，市場経済による「交換」は多方向的システムとして，その相互関係が「新自由主義」と「新保守主義」の併存を生み，「市場の無境界性の上に境界的政治権力が聳え立ち，後者が前者の管理者としてふるまうことに，根源的な理由を持つ」（107 頁）ことに「近代社会」の本質をみている。

(14) ニコ・シュテール（1995）は，社会科学における「複雑性」と「社会科学と実践」の関係を論じ，「初めから行為能力に役立つようにつくられている知識を実践的知識」（15 頁）とし，社会科学的知識の実践性と合理性に関して，「社会科学の知識を生産する社会的領域とそれを使用する社会的領域とは厳密に分離した条件のなかにあるという根本的な事実を認識することである」（56 頁）としている。寺田光男（2013）は，東日本大震災と福島第 1 原発事故を踏まえて「これらの反省で喚起されているのは，自らの都市的立脚点の半周縁・周縁地域とのつながりについての再認識で…生活者の側面からみれば，どういう分野や視点や論理次元であるかにかかわらず，受け手の存在説明に繋がらないものは，自己形成（自己認識・世界認識の形成）の手掛かりになりにくい…しかし社会科学的考察が，研究者自身の等身大の自己形成に立脚しておこなわれるものであるとするなら，その研究を進める自身や課題の立ち位置についての，研究者の自己形成面からの説明が必要です」（375 頁）とし，「自分の専門分野からだけ世界をみつめる習慣にしたがうことでは，自らの分野の『汎用性の高い』概念や用語のみで世界にかかわることになり，錯綜した現実のなかで生きる人びとと有効な形で交流を果たすことは出来ない」（392 ～ 393 頁）との指摘も同様の問題意識に基づいていると思われる。

参考文献

高橋琢也（1889）『町村林制論 完』哲学書院
和田國次郎（1895）『森林学』哲学書院
志賀泰山（1895）『森林経理学 前編』大日本山林会
本多静六（1903）『増訂林政学』博文館
川瀬善太郎（1903）『林政要論 全』有斐閣書房
小出房吉（1908）『森林政策』内田老鶴圃
島田錦蔵（1919）『森林企業管理の組織及分野』興林会
薗部一郎・三浦伊八郎（1929）『標準林学講義 上巻・下巻』西ヶ原刊行会
池野勇一（1938）『森林法律学』叢文閣
薗部一郎（1940）『林業政策 上巻』西ヶ原刊行会
島田錦蔵（1948，1965 再訂）『林政学概要』地球出版
島田錦藏（1950）「日本森林法への反省」『林業経済』3（7）
山﨑慎吾（1950）「日本林業の史的発展」（『潮流講座経済学全集 第 3 部 日本資本主義の現状分析』潮流社，所収）
甲斐原一朗（1956）『林業政策論』林野共済会
萩野敏雄（1957）『北洋材経済史論』林野弘済会
山田晟（1958）『近代土地所有権の成立過程』有信堂
林業発達史調査会編（1960）『林業発達史 上巻』林野庁
萩野敏雄（1965）『朝鮮・満州・台湾林業発達史論』林野弘済会
片山茂樹（1968）『ドイツ林学者傳』林業経済研究所
赤羽武（1970）『山村経済の解体と再編：木炭生産の構造とその展開過程から』日本林業調査会
伊藤栄（1971）『ドイツ村落共同体の研究 増補版』弘文堂書房
佐々木高明（1972）『日本の焼畑』古今書院
塩谷勉・黒田迪夫編（1972）『林業の展開と山村経済』お茶の水書房
塩谷勉編（1973）『林政学』地球社
筒井迪夫（1973）『林野共同体の研究』農林出版
井上由扶（1974）『森林経理学』地球社
林業構造研究会編（1978）『日本経済と林業・山村問題』東京大学出版会

カール・ハーゼル（1979）『林業と環境』日本林業技術協会
岩手県（1982）『岩手県林業史』岩手県
地域農林業研究会編（1982）『地域林業と国有林：林業事業体の展開と論理』日本林業調査会
渡辺洋三・稲本洋之助編（1982）『現代土地法の研究 上：土地法の理論と現状』岩波書店
渡辺洋三・稲本洋之助編（1983）『現代土地法の研究 下：ヨーロッパの土地法』岩波書店
森巌夫編（1983a）『昭和後期農業問題論集 23 林業経済論』農山漁村文化協会
森巌夫編（1983b）『山村経済論：戦後における山村経済の展開過程』農林出版
筒井迪夫編（1983）『現代林学講義 3 林政学』地球社
大日本山林会『日本林業発達史』編纂委員会編（1983）『日本林業発達史：農業恐慌・戦時統制期の過程』大日本山林会
神奈川県農政部林務課編（1984）『神奈川の林政史』神奈川県農政部林務課
鈴木尚夫編著（1984）『現代林業経済論：林業経済研究入門』日本林業調査会
萩野敏雄（1984）『日本近代林政の基礎過程』日本林業調査会
餅田治之（1984）『アメリカ森林開発史：林業フロンティアの西漸過程』古今書院
仲間勇栄（1984）『沖縄林野制度利用史研究：山に刻まれた歴史像を求めて』ひるぎ社
西尾隆（1988）『日本森林行政史の研究』東京大学出版会
丹羽邦夫（1989）『土地問題の起源：村と自然と明治維新』平凡社
Heinz Kasper（1989）Der Einfluss der eidgenössischen Forstpolitik auf die forstliche Entwicklung im Kanton Nidwalden in der Zeit von 1876 bis 1980, ETH Zürich.
Elinor Ostrom（1990）Governing the commons : the evolution of institutions for collective action, Cambridge University Press.
ペーター・ブリックレ（1990）『ドイツの臣民：平民・共同体・国家 1300 ～ 1800 年』ミネルヴァ書房
半田良一編（1990）『林政学』文永堂出版（1996 増補）
萩野敏雄（1990）『日本近代林政の発達過程：その実証的研究』日本林業調査会
西尾勝（1990）『行政学の基礎概念』東京大学出版会
目瀬守男編著（1990）『地域資源管理学　現代農業経済学全集第 20 巻』明文書房
Werner Bätzing（1991）Die Alpen：Geschichte und Zukunft einer europäischen Kulturlandschaft, C.H.Beck.
大橋邦夫（1991）「公有林における利用問題と経営展開に関する研究 1：山梨県有林の利用問題」東京大学農学部演習林報告 85
大橋邦夫（1992）「公有林における利用問題と経営展開に関する研究 2：山梨県有林の経営展開」同 87
萩野敏雄（1993）『日本近代林政の激動過程：恐慌・15 年戦争期の実証』日本林業調査会
ダグラス・C・ノース（1994）『制度・制度変化・経済成果』晃洋書房
ジェームス・G. マーチ , ヨハン・P. オルセン（1994）『やわらかな制度：あいまい理論からの提言』日刊工業新聞社
加藤淳子（1994）「新制度論をめぐる論点：歴史的アプローチと合理的選択理論」(『レヴァイアサン 15』木鐸社，所収）
平野秀樹（1994）『日本の農業：あすへの歩み 192　森林社会学の政策理論』農政調査委員会
香月洋一郎（1995）『山に棲む：民俗誌序章』未来社
ニコ・シュテール（1995）『実践「知」：情報する社会のゆくえ』御茶の水書房
西尾勝・村松岐夫編（1995a）『講座行政学 第 2 巻 制度と構造』有斐閣
西尾勝・村松岐夫編（1995b）『講座行政学 第 4 巻 政策と管理』有斐閣
Hans Rudolf Kilchenmann（1995）Geschichte des Bernischen Forstwesens 1964-1993, Bernischer Forstverein.
カール・ハーゼル（1996）『森が語るドイツの歴史』築地書館
現代日本政治研究会（1996）『レヴァイアサン 19 特集 合理的選択理論とその批判』木鐸社
経営学史学会編（1996）『経営学史学会年報第 3 輯：日本の経営学を築いた人びと』文眞堂
萩野敏雄（1996）『日本現代林政の戦後過程：その 50 年の実証』日本林業調査会

宮崎県編（1996）『宮崎県林業史』宮崎県
篠原徹編（1998）『現代民俗学の視点 第1巻 民俗の技術』朝倉書店
福島県林政史編纂委員会編（1999）『福島県林政史：森林・林業のあゆみ』福島県
船越昭治編著（1999）『森林・林業・山村問題研究入門』地球社
大田伊久雄（2000）『アメリカ国有林管理の史的展開：人と森林の共生は可能か?』京都大学学術出版会
渡辺尚編著（2000）『ヨーロッパの発見：地域史のなかの国境と市場』有斐閣
柿澤宏昭（2000）『エコシステムマネジメント』築地書館
井上真・宮内泰介（2001）『コモンズの社会学』新陽社
小野耕二（2001）『比較政治 社会科学の理論とモデル 11』東京大学出版会
南雲秀次郎・岡和夫（2002）『森林経理学』森林計画学会出版会
Christian Pfister Hrsg. (2002) Am Tag danach: Zur Bewaltigung von Naturkatasttrophen in der Schweiz 1500–2000, Haupt
高橋真（2002）『制度主義の経済学：ホリスティック・パラダイムの世界へ』税務経理協会
河野勝（2002）『制度 社会科学の理論とモデル 12』東京大学出版会
田尾雅夫編著（2003）『非合理組織論の系譜』文眞堂
藤垣裕子（2003）『専門知と公共性：科学技術社会論の構築に向けて』東京大学出版会
藤森隆郎（2003）『新たな森林管理：持続可能な社会に向けて』全国林業改良普及協会
杉中淳（2004）「幻の『持続的森林経営基本法』について」『森林計画会報』413
G.キング, R. O.コヘイン, S.ヴァーバ（2004）『社会科学のリサーチ・デザイン：定性的研究における科学的推論』勁草書房
堺正紘編著（2004）『森林政策学』日本林業調査会
カール・ポランニー（2005）『人間の経済 Ｉ：市場社会の虚構性』岩波書店
木平勇吉編著（2005）『森林の機能と評価』日本林業調査会
北尾邦伸（2005）『森林社会デザイン学序説』日本林業調査会（2007 第2版，2009 第3版）
林業経済学会編（2006）『林業経済研究の論点』日本林業調査会
水野祥子（2006）『イギリス帝国からみる環境史：インド支配と森林保護』岩波書店
永田信（2007）「社会的共通資本としての森林」（佐々木惠彦・木平勇吉・鈴木和夫（2007）『森林科学』文永堂出版，所収）
B.ガイ・ピータース（2007）『新制度論』芦書房
小野耕二（2007）「『政治学の実践化』への試み」（日本政治学会編『年報政治学 2006 Ⅱ 政治学の新潮流：21世紀の政治学に向けて』木鐸社，所収）
アーノルド・ピコー，エゴン・フランク（2007）『新制度派経済学による組織入門：市場・組織・組織間関係へのアプローチ』白桃書房
森林施業研究会編（2007）『主張する森林施業論』日本林業調査会
マルク・ラヴォア（2008）『ポストケインズ派経済学入門』ナカニシヤ出版
建林正彦・曽我謙悟・待鳥聡史（2008）『比較政治制度論』有斐閣
遠藤日雄編著（2008，2012改訂）『現代森林政策学』日本林業調査会
西川静一（2008）『森林文化の社会学』佛教大学
志賀和人・御田成顕・志賀薫・岩本幸（2008）「林野利用権の再編過程と山梨県恩賜県有財産保護団体」『林業経済』61（8）
山田容三（2009）『森林管理の理念と技術：森林と人間の共生の道へ』昭和堂
ハーバート・A・サイモン（2009）『新版 経営行動：経営組織における意思決定過程の研究』ダイヤモンド社
アブナー・グライフ（2009）『比較歴史制度分析』NTT出版
宇佐美誠（2009）「グローバルな環境ガバナンス：シティズンシップ論を超えて」（足立幸男編著『持続可能な未来のための民主主義』ミネルヴァ書房，所収）
松沢裕作（2009）『明治地方自治体制の起源：近世社会の危機と制度変容』東京大学出版会
黒澤隆文（2009）「近現代スイスの自治史」，『社会経済史学』75（2）
スティーヴン・ヴァン エヴェラ（2009）『政治学のリサーチ・メソッド』勁草書房

速水佑次郎（2009）『新版 開発経済学』創文社
中林真幸・石黒真吾編（2010）『比較制度分析・入門』有斐閣
James Mahoney, Kathleen Thelen, ed.（2010）Explaining Institutional Change:Ambiguity, Agency, and Power, Cambridge University Press.
三井昭二（2010）『森林社会学への道』日本林業調査会
Max Krott（2010）Forest Policy Analysis, Springer Netherlands.
ポール・ピアソン（2010）『ポリティクス・イン・タイム：歴史・制度・社会分析』有斐閣
野島利彰（2010）『狩猟の文化：ドイツ語圏を中心として』春風社
踊共二・岩井隆夫編（2011）『スイス史研究の新地平：都市・農村・国家』昭和堂
松田裕之・矢原徹一責任編集（2011）『環境史とは何か』文一総合出版
大住克博・湯本貴和責任編集（2011）『里と林の環境史』文一総合出版
Gerhard Oesten, Axel Roeder（2012）Management von Forstbetrieben Band Ⅰ - Ⅲ , ife.uni-freiburg.de
田尾雅夫（2012）『現代組織論』勁草書房
経営史学会編（2012）『経営学史事典（第 2 版）』文眞堂
吉田修（2012）『自民党農政史（1955 ～ 2009）：農林族の群像』大成出版
石崎涼子（2012）「『平成の大合併』後の市町村における森林・林業政策の現状：担当者に対するアンケート調査の結果報告」『林業経済』65（6）
経営学史学会（2012）『経営学史事典 第 2 版』文眞堂
林雅秀（2012）「社会関係が森林管理行動に与える影響」（東北大学大学院文学研究科博士論文）
ヨアヒム・ラートカウ（2012）『自然と権力：環境の世界史』みすず書房
BAFU, BFS, WVS, HAFL（2012）Forstwirtschaftliches Testbetriebsnetz der Schweiz：Ergebnisse der Jahre 2008–2010.
Vivien Lowndes, Mark Roberts（2013）Why Institutions Matter：The New Institutionalism in Political Science, Palgrave MacMillan
松沢裕作（2013）『町村合併から生まれた日本近代：明治の経験』講談社
笠原英彦・桑原英明編著（2013）『公共政策の歴史と理論』ミネルヴァ書房
梶光一・鈴木正嗣・伊吾田宏正編（2013）『野生動物管理のための狩猟学』朝倉書店
酒井重喜（2013）『近世イギリスフォレスト政策：財政封建制の展開』ミネルヴァ書房
伊藤洋典（2013）『〈共同体〉をめぐる政治学』ナカニシヤ出版
寺田光男（2013）『生活者と社会科学：「戦後啓蒙」と現代』新泉社
高橋公夫（2014）「経済学を超える経営学」（経営学史学会編（2014）『経営学の再生：経営学に何ができるか』文眞堂，所収）
カール・ウィリアム・カップ（2014）『制度派経済学の基礎』出版研
ヨアヒム・ラトカウ（2014）『木材と文明』築地書館
Franz Schmithüsen, Bastian Kaiser,Albin Schmidhauser, Stephan Mellinghoff, Karoline Perchthaler, Alfred W. Kammerhofer（2014）Entrepreneurship and Management in Forestry and Wood Processing：Principles of Business Economics and Management Processes, Routledge.
岡裕泰・石崎涼子編著（2015）『森林経営をめぐる組織イノベーション：諸外国の動きと日本』広報ブレイス
保城広至（2015）『歴史から理論を創造する方法：社会科学と歴史学を統合する』勁草書房
稲垣浩（2015）『戦後地方自治と組織編成：「不確実」な制度と地方の「自己制約」』吉田書店
宇沢弘文・関良基編（2015）『社会的共通資本としての森』東京大学出版会
南雲秀次郎（2015）「国有林経営計画と森林経理学の近代化を巡る展開」（箕輪光博・船越昭治・福島康記ら（2015）『「生産力増強・木材増産計画」による国有林経営近代化政策の展開を現代から見る：増補』農林水産奨励会，所収）
永田信（2015）『林政学講義』東京大学出版会
秋吉貴雄（2015）「公共政策とは何か？：社会問題を解決するための方針と手段」（秋吉貴雄・伊藤修一郎・北山俊哉（2015）『公共政策学の基礎 新版』有斐閣，所収）
ダグラス・C・ノース（2016）『ダグラス・ノース 制度原論』東洋経済新報社

第 1 章　木材市場の展開と木材産業

第 1 節　一般経済と林業セクター

1　分析の枠組み

明治期から平成期に及ぶ 100 年余の時間に木材利用がどのように変容し，木材産業がどう展開してきたであろうか。そして，今後はどのようになっていくであろうか。本章が対象とするのは，木材利用と木材産業の変容や展開が森林資源や森林所有者，経済発展や人口，産業構造とどのように結びついていたかである。このことを踏まえながら，今後の木材利用や木材産業を展望する。序章で志賀が述べる「経路依存性」についても，国有林と木材産業のありように注目して考察してみたい。なお，章題の「木材市場」は，木材が売買される特定の場所を指すのではなく，木材産業あるいは木材利用における需要面と供給面の総体を示す概念である。

100 年余における木材利用は，建築用材，パルプ用材，坑木，薪炭材が主たるものと言ってよい。一貫して利用されたり，あるいは時期によって盛衰したりと，それぞれに特徴はあるものの，我々の生活や産業に深く結びつき，我々は木材に様々に依存してきた。製材品や紙・パルプをはじめとする木材産業は，その材料としての原木（丸太）を個人や企業，国などの有する森林資源から調達し，建築部材や家具や紙などといった製品に加工して民間や政府の需要に対して供給してきた。そこには，木材産業の有する技術水準や戦略のみならず，森林資源のありようや森林所有者との相互関係，あるいは他産業や国・地方自治体との関係，諸外国や国際社会・経済からの影響もあったはずである。

森林管理と木材需要・供給との関係に関する分析枠組みを図 1–1 に示した。本章では，木材製品の需要側と原木の供給側という両面から捉えることとし，100年余の時間と国土の大きさに伴う森林の多様さを踏まえ，以下のように整理しておきたい。両面の説明に入る前に，まず木材利用や木材産業において建築用材同士や，建築用材とパルプ用材のように，木材が原料になるという面では競合関係があることを述べなければならない。材質が用途を規定することは言うまでもないが，例えば，国産パルプ用材の価格がより上昇し継続するような事態が生じると，パルプ産業は海外にパルプ用材を求めるか，あるいは国内の建築用材を需要することを視野に入れて活動するとともに，原料の変化に対応する技術開発を進める。また，我々が経験してきたように経済発展とともに燃料革命が生じて薪炭材から化石燃料へ利用がシフトすると，需要としては化石燃料が増大して薪炭材が縮小していくことになる。それによって，製材品やパルプなどの産業が薪炭林から産出される丸太を原料として射程に入れることになる。

木材産業への原木供給側に関しては，森林資源の態様がどうであるか，森林所有者の意向や選好がどうなのかがまず鍵を握る。原木調達に向けては，樹種や林齢，立地，また施業履歴がどうか，人工造林・再造林の実施を含め保続経営されているかなどという森林資源の状況を把握するところから始ま

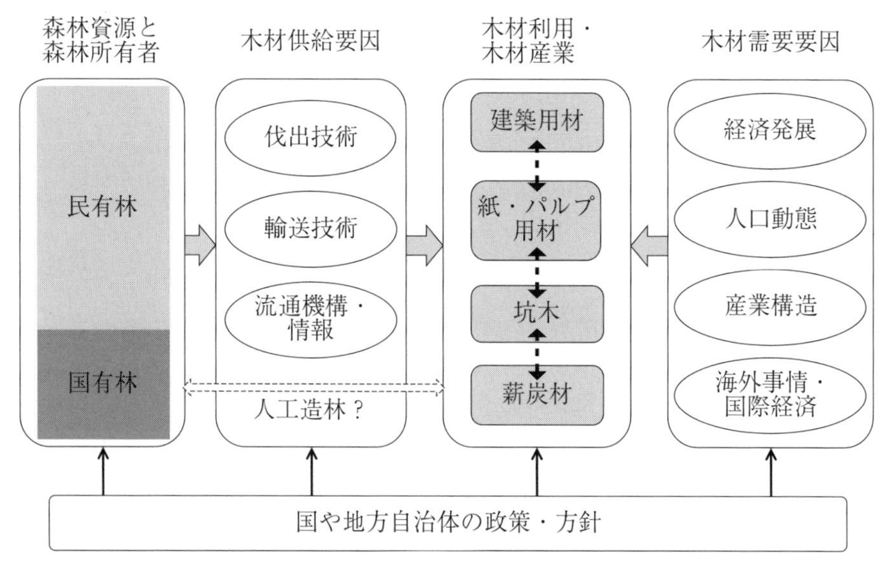

図1-1　森林管理と木材需要・供給との関係に関する分析枠組み

る。その場合に，国内では最大の所有主体である国有林からの供給に依存するか，あるいは大規模所有も多い自社を含む会社有林からの供給に期待するか，あるいは相対的に所有規模が小さく，零細な所有も少なくない個人有林からの供給を当てにするかで原木調達行動は変わってこよう。

さらに，伐出技術や輸送技術がどのような水準にあり，それらの進歩がどの程度あるかも大きな意味を持つ。伐出技術水準が向上していれば，生産性が高まって伐出費用が低下するだろうし，所与の木材価格のもとで森林伐採のフロンティアが拡大することにもなり，原木調達の可能性は格段に上がる。また，輸送技術や流通機構のありようも見逃せない。人力で運ぶのか，牛馬で運ぶのか，船で運ぶのか，鉄道で運ぶのか，トラックで運ぶのかにより，運搬や輸送の効率も製品管理も異なってくることは想像に難くない。人力から牛馬へ，そして船や鉄道，トラックへと代わっていくことにより輸送効率は格段に向上する。木材を右から左へ運ぶという物流だけではなく，木材の受発注や在庫管理，販売管理など，つまり商流のなかでは問屋などの流通機構が重要な役割を果たす。流通機構は，情報を収集・整理して売り手と買い手をつなぎ，取引を安定させ，継続させるという役割を果たすからである。

他方，経済水準ないし経済発展，人口動態，産業構造が木材需要に影響し，時間とともに変化することが想定される。経済活動が盛んになると物流が増えて梱包材や包装材がより多く消費されるし，商業施設が増加してそこへ木材の使用が増えることが考えられる。また，人口の増加は世帯数の増加も伴って住宅建築を増やすことになり，それにより家具をはじめとした木材製品の需要も増加する。他方，様々な産業活動や生活にエネルギーが必要となることから，時系列でみた各段階において木材を燃料として利用したり，化石燃料を採掘するために坑木として木材を使用したりという活動も行われる。国外に目を向けるならば，木材は生活や産業にとって不可欠な資源であることから，早くから国際貿易商品として取り引きされており，諸外国の資源や産業の事情・変容，人口動態のありよう，為替相場などの国際経済要因によっても少なからず影響が生じる。

このように木材利用と木材産業に焦点を当てながら，経済発展や人口動態，産業構造，海外事情・国際経済に代表される木材需要要因と，森林資源と森林所有者との関係，伐出技術や輸送技術，流通機構・情報に代表される木材供給要因の影響に注目して論考する。また，これらには国や地方自治体の政策や方針が直接・間接の影響を与えると考えられることから，このことも念頭におくこととする。

2 日本の近代化と経済発展

(1) 第2次世界大戦前

明治期以降の日本では，人口が1872年の3,481万人から1920年の5,596万人，1935年の6,925万人へと増加し，第2次世界大戦までに倍増した。そのなかで，大正期から昭和期にかけては14歳までの年少人口が36%強，15～64歳の生産年齢人口が59%前後で安定しており，戦争の勃発などを受けて社会減は生じたが，それを人口の自然増が上回る状態が続いた。

総務庁統計局『日本長期統計総覧』に基づくと，1886～1915年には国民総生産（GNP）は漸増期であり，年間実質経済成長率は1905年の－4.4%から1904年の10.9%までの範囲にあり，5年毎に平均すると1.52～4.86%であった。その成長率は第1次世界大戦期になると急上昇し，1915～1919年には年間5.0～9.0%に達した。さらに，1921～1935年を5年刻みにとると，1.76%，2.44%，4.34%と上昇し，1936～1940年にも5%となった。概ね1886～95年，1916～19年，1933～37年の3期には実質経済成長率が高かった。人口増加と経済成長が続くなかで日本の近代化は深化していったのである。

1868年に明治維新を迎えた日本では，初期段階である1880年の産業構造を生産面からみると第1次産業が67.1%，第2次産業が9.0%，第3次産業が23.9%であり，農業と漁業への依存が3分の2を占めた[(1)]。明治政府は殖産興業政策によって工業化を進め，徐々に第2次産業の割合を高めていく。鉄道路線が開業したのは1872年であり，明治期に北海道から九州まで各地で路線が建設され，近代化に大きく貢献することとなった。特に1880年代半ばから綿紡績業に代表される軽工業を中心とする工業化の進展がみられ，その後1901年の官営八幡製鉄所の設立をきっかけに民間製鉄所が相次いで設立されて重工業の基礎となる鉄鋼の国内生産が本格化した。このようななかで勃発した日露戦争や第1次世界大戦が造船業などの発展につながった。また，1910年代～30年代には工場の動力源として電力が普及し，工業化を強く後押しすることとなった。1920年には第1次産業が43.0%，第2次産業が26.7%，第3次産業が39.3%となり，産業構造が変化していった。第2次産業と第3次産業の就業者数も1872年の各々4.9%と10.2%から1920年の20.5%と23.7%へと高まっている。工業化による日本の近代化の1つの形がこうした変化に表れたのである。他方，建設業の生産額はこの間に概ね4～7%，商業・サービス業のそれも30数%と安定していた。

この時期における日本の貿易依存度は1885年の10%から傾向的に高まって1897年には20%を超え，第1次世界大戦期に35%，1937年には40%に達した(2)。「貿易依存度の上昇は，日本経済の成長とともに対外貿易関係にいっそう重要な要因になった（中略）貿易依存度は全体として輸出よりも輸入にささえられていた」のである。また，「明治期の輸出産業は産業化のための戦略産業であった」とみなされる。1880年代と1890年代の主要な輸出品は生糸であったが，1890年代から徐々に加工食品や繊維品などの軽工業品が増え，1900年代に生糸を上回るようになった。木材関係ではマッチ軸木や枕木が輸出された。他方，1880年代の主要な輸入品は綿糸，綿織物，毛織物製品などの繊維製品と砂糖であったが，「鑛及び金属」や「時計，学術器，鉄砲，船車及び機械類」が1900年代にかけて増加し，輸入品の多様化が進んだ。

(2) 第2次世界大戦後

第2次世界大戦後の人口は，1950年の8,412万人から1970年の1億372万人，1990年の1億2,361万人，さらに2010年の1億2,806万人へ60年間に5割余りの増加となった。この間に，年少人口が1950年の35.4%から1990年の18.2%，2010年の13.2%へ大きく低下し，生産年齢人口は59.6%から69.7%，63.8%へと緩やかな山型を描いて推移するなかで，65歳以上の老齢人口は4.9%から12.1%，23.0%へ増加の途をたどり，少子高齢化の社会へと変化してきた。2009年以降には人口減少が少しずつ進んでおり，国力増進という観点からも少子高齢化への対策が講じられるようになっている。

内閣府「景気基準日付」によると，第2次世界大戦後において日本は14の景気循環が観察された。特に1956年の経済企画庁『経済白書』において「もはや戦後ではない」と明記され，同年には国際連合へも加盟しており，この頃からまさに日本は高度経済成長期へと進んでいくのである。30カ月を超える好循環期は5度あった。具体的には，① 1950～1953年の朝鮮戦争を背景に輸出と民間設備投資が誘因となった1954年12月～1957年6月の神武景気，②耐久消費財の進出や食生活の変化，レジャー性向の高まりという「消費革命」(1960年度『経済白書』) と「国民所得倍増計画」(1960年12月閣議決定) に象徴される1958年7月～1961年12月の岩戸景気，③所得の向上に伴うカラーテレビ，クーラー，自動車という「新三種の神器」の消費の増大がみられた1965年11月～1970年7月のいざなぎ景気，④低金利に伴う資産価格の高騰や円高による交易条件の改善などにより好景気となった1986年12月～1991年2月の平成景気 (バブル景気)，そして，⑤金融緩和政策と輸出増加により緩やかな経済成長が続いた2002年2月～2008年2月のいざなみ景気がそれである(3)。大局的にみると，1955～1973年が高度経済成長期であり，1986～1991年がバブル経済期，2002～2008年が経済拡大期ということになろう。日本林業はこうした国内経済の変動にも様々な影響を受けながら変遷してきた。

高度経済成長期には鉄鋼，化学，合成繊維，機械，造船をはじめとする新たな技術導入が進み，重化学工業が急速な発展をみせるとともに，耐久消費財の普及に伴い新たな産業が展開していく。1970年を例に取ると，第1次産業が6.1%，第2次産業が41.8%，第3次産業が52.1%であり，第2次・第3次産業が拡大し，第1次産業が縮小した。例えば，1990年を100とする林業生産指数の変化を取り上げると，1960年に160.9であったが，1970年に129.9，1980年に108.5へ大きく低下した。このことは就業構造にも表れており，第1次産業の就業者数は1950年の48.3%から1970年の19.3%へ低下したのに対し，第2次産業のそれは21.9%から33.9%へ，第3次産業も

29.8％から46.8％へ上昇した[4]。「国勢調査」の林業就業者数をみると，1965年の26万人から1970年の21万人へ，さらに1990年の11万人へと大きく減少している。

その後の1971年のニクソン・ショック（金ドル交換停止）や1973年の円変動相場制への移行，第1次石油危機は日本の経済や産業構造に影響を与え，第2次産業の成長が鈍化することとなった。また，日本，アメリカ合衆国（以下，米国），イギリス，フランス，ドイツのＧ５がドル高の修正に向けて申し合わせを行った1985年のプラザ合意により円の対ドル為替相場が円高へ進んだことにより，海外への直接投資や製造業による現地生産が増加し，また海外からは安価な輸入がなされるようになり，日本の経済や産業構造に多大な影響を与えた。このような経緯をたどり，第1次産業の縮小と第3次産業の拡大という傾向が進んだのである。交易条件の変化に関しては，林業部門においても丸太や木材製品，木材チップの輸入増として表れ，日本の用材自給率は1970年の45％から1985年の36％，2000年の18％へと低下が続き，日本の林業や木材産業にも大きな影響を与えることとなった。

国際貿易に目を転ずると，主要な輸出商品は1955年に繊維品が37％，金属及び銅製品が19％，機械類が12％であったが，1970年になると機械類が46％，金属及び銅製品が20％，繊維品が13％と変化した[5]。輸入商品では鉱物性燃料と金属原料の割合が1955年の11.6％と1.9％から1970年の20.7％と16.0％へ高まり，工業化の進展を表す内容であった。その後の主要な輸出商品としては自動車が10数％で最多であり，半導体など電子部品や科学光学機器，自動車部品，鉄鋼，有機化合物が続いている。輸入商品としては，原油及び粗油が最多で10数％で突出しており，その後は時々でLNGや衣類・同付属品，半導体など電子部品，音響映像機器，魚介類，肉類，木材が入れ替わりで上位にある。つまり，原材料や1次産品を輸入しながら，工業製品を輸出する貿易構造となっている。

3　国民経済における林業の位置づけ

前項で第1次産業あるいは林業分野が，100年余に縮小傾向を辿ってきたことをみた。この傾向は諸外国でも観察できるのだろうか。国連食糧農業機関（FAO）の分析に基づき，主要国における林業部門の国民経済への寄与をみておこう[6]。FAO は 1990 ～ 2011 年における林業部門の国民経済への寄与に関する調査結果を公表した。この調査は，公表された種々の国家単位や国際的な経済統計を活用し，林業部門の労働力，付加価値としての国内総生産（GDP），貿易収支への寄与を指標として採用して行われた。このなかでは薪炭材や非木材森林産物に関する公表統計の制約から，それらの寄与を含んでおらず，本来的な林業部門の全域をカバーしていない点を記しておきたい。林業機械製造業や木材輸送業，木材卸業なども対象外である。また，付加価値に関しては 2011 年平均の対米ドル為替レートにより換算され，GDP デフレーターを用いて 2011 年基準の実質化がなされている。

世界平均としてみると，労働力に占める林業部門の割合は 1990 年，2000 年，2011 年の順に 0.7％から 0.5％，0.4％へと低下し，多くの国で林業部門労働力の割合が低下している。ロシアでは 1990 年から 2011 年にかけて３分の１の 0.8％に減り，日本やカナダ，米国でも半減してそれぞれ 0.6％，1.2％，0.5％となった。2011 年に１％を超すのはフィンランドの 2.8％，スウェーデンの 2.0％，マレーシアの 1.7％，オーストリアの 1.5％，カナダとニュージーランドの 1.2％，チリの 1.0％などである。林産物輸出が盛んな国ほど林業部門の労働力の割合が高い傾向にある。また，中国では 0.5％程度で比較的安定した割合が続き，ベトナムでは 1990 年の 0.1％から 2011 年の 0.5％へ大きく高まっている。両国に関しては，木材産業や紙・パルプ産業が後発で発展していることが寄与につながっていると考えられる。

GDP への林業部門の貢献は，世界平均で 1990 年から 2000 年，2011 年に 1.4％，1.2％，0.9％へと低下している。付加価値に関してデータの得られた国の数は，林業，木材産業，パルプ・紙産業の順に 1990 年に 88，101，92 であったが，2011 年には 105，53，48 へ変化し，木材産業とパルプ・紙産業で大幅な減少がみられた。1990 ～ 2011 年の平均国数としては，林業，木材産業，パルプ・紙産業の順に 124，97，87 であった。2011 年に GDP への林業部門の寄与について，フィンランドの 4.3％，チリの 3.3％，スウェーデンの 2.9％，ニュージーランドの 2.7％，マレーシアの 2.0％，オーストリアの1.9％が高く，１％を超す国は少なくない。他方，１％に満たない国には米国とノルウェーとフランスの0.6％，日本の0.7％，ドイツとロシアの0.8％，オーストラリアの0.9％などが含まれている。

1990～2011年という近年における林業部門の国民経済への寄与を取り上げても，労働力と付加価値の面で林業の位置づけは世界的に低下している可能性が高い。これらは産業構造の高度化や多様化，技術進歩に関係すると考えられる。

第２節　木材産業の展開と外材依存

1　木材需給と木材輸入

(1) 第２次世界大戦前

1879～1963年を対象に分析した熊崎実（1967）に基づくと，第２次世界大戦前において用材と薪炭材を併せた木材需要量は1880年の4,013万 m^3 から1900年の5,816万 m^3，1920年の5,925万 m^3，1940年の9,414万 m^3 へと緩やかな増加を示したと考えられる(7)。その大半を薪炭材が占め，1890年代まではその80数％，その後1920年代前半まではおおよそ70数％，その後1940年代半ばまではおおよそ60数％であった。薪材だけを取り出すと1900年代まで木材需要量の６～７割を占め，その後に低下傾向を示して第２次世界大戦前には4割前後となった。

また，木材需要量は1880年の645万 m^3 から1900年の1,118万 m^3，1920年の1,803万 m^3，1940年の3,396万 m^3 へ増加した。そのうち坑木を含む非建築用材は，1880年の224万 m^3 から1900年の415万 m^3，1920年の810万 m^3，1940年の2,061万 m^3 へ著しい増加をみせ，用材に占める割合は1880年代の30％台から1940年代には70％台へ大きく高まった。建築用材も1880年の421万 m^3 から1900年の686万 m^3，1920年の856万 m^3，1940年の949万 m^3 へ多少の増減を繰り返しながら傾向的には増加した。特に第１次世界大戦を契機とする経済の拡大により，産業用建築物と都市人口の増加に伴う住宅建築の増加が生じ，建築用材の需要が増大したのである。商品発送のための包装用材や，物資や人を輸送するための造船車両用材の需要も増大した。また，近代化とともに石炭需要が増して鉱山開発が活発になり，石炭生産量が1905年の1,154万トンから1920年の2,925万トン，1940年の5,631万トンへ増加するとともに，北海道や九州において坑木需要が増加した。このように薪炭材から用材へ需要構造の変化が生じたのである。

パルプ用材に関しては，1890年代に需要は数万 m^3 に過ぎなかったが，1990年代後半になるとパルプ用材の需要が増し，1919年に100万 m^3，1925年に200万 m^3 を上回り，1934年には300万 m^3 を超える量に達した。後述するように1880年代終わりになって紙・パルプ産業が木材を原料に使用するようになり，経済成長も相俟ってその需要が増加していくのである。

木材貿易の状況を赤井英夫（1968）によって概観していこう[(8)]。第1次世界大戦前に日本の木材需要は少なく，1890年代後半から1900年代前半を主に北海道のエゾマツやトドマツを原料とする板材や枕木，マッチ軸木，箱材などを主に清国（一部は韓国や欧米）へ輸出した。木材輸入に関してはベイマツの大径材やチーク材といった特殊材のみがわずかにある程度だったが，紙・パルプ及び紙製品の輸入については1890年代後半から増加した。その後，木材輸入では1920年代より木材貿易において輸入超過となり，そのなかでは米材が大部分を占めた。その国内事情には，①第1次世界大戦を契機とする木材需要の増加と価格の上昇，②特殊な用途から建築用材（特に中下級建築）としての需要の拡大（関東大震災の短期的多量需要の発生の影響を含む），③関税の引き下げという要因があり，国際的には米国太平洋岸地域の木材供給力の高まり（特に林業発展），米国内需要の減少と価格低下，海上輸送運賃の下落があった。このようななかで，1924年から関税をめぐって森林所有者・内地材業者と外材業者との間の対抗関係が激しくなり，国内林業保護の見地から政府は1926年と1929年に輸入材への関税を引き上げた。なお，第2次世界大戦前にはソ連から数10万 m^3 や東南アジアから数万 m^3 の輸入があったが，大戦中には米材を含めて輸入はなかった。

(2) 第2次世界大戦後

高度経済成長期（1955～1973年）における日本の木材需要量は，第2次世界大戦後の高度経済成長と人口増加，それに伴う住宅着工戸数の大幅増により1973年まで増大した[(9)]。用材と椎茸原木と薪炭材とを併せた丸太換算木材需要量は1955年の6,521万m^3から1973年の１億2,102万m^3へ増加した。その内訳は，1955年に製材用材が46％，パルプ・チップ用材が13％，合板用材が４％，薪炭材31％，1973年には各々56％，25％，14％であり，製材用やパルプ・チップ用，合板用が増加し，薪炭材用が激減した。高度経済成長期に太平洋ベルトへの人口移動に伴い住宅着工戸数が増加するとともに，薪炭材から化石燃料へ代わるという燃料革命が生じたからである。また，パルプ・チップ用材については経済成長に伴う紙・板紙需要の増加により急増し，合板用についても1950年代から1970年代初めにかけて続いた合板輸出により合板用材の伸びもみられた。このような変化のなかで，１人当たり木材需要量は1955年の0.7m^3から1973年の1.1m^3に増大した。なお，坑木需要は1950年代初頭まで木材需要量の10％程度を占めたが，石炭生産量が1960年の5,261万トンから1975年の1,860万トンへ減少するなかでわずかな量となっていった。

1973年の第１次石油危機を経て安定成長期（1974～1985年）になると，需要の増加基調がなくなり構造変化がみえ始めた。集合住宅のような住宅形態の多様化が進み，また量的拡大を求める経済から質の充実を求める経済へという変容が住宅にも生じたのである。1970年代後半の丸太換算木材需要量は１億～1.1億m^3であり，1980年代前半には0.9億m^3台に減少した。また，この時期に製材用が1985年の47％へ低下，パルプ・チップ用は34％へ上昇し，合板用は12％前後，薪炭材は１％に低下した。

1985年のプラザ合意後の円高進行期（1986～1995年）には，日本はバブル景気に入り，木材需要量も増加に転じた。暦年平均での対ドル円相場は，1985年の１ドル 238.53円から1990年の144.81円，1995年の94.05円へと，1985～1995年は大幅な円高が進んだ時期であった。この時期には，購買力平価に対して為替相場が一層円高となって林産物輸入を促し，日本林業に少なからず影響を与えた。1980年代後半の特徴としては，バブル景気のもとで投機目的も要因とするマンションやアパートといった新設貸家戸数の増加があった。こうした状況下で木材需要量は1990年代半ばまでの1.1億m^3余りの水準を続けた。

1995年の阪神・淡路大震災は木材需給に対して大きな影響を与え，この後に丸太換算木材需要量が減少の途をたどり始めることとなった。阪神・淡路大震災では，1981年の建築基準法改正に伴う新耐震基準の前に建てられた木造住宅に特に大きな被害が発生し，このことを契機として住宅の性能表示が求められるようになり，1999年に「住宅の品質確保の促進等に関する法律」(1999年法律第81号）が公布された。この過程で高耐震性を含む品質・性能の明確化が要求されるようになり，それへの対応として住宅建築において天然乾燥材に代わり人工乾燥材や，集成材などのエンジニアードウッドの利用が拡がり，さらに機械プレカットが普及していくこととなった。また，一層の円高による経済・社会のグローバル化も一助となり，新築住宅において洋風化が浸透し，和室数の減少や柱の隠れる枠組壁工法へのシフトが顕在化した。このような変化のなかで，1990年代半ばに1.1億 m^3 余りだった丸太換算木材需要量は2005年に8,700万 m^3 余り，2010年には7,100万 m^3 余りに減少したのである。用途別木材需要量は，1990年に製材用材が48％，パルプ・チップ用材が37％，合板用材が13％であったが，2000年にそれぞれ41％，42％，14％へと変わり，製材用の低下が一層進んだ。

いざなみ景気期以降（2002年以降）の用途別木材需要量は，2010年に製材用材が35％，パルプ・チップ用材が46％，合板用が13％となり，需要減退のなかで製材用が一層シェアを落とし，パルプ・チップ用材は数量を減らしつつもシェアを高めた。その後の傾向としては，パルプ・チップ用材がシェアを数ポイント下げ，合板と薪炭材が2～3ポイント高めている。木造住宅は重要な需要先であり，新設住宅においてどこまで木造化が図られるか，住宅の長期使用に向けてリフォームやリノベーションでの木材利用を如何に広めるかが今後の課題となっている。併せて，2011年3月に発生した東北地方太平洋沖地震に伴う東日本大震災を契機として省エネルギーや節電，さらには再生可能エネルギーへの注目や取り組みが拡がっており，化石燃料や電化装置に代わって木質資源や紙製品の利用を如何に広めるかも重要なポイントである。

(3) 木材貿易の自由化

第2次世界大戦後の日本では，経済復興に伴ってラワン材を中心に木材のなかでも丸太輸入が増えたが，制度面では輸入自動承認制（AA制；Automatic Approval for Import）などにより自由化が一気に進んだ[(10)]。AA制は，一定地域からの輸入に対して定めた品目と金額の範囲内で自由に輸入できる制度であり，AA制への移行は米材丸太が1956年，南洋材丸太が1960年，北洋材丸太が1961年であった。こうした経緯のなかで，1955年に200万 m^3 に満たなかった丸太輸入は1960年に667万 m^3，1965年に1,672万 m^3，1970年の4,328万 m^3 へと急増し，日本の木材自給率は1969年に50%を下回った。1970年代の丸太輸入量は，南洋材を年間2,000万 m^3 超，北米材を1,000万 m^3 超，北洋材を900万 m^3 超であり，それらを合計すると4,000万 m^3 を超える量に達した。

日本における木材の市場開放は，1979年のGATT（関税と貿易に関する一般協定）東京ラウンドの「多角的貿易交渉」以降に進められ，特に木材輸入の関税障壁が主たる交渉対象となった。日米の市場分野別協議であるMOSS協議が1985年から開始され，重要分野の1つとして製材品や合板などの木材製品が協議の対象となり，日本の木材輸入関税の引き下げが合意された。さらにG5におけるプラザ合意によって円高が容認され，日本の木材輸入の条件は整えられた。また，1986年のGATTウルグアイ・ラウンドでは輸入関税の引き下げが焦点となり，米国とカナダが輸入関税の相互撤廃案を提示した。日本は，この提案を拒否し続け，最終的には基準税率から約50%引き下げることで合意した。この引き下げは1995年1月から段階的に行われ，1999年1月の引き下げで完了した。

こうした輸入関税の引き下げに加え，木材輸出国での丸太輸出規制及び木材製品輸出の促進により，1980年代後半から日本の木材製品輸入は急増してきた。製材品の輸入を例示すると，1985年の500万 m^3 から1990年の1,260万 m^3，1995年の1,598万 m^3 という具合である。さらに，2015年10月5日には環太平洋パートナーシップ（TPP）協定交渉が大筋合意に至り，発効とともに製材品や合板などの木材製品の関税も撤廃へと向かう方向となっている。その国内木材産業への影響は必至であり，それが林業へも波及することが考えられる。

木材製品輸入の増加とともに丸太輸入量は，1990 年の 3,386 万 m^3 から 2000 年の 1,802 万 m^3，2010 年の 604 万 m^3 へと 1990 年代以降に急速に減少していった。南洋材に関わっては 1980 年代にインドネシアやマレーシアといった熱帯諸国における資源ナショナリズムや合板産業の工業化が展開し，北米材に関わっては 1980 年代末から 1990 年代前半にかけて米国北西海岸地域でマダラフクロウやマダラウミスズメの自然保護運動に伴う連邦有林と州有林での伐採規制や丸太輸出制限が実施され，さらに 1990 年代後半から 2000 年代半ばまでは米国経済の回復に伴う旺盛な林産物需要を背景に，日本の輸入できる丸太は減少したのである [11]。また，北洋材の輸入に関しても第 2 次世界大戦後に安定的な輸入が続いてきたが，ロシア政府の丸太輸出関税の引き上げ方針の表明に伴う丸太価格高騰や，ロシア国内での木材加工と製品輸出の推進により 2000 年代後半に急速に減少した。

製材品の輸入は 1997 年まで増加傾向にあったが，その後は概ね 1,000 ～ 1,500 万 m^3 の水準が続いている。その中心を担ってきたのは米国とカナダから輸入される米材製材品であり，1980 年代後半に顕著な増加を見せ，丸太に代わる輸入品となった。1996 年には 784 万 m^3 の製材品が輸入された。その後は北米から中国向け輸出の増加などにより 2009 年まで日本の米材製材品輸入の減少が続き，2010 年の輸入量は 271 万 m^3 に留まった。また，2000 年代以降に日本は欧州の製材品を 200 ～ 300 万 m^3 輸入している。欧州のなかでは，特にスウェーデン，フィンランド，オーストリアからの輸入が多く，近年の 3 カ国の合計は欧州製材品の 7 割を占める。また，日本は構造用集成材の輸入が阪神・淡路大震災後の 1990 年代後半に増加し，フィンランドやオーストリアをはじめとする欧州諸国からの輸入が 2000 年代以降には概ね 400 ～ 600 万 m^3 に達し，近年は 8 割を上回るシェアとなっている。

木材チップ輸入量（丸太換算）は 1960 年代後半に数 100 万 m^3 あり，第 1 次石油危機以降に概ね 1,100 ～ 1,500 万 m^3 の水準が続いた。それが増加に転じたのはプラザ合意以降であり，1990 年に 2,025 万 m^3，2000 年には 2,666 万 m^3 に達した。1980 年代後半以降にオーストラリアや南米，東南アジア，南アフリカなどでユーカリをはじめとする早生樹の産業造林が展開され，製紙原料として輸入されるようになったからである。1990年代にベイマツなどの針葉樹材チップは米国，広葉樹材チップはオーストラリアを中心に輸入されたが，2000年代以降には米国からの輸入が大幅に低下し，オーストラリア，チリ，ベトナム，南アフリカ，タイ，ブラジルが上位を占める。また，近年に新たな展開が生じ始めている。オーストラリアでの産業造林の経験からユーカリの年平均成長量が約20m^3/ha・年で相対的に低いことから原料調達地としてオーストラリアに代わって日本から近いベトナムなどのウェイトが高まり始めている。

2　木材産業の盛衰

(1) 第2次世界大戦前

赤井英夫（1968）を参考に第2次世界大戦前の木材産業の盛衰をまとめてみよう[(12)]。

まず，製材用材の供給に関しては，製材品の多様性からバラエティーに富む木材が必要であり，一般建築用材は様々な地域からの供給が必要であった。そのため，大消費地である東京に対しては紀州や尾州，遠州，三州，関東近県及び東北の一部，大阪に対しては土佐，吉野，阿波，日向が主たる供給地となり，木材は東京と大阪まで船で運ばれた。豊富な森林資源を有する地域のなかでも，東京や大阪へ供給できるのは流送可能な河川がある地域に限定されたため，北海道や東北からの供給はわずかな量だった。

製材業において木挽き製材から機械挽き製材へという技術変化が1900年代初頭から進み，一方で小径材や劣等材の利用が可能となって製材生産性の上昇＝製材歩留まりの向上が生じ，他方で前項の1で述べたように経済成長を伴う近代化のもとで木材需要も増加した。赤井英夫は，製材業を発展させた条件として，①建築のあり方の変化による既製品製材需要の増加，②1880年代後半からの木材需要の増加に伴う木挽き労賃の高騰，③鉄道輸送の拡大に伴い迅速確実に且つ荷痛みを少なく供給することが可能になったこと，④国有林や御料林の積極的経営により工場設備を持つ者に対して立木年期特売等随意契約によって販売するようになったため，それを当て込んだ製材工場の設立が生じたことを挙げた。立木年期特売等随意契約，すなわち「排他性をもった閉鎖的な販売方式」により売り手にとっては販路の確保や開拓が図られ，買い手としては原木を安定的に確保でき，その価格も安価で好都合だったのである。

新宮や天竜といった集散地に造られた製材工場は大規模（例えば250馬力や130馬力）であり，山元の製材工場は零細（10馬力未満）という特徴が生じた。製材工場数は1915年から1923年までの間に2,091工場から7,251工場へ急増し，馬力も4万1,067馬力から13万2,347馬力へ高まり，製材業に大きな発展があった。殊に輸入材挽き製材工場において，それが顕著であった。米材の輸入が京浜，大阪，名古屋，和歌山などの大きな港湾を有する一部の地域に限られ，これらの地域には外材専門の比較的大規模な製材工場が設立され，製材産地として発展したのである。その製材品は大都市部で消費されるのみならず，地方市場にも供給された。第2次世界大戦前には国産材製材と外材製材との相違が明確なものとなった。なお，この頃にも海上輸送運賃が米材価格に大きな影響を与え，輸入動向にも波及した。

1900年代初め頃には鉄道の発展に伴う木材輸送条件の変化と新開地開発の進展により木材供給圏の拡大が生じた。港に恵まれなかった地域や海上輸送に不便な地方でも，鉄道による木材輸送が可能となり新たな木材供給地として発展することになったのである。木材価格上昇のなかで国有林や御料林の積極的経営が開始され，その木材供給が増加した。また，国有林で大規模な森林鉄道（林鉄）が1900年代に入り敷設され，民有林でも全国的な木馬の普及や一部地方での架線・索道利用があり，こうした伐出技術の展開により伐出生産力が増大した。木材輸送を目的とする動力車がけん引する本格的な森林鉄道としては，1908年に運用を開始した津軽森林鉄道が最初となる。国有林に林鉄・インクラインをはじめとする伐出機械設備の大幅な増加があり，この後に秋田，高知，木曽をはじめとする各地の国有林・御料林にも導入されて生産力の増大につながっていくのである。北海道でも1900年頃から鉄道の発展や開拓の進展が生じ，白楊やナラに代表される広葉樹材の伐出が拡大し，さらにエゾマツやトドマツの優良材が抜き伐りされ，輸出のみならず内地へも移出されるようになった。

他方，紙・パルプ産業では1874年にボロを原料に用紙生産が始まった。洋紙を利用する印刷所が都市部にあり，原料である麻，綿布のボロ布が都市で集めやすかったために有恒社や抄紙会社（後の王子製紙），蓬莱社などが大都市部で創業した。その後，1889年に王子製紙気田工場が創業し，木材パルプによる製紙生産が始められた。1891年には富士製紙が入山瀬工場を設立し，日本初の砕木パルプ（GP）製造を開始した。東海地方には御料林が多く立木年期特売等随意契約によりモミやツガなどを調達しやすく，気田川や潤井川で小舟による流送が可能であり，水車動力・水力発電による動力の獲得もできた。他方，1889年に全線開通した東海道線により製品を出荷できるという利点もあった。王子製紙気田工場も富士製紙入山瀬工場も出材コストを低くするために天竜川上流と富士川上流の奥地で操業したわけだが，他方で原木供給圏が限定されることとなり，後に森林資源の減少や木材価格の高騰を受けて採算が困難になった。そして，その後には国有林や御料林の多い北海道へ進出することとなる。また，19世紀終わりの段階では紙とパルプの輸入が多かったが，1898年の三菱製紙設立をはじめ製紙会社の起業もみられるようになり，紙・パルプ産業が発展の過程に入っていくのである。なお，王子製紙気田工場は1923年に廃業されている。

明治時代末期になると，王子製紙と富士製紙が北海道へ進出し，木材パルプ生産が拡大することとなった。北海道の国有林や御料林で立木年期特売等随意契約による原木調達が可能だったのである。「1河川－1パルプ会社－1造材業者」という形態が北海道のパルプ生産ならびに流通の支配的な形態となった。また，1914年12月の王子製紙大泊工場が完成して以来，1915年の樺太工業泊居工場，1917年の王子製紙豊原工場，日本化学紙料落合工場，1919年の樺太工業真岡工場と大型工場が安価な森林資源のある樺太に新設された。国有林から産出される樺太材は1930年代半ばにパルプ用材の8割を占める存在となった。また，大正期に入ると日本加工製紙やレンゴー等も設立される。こうした経過のなかで王子製紙，富士製紙，樺太工業の3社を中心とする生産の集中と系列化が進められ，3社による中小製紙企業の合併統合が進展し，さらに1933年に富士製紙と樺太工業が王子製紙に合併されることになった。こうして紙・パルプ産業における大企業ができ上がったのである。

だが，1932年に樺太庁長官の「林政改革声明書」によって「樺太国有林の年期払いの廃止・当該移出制限等の方向」が出されて状況が一変した。樺太材の移出ができなくなったのである。1930年代後半と1940年初めにかけては樺太材から内地材への原料転換が進み，そのなかで西日本に多かった民有林のアカマツやクロマツが注目されるようになる。紙・パルプ会社は，アカマツやクロマツの原木集荷のための組織をつくり，立木購入や素材生産業者からの丸太購入を進めたのである。この資源転換により国有林と御料林の年期特売等随意契約とは異なる原木調達形態が拡がり，王子製紙の独占体制からその後の紙・パルプ会社の林立へと繋がっていく。

木材産業の木材需要増大に対して供給側の動きもあった。1926年の林業共同施設奨励規則のもとで森林組合の施工する林道への国庫補助が行われ，木材供給力を増進していった。民有林道の開設実績は，1930年に563km（主に車道389km，木馬道101km），1932年に3,684km（車道2,948km，牛馬道469km），1933年に4,146km（車道3,327km，牛馬道579km），1934年に2,545km（車道2,077km，牛馬道298km）と増加し，1936～38年には1,000kmを下回るものの，1939～1942年にも1,510～2,817kmの範囲で開設を伸ばした。

(2) 第2次世界大戦後

村嶌由直（1986）によると，第2次世界大戦直後に戦前を上回る数の製材工場が生産を始め，1948～49年に3.4万を超える工場が稼働した[(13)]。都市部での復興需要が増大するなかで，復員や外地からの引き上げ，軍需工場からの解雇などによる相対的過剰人口がそれを支えたのである。1950年に勃発した朝鮮戦争は，製材業，紙・パルプ産業，合板産業をはじめとする木材産業全般に対してブームを引き起こすものとなった。だが，いわゆる円鋸工場が過半を占め，自動送材車付帯鋸をもつ工場は2割に満たなかった。また，1956年の農林省調査によると，素材調達の仕方としては49%が「主として素材買付」，38%が「主として立木を伐採して生産」，19%が「立木・素材買付半々」であり，特に東北や九州の製材工場は「伐出生産過程」を有していた。他の地域では素材生産業者が数多く発生したが，農業との兼業が多いために零細で開廃率が高いことや運転資金が不足したこと，その零細性や孤立性，分散性のために市場を不安定にしたことなどが問題となり，生産した素材を価値どおりに販売することが可能な流通の新しい仕組みが求められるようになった。木材価格の地域間格差が縮まり大都市出荷型製材業が各地に成長したことに伴い，素材生産業者と製材業者が納得する木材価格で取引でき，同時に色々な商機能を果たすシステムとして，原木市売市場が1950年代半ばから先進林業地帯で広範に成立していった。この原木市売市場は流通機構をなし，第2次世界大戦後の木材流通において重要な役割を果たしてきた(14)。

高度経済成長期に入り1950年代後半に製材工場でも設備の新設や更新が進められた。その結果，1959年には自動送材車付帯鋸をもつ工場数が円鋸工場数を上回ることとなった。その後の製材工場数と平均動力出力数は，各々1955年に2万2,368工場，18.2kW/工場，1975年に2万2,241工場，60.0kW/工場，1995年に1万4,565工場，84.0kW/工場，2010年に6,562工場，107.2kW/工場と，平均動力出力数の増加と1970年代以降の工場数の減少が続いた。1工場当たりの従業者数は1960年代の11人から2000年代の5～6人へと減少した。この過程では，林業構造改善事業による施設や装備の拡充がなされた。また，バブル景気以降に輸入材が増加するなかで1991年に158森林計画区の流域を基本的単位とする「森林の流域管理システム」が導入され，さらに円高に伴う輸入木材製品の増加により国産材の小規模な生産過程や複雑な流通過程の一層の合理化の必要なことが強く認識されるようになった。

そして，森林・林業基本法（2001）の条文に「木材産業」が明示されると，「これまでは利用されなかった低質材の利用を図ることを重視しつつ，原木の総合的かつ合理的な流通・加工体制を構築することを基本とすること」と「新しい流通・加工の方向として，集成材，合板等のエンジニアードウッド等に国産材を使用していくことに焦点を当てること」を基本コンセプトとする国産材新流通・加工システム（2004～2006年度），「①川上から川下までの合意形成を促進し，②森林施業や経営の集約化，協定取引の推進，生産・流通・加工のコストダウンを図り，③ハウスメーカー等のニーズに応じた木材の安定供給を図ること等を通じて，地域材の利用拡大，森林所有者の収益向上，森林整備の推進を図」る新生産システム（2006～2010年度）の取り組みが展開し，製材工場の大型化や木材流通の合理化が加速していった。

また，住宅の品質・性能表示や瑕疵保証制度により，日本の住宅建築において集成材が柱や梁，土台などの様々な部材として使用されるようになった。国産スギ材やヒノキ材，米マツ材，米ツガ材の無垢部材を集成材が代替するという構造変化が進み，製材工場において無垢材の製造に代わって集成材用ラミナ製造へのシフトが特に2000年代以降に進んできた。集成材（構造用集成材を含む）の需給量は1990年代から増加が続き，生産量と輸入量は1996年の72万m^3と28万m^3から2006年の168万m^3と96万m^3へと2倍超の大幅な増加となり，2010年にも145万m^3と66万m^3となった。他方，1990年代後半から施工の合理化のために住宅部材のプレカット化が進展してきた。全国木造住宅機械プレカット協会によると，1990年にプレカット工場は483，在来軸組工法の新設住宅戸数に占めるプレカット率は8%であったが，同順に1995年に784工場，32%，2000年に877工場，52%へと増加した。さらに，2005年に838工場，79%となり，2000年に比べて工場数は4.3%の減少となったものの，シェアはさらに拡大した。この動きは15年間に極めてドラスティックに進んだのである。その後，プレカット工場数は減少傾向にあるものの，プレカット率は90%に近づいている。

また，村嶌由直（1986）によると，第2次世界大戦後に王子製紙が苫小牧製紙（1952年に王子製紙工業，1960年に王子製紙に改称），本州製紙，十條製紙の3社に解体されるとともに，大昭和製紙，中越パルプ，大王製紙などの新興企業が林立するようになった[(15)]。紙・パルプ産業に関しては，こうした新規参入を含む企業数の増加により競争原理が機能して設備投資や技術開発が促され，産業としての発展に結びついていく。例えば，1950年代後半には広葉樹のパルプ原料化に成功し，その後には林地残材や製材工場廃材の資源化もでき上がった。拡大造林が進むなかで広葉樹資源の確保がしやすかったと考えられる。産業規模としては1949年末にパルプ工場数が242工場，日産能力は2,973万トンであったが，1959年末には210工場，1万2,607万トンと1工場当たりの生産能力が格段に高まった。こうした生産設備の増強は原木需要を高めることとなり，アカマツ・クロマツなどの民有林材を起点にしてパルプ材市場は全国へ拡大し，パルプ材生産業者も規模拡大していく。だが，「設備投資競争→供給過剰→市況悪化→在庫整理→市場回復→設備投資競争というパターン」を繰り返し，原料問題や環境問題を激化させているという認識が生じ，紙・パルプ設備投資問題懇談会が1965年に設置され，産業体制について共同投資や業務提携または合併の必要や海外原料の有効活用などが提起され，1960年代後半から大型合併が始まるのである。併せて，海外にも原料を求める動きが加速していき，既述のように特にプラザ合意後の1980年代後半からオーストラリアをはじめとする海外での産業造林が展開し，1990年代終わりからユーカリやアカシアマンギウムに代表される早生樹材チップの輸入が増える。

村嶌によると，合板産業は1954年7月にラワン合板，ラワン製材が加工貿易品目に指定されることにより飛躍的な発展を遂げた。1954年の合板生産量は1.3億万 m^2 であったが，1959年には3.2億万 m^2 に急増し，米国向けなどの輸出・特需の生産が4割近くを占めた。この時には「輸出所得控除制度」による輸出所得の一部の控除や「企業合理化促進法」による重要産業の指定が合板産業の近代化を促した。例えば，ホット・プレスやドライヤー，単板切削工程の関連機械の導入が進んだ。合板輸出の上位には野田合板や東洋プライウッド，湯浅貿易があり，上位10社で40％近くを占めた。だが，1960年代～1970年代になると韓国やフィリピンが合板産業を発展させ，生産の比較優位という観点から輸出は減少していくのである。

普通合板の製造工場数と生産量は，1960年の227工場39.6万 m^2 から1973年の257工場151.6万 m^2 に増加したが，1974年以降に傾向的に減少し，1990年には134工場99.8万 m^2 に減少した。資源ナショナリズムを背景にインドネシアやマレーシアから日本への合板輸出が増加するなかで，殊に1980年代後半から1990年代初めにかけて南洋材丸太の入手が困難となり，原木をニュージーランドやロシアに求めていくわけだが，その過程で合板産業は縮小を余儀なくされた。だが，国内人工林資源の充実と間伐材生産の増加を背景に，国産針葉樹材を原料とする厚物構造用合板が開発されたことにより，2000年代に入るとスギ材やカラマツ材といった国産材需要量が14万m^3から249万m^3へ増え，2000年代には工場数は75工場から40工場へ減少するものの，生産量は300万m^3前後となった。他方，合板輸入量は2000年の461万m^3から2010年の224万m^3へ半減し，国内において輸入合板からの代替が進んだのである。日本林業の振興にとっては，こうした国産材を原料とする新たな木材製品開発が重要であることを示している。

3　連携・統合への方向性

持続可能な森林経営と木材利用を図るうえで，製材業や紙・パルプ産業などの林産企業のビヘイビアが鍵を握っており，森林経営から木材加工，流通，建築・小売までの関係が重要である。林産企業の展開については，木材加工業を中心として想定すると，垂直方向と水平方向の2つの方向で捉えることができよう。森林経営から木材・紙製品の小売りまでを視野に入れて経済性を追求する縦方向の垂直展開と，同業者の統合や連携により経済性を求める横方向の水平展開である。前項でみたように木材産業にとって原木などの木材資源をいかに確保するかは重要であり，それは垂直方向の連携として様々な展開が繰り広げられてきた。紙・パルプ産業では水平方向の連携（系列化）・統合・分割がみられ，垂直方向には森林の所有あるいは森林所有者との連携による原木調達が続いてきた。垂直方向と水平方向の組み合わせによる企業の展開は製材業や合板産業，住宅産業にも考えられる。このことを念頭に，製材業に注目して近年の動きを考えてみたい。

日刊木材新聞社（2013）によると，日本の製材企業は年間原木消費量29万m^3の（株）トーセン，25万m^3の協和木材（株），18万m^3の（有）川井林業，15万m^3の遠藤林業（株）をはじめ10万m^3以上で13社，5万m^3以上では44社に増加し，それらの合計は395万m^3余りに達している(16)。森林・林業基本法の制定後に採られた国産材新流通・加工システムや新生産システムをはじめとする政策のもとで，この10年余りに製材工場などの大型化が進んだのである。原木から製材品への歩留まりを考慮すると，協和木材のように規模としては欧米の大型製材工場の規模を射程に入れるところも生まれているとして過言ではない。

こうした日本の製材企業に関しても，協和木材のように山林部を有して製材工場規模を拡大しつつ集成材工場を新設するという垂直方向への展開，トーセンのように中規模製材工場を束ねる形の母船式木流システムによる水平方向への展開がみられる。森林所有者台帳に基づく素材生産部門の活動により多様な原木調達チャネルを有して安定した原木調達を生み，さらに集成材工場を増設することにより製品ラインナップの拡充と取引費用の低下を実現することは，現下の林産企業の方向性として理解できるのである。また，数万 m^3 規模の製材工場の特長を活かした製品生産を行い，最終仕上げを含む製品管理を一元化することにより営業力を高めることも重要な方向性と言えよう。規格品の大量生産と原料活用による製品多様化のいずれにおいても，こうした製材工場の展開は地域的な拡がりを伴うようになっている。さらに，中国木材（株）はベイマツに加えて国産材の利用を増やしており，九州をはじめとして全国に森林所有面積を拡大し，立木在庫を増やすことにより製材企業にとって最も重要な原木の安定調達に向けて取り組んでいる。これも川上への垂直統合として捉えられよう。これらの大型製材企業は，歩留まりを高める寸法の原木を調達して製材効率を増すことにより，集成材用ラミナや２×４材を輸出するという展開も視野に入ってくると考えられる。

中小の製材企業においても，垂直方向や水平方向への展開がみられる。住宅建築などへの垂直方向の繋がり，地場の製材工場同士の連携による水平方向の繋がりを強化し，垂直・水平方向への展開により企業経営の安定に結びつける事例が生まれているのである。製材企業は，垂直方向のつながりにより住宅需要を把握しながら安定的に工場を経営することができ，取引費用の削減や投資，商品開発の推進を図ることが可能となる。また，中核となる製材企業が原木を仕入れ，製材，乾燥を行い，さらにプレカットをすることになるが，水平方向の取り組みとして地場に連携・協力製材工場を持ち，それらへ原木を配送して得意分野に応じて製材された製品を受け取る（いわば賃挽き製材）という形態をとることも考えられる。総体としての製材生産の規模拡大と安定と効率化が図られ，固定費用や取引費用の削減が可能になる。

ここでの連携・協力製材工場については，原木調達や製品供給に要する諸費用の削減と適寸材による製材生産性の向上がみられ，小規模零細企業としての難しさを伴うマーケティングが不要になるというメリットも生まれる。

第３節　木材利用の変容と木材流通の変化

1　木材流通構造の方向性：製材用材を例に

再生可能な森林資源は，適切に保全・活用するならば一定水準の資源の質と量を継続的に保つことができ，自然資源の効率的な利用やリサイクル，リユースを行う循環型社会の実現には不可欠な資源である。例えば，森林資源から産出される丸太は，製材工場あるいは集成材工場で製材品あるいは集成材に加工された後に住宅や大型建築物の建築に使用され，数10年を経て解体された後には古材として再利用されたり，繊維板をはじめとする木質ボード材を用いた家具などに再加工されたりする。こうした木質資材は，最終的には燃材としてエネルギー源にすることもできる。つまり，木材にはカスケード利用できるところに特長があるのである。

これまでみてきたように，国内の木材利用においては製材用が中心をなしてきており，木材加工が多様になされる現代においても国産材の用途としては最多である。今後においても，集成材用を含む製材用材が国内の木材利用で主要な位置にあることに変わりはないと考えられる。この製材用を起点として，いかに木材利用を促していくかをまずは検討しなければならないのである。このような木材利用を念頭におき，製材用材の流通と国際貿易とに注目して変化の方向を考えてみる。

日本における高度経済成長期以降の木材流通は，小規模零細な森林所有者と中小規模な製材工場とを原木市売市場が結びつけ，中小規模な製材工場と中小規模の建築業者とを製品市場がつなぐという構造が1990年代半ばまで中核をなしてきた（図1-2）。だが，1990年代終わり以降には，一方で製材工場などの規模拡大や大型製材工場の稼働，他方では国有林システム販売の展開や森林施業の団地化・集約化により，製材工場や合板工場が森林所有者

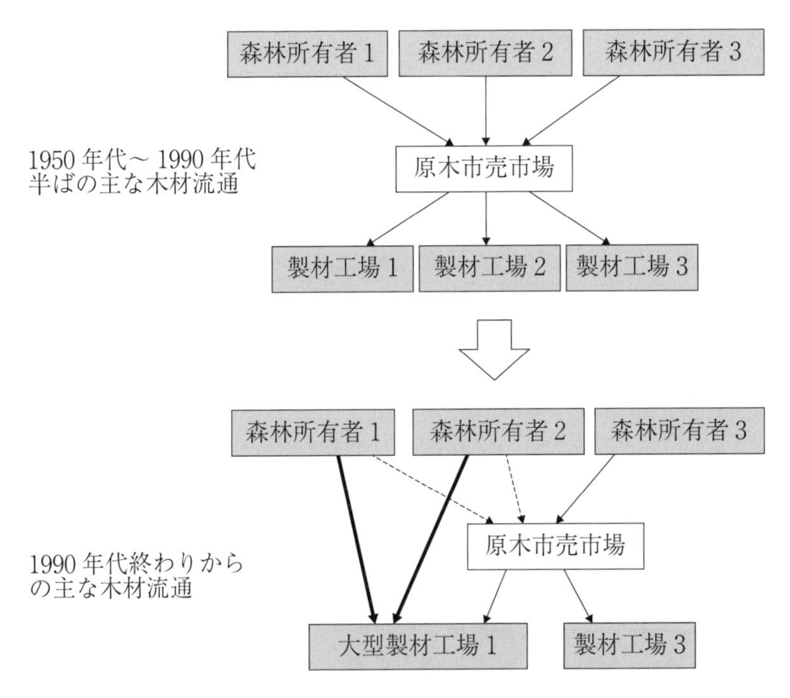

図1-2　第2次世界大戦後における木材流通構造の変化

から直接に原木を調達する流通が拡がってきた。つまり，流通機構の担ってきた役割の一部を，素材流通においては大規模化を伴って製材工場や合板工場が行うようになっている。2000年代以降の製材企業の展開を概観すると，上述のように政策的な後押しもあって垂直統合により範囲の経済を追求し，さらに工場規模を拡大して規模の経済を追求するという方向が現れている。無垢の製材品から集成材へと木材需要構造が変わるなかで，例えば製材工場が集成材工場を併設し，原木調達や製品需要に応じた経営を行うのは時代に即していると言えよう。また，今般の国有林システム販売は第2次世界大戦前の年期特売等随意契約と類似し，木材産業の原木調達にとって重要な位置であり続けていると考えられる。原木調達をする側にとっては，量としても価格としても安定性のある大規模森林所有者は重要な存在なのである。他方，原木の供給側としては資源の保続に基づいて持続的に木材供給する体制をとっていくことが求められる。

1990年代までは一定量の丸太輸入があり，輸入材挽き製材品が様々に需要された。だが，この20年余りの間に丸太輸入は大きく減少し，国産製材品と輸入製材品との競合の度合いが強まっている。そうしたなかで，国内製材工場はどのような方向性が考えられるだろうか。大型製材工場に関しては，上述の垂直方向と水平方向をいかにバランスさせるかが重要であり，さらに設備の増強を含む1工場当たりの規模拡大や規格品の製造を中心に規模の経済を追求することが1つであろう。さらに，歩留まり向上を目指した原木活用として製品多様化を加えることも考えられる。中規模工場に関しては，水平統合に伴う特定製品への特化（専門工場化）が成果を挙げ，系列化の傾向が顕在化している。一定の拡がりのなかでの展開には規模の効果が発揮されており，その拡がりをどのように措定するかが今後の課題と考えられる。小規模零細工場については，大径材や特殊な樹種などを主たる原料に特長ある製材を行ったり，地場などのニッチ市場に対応した受注生産あるいは他の工場との連携による原木調達を行うなかで機動力を発揮したりすることにより，木材産業において重要な役割を果たしていくことが期待される。例えば，大工・工務店と連携したリフォーム部材の供給があるだろう。

木材流通の川上から川下まで，言い換えると安定した原木調達から木材加工，住宅建築などまでを範囲とした連携や協力が不可欠となってくる。例えば，設計事務所や工務店との情報共有も重要な意味を持ってくると考えられる。

2　交易条件の変化と木材貿易の方向性

木材の国際貿易を考える時に，国単位でみると労働，土地，資本などの生産要素の違いや，風土的，技術的条件の相違があり，より効率的に生産できる財・サービスは国により異なる。より効率的に生産できる，言い換えれば生産費が相対的に少ない財に特化して生産を行い，それらの財を貿易し合うことにより，互いの経済厚生は高まると考えられる。日本を取り巻く林業や木材産業の比較優位・比較劣位の状態は，ここ10年余りの間に変化してきているように思われる。その理由として，森林資源，林業資本，木材産業資本などから整理できる。森林資源，特に人工林資源の成長により伐期に至る林分が増えており，九州のように皆伐時の１ha 当たり出材積が 400m^3 という地域もある。それに加え，路網密度の高まりや高性能林業機械の導入の拡大により素材生産効率が格段に高まり，欧米やオセアニアのように１日１人当たり 30m^3 強という素材生産性に至るには時間を要すとしても，競争に堪えうる水準に近づいている地域が現れている。丸太輸出量が増加していることは，為替相場の円安要因もあることながら，日本林業の比較劣位に改善が生じていることを意味すると考えられる。他方，製材工場の規模拡大は進んでいるものの，製材品輸出の増加に向けて生産効率や製品の選択，マーケティングの面での課題が少なくないと言えよう。

生産費や価格の予算制約に加え，近年は資源制約や環境制約が木材貿易に影響を与えている。貿易の増大に伴う資源劣化や環境悪化が経済厚生を引き下げるという認識が消費者に生まれ，建築物における健康・安全志向，消費行動における環境・安全意識の高まりが比較優位理論に少なからず影響を与えている。環境，健康，安全という視点でのマーケティングが伴えば，日本の林業や木材産業にも明るい見通しが立ってくるはずである。例えば，日本の針葉樹合板は建築現場での取り扱いのメリットから国内で需要が拡大したわけだが，中国や台湾，韓国においても同様に受け入れられる可能性は低くない。輸出用合板について，すべてにスギ単板を用いた合板とするか，フェース・バックにカラマツや米マツ，心板にスギなどを用いた合板とするかをはじめとする現地ニーズに合わせた検討が必要であるが，その輸出が増える可能性は少なくないように思われる。

日本の木材貿易の方向性として，国内において木材需要を木材産業が満たしつつ海外へも販路を拡大していくという輸出を志向する時期に至っていると考えられる。このことは，製材品や合板，パルプ，紙製品のいずれにも当てはまる。そのためには，公的支援になるべく頼らずに，林業や木材産業の確立を強く意識して自立的に取り組むことが重要になるのではないだろうか。私たちは子供の頃には親の保護のもとにあるが，成人の前後には社会に出て自立していく。このようなプロセスを産業としてもやはり目指すべきなのではないだろうか。

参照文献（第1章）

赤井英夫（1968）『木材市場の展開過程』（明治期～1960年代の木材市場の展開を木材価格と木材流通組織に着眼して総体的分析）

安藤嘉友（1992）『木材市場論：戦後日本における木材問題の展開』（第2次世界大戦～1980年代半ばの木材市場の変貌を海外事情や住宅市場も含め分析）

森林総合研究所編（2006）『森林・林業・木材産業の将来予測：データ・理論・シミュレーション』（森林・林業・木材産業に関する実態把握と2030年までシミュレーション分析）

注

(1) 日本経済新聞社編（1998）の395～408頁において明治期以降の産業構造の移り変わりや工業化の歴史が統計データとともに解説されている。

(2) 杉山伸也（2012）の152～160頁に述べられる明治期の対外貿易に基づく。前掲（1）と奥和義（2012）3～30頁も参考になる。

(3) 立花敏（2014）の207頁の一部を改編した。また，第2節の第2次世界大戦後の時期区分は立花敏（2014）に則る。

(4) 前掲（1）と同様。

(5) 奥和義（2012）の117～132頁に戦後復興から高度経済成長への日本貿易構造の変化が述べられている。

(6) 立花敏（2015）「主要国における林業部門の国民経済への寄与」『山林』1575を改編した。

(7) 本項のデータは熊崎実（1967）を参考にした。

(8) 赤井英夫（1968）の39～44頁に基づく。本章は，第2次世界大戦前の木材の需要，供給，貿易を執筆するにあたり，本書を参考にしている。

(9) 立花敏（2014）を元に改編を行った。

(10) 立花敏（2001）375頁を元に改編を行った。

(11) 安藤嘉友（1992）は特に日本の開発輸入，荒谷明日兒（1998）はインドネシアとマレーシアの合板産業の発展と合板輸出，立花敏（2006）は丸太輸出規制などに関して詳しく述べている。

(12) 本項は赤井英夫（1968）を参考にした。

(13) 本項は村嶌由直（1986）を参考にした。

(14) 原木市売市場について流通の簡略化の観点で整理しよう。流通の簡略化の要請には取引費用最小化説と集中貯蔵説が挙げられる。前者については，流通業者が存在することにより取引総数が減少し，結果として取引に要する社会的費用が低減することをいう。メーカーと小売店の関係を想定してみると，各3者が個別に取引相手を探して取引するならば，取引数は9通りとなる。それに対して，メーカーと小売店とを結ぶ卸売業者（例えば問屋）が機能するならば，取引数は6通りに減少する。取引を望む者は相手やその商品に関する情報収集（取引費用）が必要であり，取引数が減少するならば，輸送費用や取引費用が低減することになる。これは，取引を行う双方に言えることだから，社会的費用が減少することを意味する。流通に関わる費用が低下すれば，価格の低下へと結びつくことになり，経済厚生は高まると期待される。後者については，社会的分業のメリットを端的に示すものと言え，卸売業者が集中的に商品を在庫することにより貯蔵・保管費用が低まることを言う。（敷地面積の大きな）流通業者が集中的に商品を貯蔵・保管し取引に機能的に応ずることにより，製造を専門とするメーカーや販売を行う小売業者が個別に貯蔵するよりも経済厚生が高まる。特に，中小のメーカーや小売業の多い日本の木材業界等の分野においては，効果が大きくなると考えられる。

(15) 1947年の過度経済力集中排除法のもとで「巨大企業の分割や企業結合の禁止を内容とする企業の独占力を排除すること」の一環で王子製紙は解体された。

(16) 日刊木材新聞社（2013）「木材建材ウイクリー」1944（2013年11月11日）

参考文献

三好三千信（1953）『日本の森林資源問題』古今書院
林業政策研究会編（1959）『木材貿易論』日本林業調査会
萩野敏雄・山崎恭一・高橋昭（1959）『木材貿易論』日本林業調査会
熊崎実（1967）「林業発展の量的側面」『林業試験場研究報告』201
村嶌由直（1974）『木材輸入と日本経済：対日輸出国との関連を踏まえて』林業経済研究所
藤田佳久（1984）『現代日本の森林木材資源問題』汐文社
村嶌由直（1986）「戦後木材産業の展開過程に関する研究」京都大学提出博士論文
日本統計協会編・総務庁統計局監修（1988）『日本長期統計総覧第3巻』日本統計協会
黒田洋一（1989）『熱帯林破壊と日本の木材貿易』築地書館
森田学編著（1990）『日本林業の市場問題：日本林業の「危機」と産地化・組織化』日本林業調査会
安藤嘉友（1992）『木材市場論：戦後日本における木材問題の展開』日本林業調査会
日本経済新聞社編（1998）『ゼミナール日本経済入門』日本経済新聞社
荒谷明日兒（1998）『インドネシア合板産業』日本林業調査会
村嶌由直・荒谷明日兒編著（2000）『世界の木材貿易構造』日本林業調査会
立花敏（2001）「市場開放［木材貿易の］」（日本林業技術協会編『森林・林業百科事典』丸善株式会社，所収）
萩野敏雄（2003）『日本国際林業関係論』日本林業調査会
立花敏（2006）「林産物輸入と輸出国の動向」（森林総合研究所編『森林・林業・木材産業の将来予測：データ・理論・シミュレーション』日本林業調査会，所収）
林業経済学会編（2006）『林業経済研究の論点：50年の歩みから』日本林業調査会
白石則彦監修・（社）日本林業経営者協会編『世界の林業：欧米諸国の私有林経営』日本林業調査会
島本美保子（2010）『森林の持続可能性と国際貿易』岩波書店
森林総合研究所編（2010）『中国の森林・林業・木材産業：現状と展望』日本林業調査会
杉山伸也（2012）『日本経済史　近代－現代』岩波書店
奥和義（2012）『日本貿易の発展と構造』関西大学出版部
野田公夫編著（2013）『農林資源開発の世紀』京都大学出版会
立花敏（2013）「日本の林業・地域の現状と課題：木材利用から見た林業の地域性」（寺西俊一・石田信隆編著『自然資源経済論③　農林水産業の未来をひらく』中央経済社，所収）
立花敏（2014）「基本法林政と日本林業の変遷」（戦後日本の食料・農業・農村編集委員会編『戦後日本の食料・農業・農村　第2巻（Ⅱ）戦後改革・経済復興期Ⅱ』農林統計協会，所収）
山口明日香（2015）『森林資源の環境経済史』慶應義塾大学出版会
立花敏（2015）「森林資源経済学の基礎」（馬奈木俊介編著『農林水産の経済学』中央経済社，所収）
永田信（2015）『林政学講義』東京大学出版会

第２章　市場経済と林業経営

第１節　森林管理制度と市場経済

１　日本の森林管理と林業

(1)　森林・林業と森林管理

森林・林業は，商品市場，労働市場，金融市場を通じて市場経済と密接に結びつき，その企業組織や法制度・政策は市場経済から大きな影響を受けている。第２章では市場経済との関係を通じた社会経済主体の組織間関係の検討を通じて，激変する市場経済下でそれに対応した持続的森林管理を継続できる要件を検討する。

日本の林業の定義は，総務省の日本標準産業分類（2013年改訂）において「山林用苗木の育成・植栽，林木の保育・保護，林木からの素材生産，薪及び木炭の製造，樹脂，樹皮，その他の林産物の採集及び林業に直接関係するサービス業務並びに野生動物の狩猟などを行う事業所が分類される。昆虫類，へびなどの採捕を行う事業所も本分類に含まれる。」とされている。中分類の02林業は，020管理，補助的に経済活動を行う事業所，021育林業，022素材生産業，023特用林産物生産業（きのこ類の栽培を除く），024林業サービス業（育林・素材生産サービス業等），029その他の林業から構成される。保有山林における林産物生産以外に林業サービス事業体による林業活動を含めて，それに従事する経営体を林業経営体と把握する農林業センサスの定義に対して，本章では中小規模林家や林業サービス事業体の行う林業経営と森林経営を峻別し，一定規模の保有山林を基盤に連年生産を展望できる経営を森林経営と措定する[(1)]。第２章と第３章では，管理，育林業，素材生産業，林業サービス業を主な対象とした林業経営と市場経済の関係を検討するが，この他に歴史的には焼畑や薪炭生産，林野副産物の採集，狩猟も林

表 2-1　日本における「森林管理」の内容と管理主体

区分	内容	管理・実施主体
①地籍・境界管理	地籍調査，境界管理 境界・施業界の管理，見廻り	市町村，隣接所有者（集落） 所有者・山守，森林組合等
②施業管理	施業（経営）計画の編成 施業実施，労務・工程管理 作業・施業受託 公益的機能増進施業の実施 ボランティア・林業体験	森林組合，所有者等 森林組合，林業事業体，所有者 森林組合，林業事業体等 都道府県，市町村等 都道府県，森林組合，NPO 等
③林道・作業道の管理	林道開設，維持管理 作業道開設 同維持管理，補修	都道府県，市町村等 市町村，森林組合 受益者（集落）
④森林計画・森林整備に関する事業の実施	森林計画・森林整備事業計画の樹立 森林整備事業の集約と実施 治山事業の計画と実施	都道府県，市町村 森林組合等 都道府県
⑤公有林化・分収契約，権利調整的管理	公有林化 分収造林の実施 協定の締結	都道府県，市町村 森林整備法人，森林整備センター 都道府県，市町村等
⑥所有・利用権の法制度的管理	営林監督，保安林，林地開発許可 国立・国定公園等における施業規制	国（林野庁）・都道府県 国（環境省）・都道府県

資料：志賀和人・成田雅美編著（2000），10 頁の表を一部見直した。
注：21 世紀の持続可能な森林管理に対応した管理の内容や管理主体を示したものではなく，日本の現状を示したものである。

業の展開や林野利用，山村住民の生活・文化と深いかかわりを持つ[(2)]。

日本の「森林管理」と主な管理主体の現状を念頭に置き，表 2-1 に森林所有者による資産管理や木材生産を対象とした施業経営管理と国・都道府県・市町村による行政的管理の重層的構造を示した。施業経営管理と行政的管理の両者は，現実の具体的局面では大抵の場合は，絶対的区分ではなく，その運用実態をみると相対的な補完関係にある場合が多い。

例えば間伐の実施過程をみると，間伐は森林整備と木材生産を目的とした森林所有者の施業経営管理の一環として実施されるが，間伐材の搬出に利用する作業道は補助金と受益者の負担金で森林組合が開設し，受益者や集落の共同作業により維持管理されている。間伐の実施は，国・都道府県の補助を受けて実施する場合が多く，この補助要件を満たすために森林組合が森林経営計画を作成し，市町村に認可申請する。間伐作業と素材販売は委託者から森林組合等が受託し，間伐材は森林組合連合会の素材市場を通じて，製材工場や合板工場に出荷される。その際，森林組合と県事務所・市町村の担当者は，連携して集落座談会を開催し，団地化や森林経営計画の合意形成と間伐の見積りを行うといった具合である。森林所有者と林業事業体，木材産業，行政の具体的な市場・組織間関係が森林管理に重要な所以である。

表に示した②～⑥は，以下の各項目で述べることとし，①の地籍・境界管理は，志賀和人編著（2009）『森林の境界確認と団地化』が各地域の取り組みを通じた境界確認・団地化の意義を検討している。地籍調査は，市町村が一筆ごとの土地の所有者・地番・地目を調査し，境界の位置と面積を測量する国土調査法に基づく調査である。農地と市街地を含めた進捗率は49％であり，特に林地は42％と低い。境界確認は，従来，間伐に付随した対象地の境界確認を実施する程度にとどまっていたが，2000年代以降，先駆的森林組合が境界確認と現況データの整備に取り組み，林野庁や国土交通省の補助・委託事業創設の契機となった。

(2) 森林管理問題の地域的多様性

森林のタイプ別に森林管理問題の諸局面を図2-1に示した。市場経済，法制度・政策，地域社会の各領域が森林タイプ・地域ごとに多様な管理主体・管理手法のもとで一定の関係性を持ち棲み分け，国有林と民有林，川上と川下，国際企業と地域組織の間で分節化した構造を形成している。

日本の林野率は67％であるが，都道府県別にみると純山村的色彩の強い高知県の84％から30％台の茨城県，千葉県，東京都，大阪府まで地域差が大きい。国の森林・林業法制は，国有林，保安林，森林計画，森林整備，森林組合制度を基本的枠組みとして，国有林・水源林造成，森林整備，治山・保安林，国産材生産・木材産業，林業労働対策を基軸とした予算措置により組み立てられている。このため，図の濃い網掛け部分が人工林の施業経営管理を中心とした市場経済と林野行政の主な対象領域，薄い網掛け部分がその周辺領域として，国の林野行政による行財政の関係領域を構成している。都市近郊や平野部では，林業振興を中心した政策手法のみでは，森林管理に関する地域の取り組みは進展しない。

問題領域		森林タイプ 都市近郊・里山林 2 条森林	5 条森林	人工林 生産林	放置林	奥地天然林 2 次林	自然林
市場経済	林地	林地開発		林地売買			
	林産物			木材産業	バイオマス利用		林野副産物
	労働力		有償ボランティア	雇用・ｷｬﾘｱ形成			
法制度・政策	国	国土交通省	林野庁	造林・間伐補助	保安林・治山事業	環境省・自然公園法：地種区分	
	自治体	都市計画	県・市町村単独事業		森林環境税	都道府県自然保護行政・施業規制	
	その他	自然再生・ボランティア支援		森林認証，CoC 認証		水源林造成	生物多様性保全
地域社会	家族	ゴミの投棄	ボランティア参加	家族労働	不在村化・管理放棄	マイナーサブシステンス	
	森林利用	都市近郊林	里山林	団地化・作業道	狩猟・林野副産物	共用林野	観光・森林レク
	連携・共同	ボランティア・企業・自治体の連携		境界問題，山村問題，地域資源管理，病虫獣害			自然保護団体
管理主体		NPO・森林ボランティア団体等		森林組合・林業事業体	公的管理	公有林・会社有林	国有林

図 2-1　森林タイプと森林管理問題の関係性

定性的事例研究では，自分の「理論」に都合のよい事例や問題領域・地域のみを取り上げ，ビジネスモデルの革新性や家族経営の強靭性，地域視点・市民参加の重要性が語られることが多いが，森林管理問題全体の枠組みをそれで代表させるわけにはいかない。市場経済と国家は相互依存的に地域の資源管理に強大な影響力を発揮し，単一のアクターに対する過度の先験的思い入れや領域限定的一般理論の適用は，森林管理問題の多様性や歴史性，実践性を満たした研究と乖離する原因となる。依光良三（1984），志賀和人・成田雅美編著（2000）は，1980年代と1990年代までの森林環境問題，森林管理問題に関して，森林タイプと問題領域をある程度，網羅した地域的多様性を射程とした実態分析を行っている。

森林に関する土地利用・環境管理に関する省庁間の連携や地域的多様性を国の制度・政策にフィードバックする経路は十分機能せず，林野庁の制度・政策は，人工林を対象とした施業経営管理と国産材の生産流通加工対策，国有林・水源林造成事業以外は地域問題として，国の制度・政策の埒外に置かれる場合が多い。この結果，国内総生産0.03％の「林業生産活動の活性化」により国土の67％を占める「森林の多面的機能の発揮」を政策目標とする「森林管理」が政策基調となる。

国土利用計画法では，①都市計画法により都市計画区域として指定されることが相当な都市地域（1,014万ha），②農業振興地域の整備に関する法律に基づく農業振興地域として指定されることが相当な農業地域（1,723万ha），③森林法に基づく国有林及び地域森林計画対象民有林として指定されることが相当な森林地域（2,540万ha），④自然公園法に基づく国立公園，国定公園及び都道府県立自然公園として指定されることが相当な自然公園地域（544万ha），⑤自然環境保全法に基づく原生自然環境保全地域，自然環境保全地域及び都道府県自然環境保全地域として指定されることが相当な自然保全地域（10.5万ha）に区分され，森林地域は自然保全地域や自然公園地域と奥地林等でかなり重複している。

一方，里山は都市域と山地的自然の中間に位置し，様々な人間の活動を通じて環境が形成された地域であり，集落をとりまくコナラ・アカマツなどの二次林を中心とする森林とそれらと一体となった農耕地，ため池，草地などで構成される地域概念である。宅地やゴルフ場等の開発による里山林の消失や二次林の放置・手入れ不足，ゴミ・産業廃棄物の投棄，森林の連続性と植生自然度の減少が進行し，都市林の分断や廃棄物不法投棄等の土地利用・開発問題と放置林，病虫獣害の拡大，経営主体の不在といった施業管理・経営問題や所有者の世代交代と森林に関する住民意識の変化といった複合的問題を抱えている。

都道府県段階では，森林環境税の導入とともに2000年代に入り北海道森林づくり条例（2002年），千葉県里山の保全，整備及び活用の促進に関する条例（2003年），滋賀県琵琶湖森林づくり条例，長野県ふるさとの森林づくり条例（2004年），京都府の豊かな緑を守る条例（2005年）が制定され，道府県の独自制度により森林法による林地開発許可制度の対象外の1 ha未満の小規模林地開発の事前協議と届出義務を規定しているものもある。

2　保護・保全的管理と施業規制

(1) 保護地域のカテゴリーと管理方針

保護地域（Protected Area）は，国際自然保護連合（International Union for Conservation of Natural Resources, INCE）(1994)「保護地域管理カテゴリーに関するガイドライン」により「生物多様性及び自然資源や関連した文化的資源の保護を目的として，法的にもしくは他の効果的手法により管理される，陸域もしくは海域」と定義されている。保護地域は，厳正保護（厳格な自然保存地域/原生地域など），生態系保全とレクリエーション（国立公園など），自然の特徴の保全（天然記念物など），積極的な管理を通じた保全（生息地や種の管理地域など），陸域・海域景観の保全とレクリエーション（陸域・海域景観保護地域など），自然生態系の持続可能な利用（資源管理保護地域）の6カテゴリーに区分される。

日本では保護・保全的管理の方針として，①保存（Preservation），②現状維持（Protection），③保全（Conservation），④復元・再生（Restoration, Rehabilitation）の4段階に対応した法規制，事業・保全措置が講じられている。保存では人為を排除し，人手を加えず保存する（森林状態は変化，例：原生自然環境保全地域），現状維持では人為を含めできる限りの手段を用いて，現状を維持する（例：天然記念物・自然公園特別保護地区），保全では積極的に人間生活に活用すると同時に良好な自然として保全する（例：自然公園特別地域，保安林等），復元・再生では荒廃した自然に積極的に関与し，元の状態に回復する措置がとられる（例：自然再生推進法に基づく自然再生事業）。

地域森林計画では，法令により施業について制限を受けている森林（制限林）の所在と面積，森林の施業方法を示している。制限林には，森林法に基づく保安林・保安施設地区及び自然公園法に基づく自然公園地域のほか，砂防法による砂防指定地，急傾斜地法による急傾斜地崩壊危険区域，文化財保護法による史跡名勝天然記念物，鳥獣保護法による鳥獣保護区特別保護地区，自然環境保護法による自然環境保全地域特別地域，都市計画法による風致地区があり，指定面積では保安林と自然公園地区の面積が大半を占める（具体的な施業規制に関しては，小林正（2008），各地域森林計画書と日本林業調査会（2013）『森林計画業務必携』を参照）。

(2) 自然公園地域の地種区分と施業規制

奥地天然林の保全や国立公園等の保護地域における森林管理のあり方を考える場合，森林所有者による管理と法令等によるゾーニングや施業規制を統合した管理実態を念頭に置く必要がある。自然公園地域には，国立公園 32，国定公園 57，都道府県立自然公園 311 が指定され，特別保護地区や第１種・第２種特別地域では，法令により施業法や皆伐面積等の制限を課している[(3)]。

自然公園の地種区分による施業規制は，①指定手続きに関して，指定権者による地権者の承諾と直接的通知を必須としておらず，指定されると地権者から解除を申請する手続きを欠き，②施業規制は森林の立地や林種にかかわらず，地種区分に対応した全国一律の基準が適用され，③指定書等においても私有林所有者と小班単位の指定状況や地種区分図は非公開といった保安林と異なった制度的特徴がある。特別地域（特別保護地区）内の木竹の伐採や植栽は，都道府県知事及び地方環境事務所長に対する許可申請が必要となるが，許可・許可申請件数とも保安林と比較し，格段に少ない。

国立公園地域 213 万 ha の土地所有形態は，国有地が 131 万 ha（61%）と多いが私有地 54 万 ha や公有地 26 万 ha，調査未了 1.4 万 ha も含まれ，関東以西では私有地と公有地の比重が高い（2016 年 4 月現在）。主な民有林所有者を例示すると阿寒（前田一歩園財団，日本製紙），尾瀬（東京電力，三井物産），秩父多摩甲斐（山梨県有林，東京都水道水源林），富士箱根伊豆（山梨県有林），南アルプス（山梨県有林，特種東海製紙）など国立公園地域の森林管理に大きな影響力を持つ場合も多い。

(3) 保安林の指定と指定施業要件

森林法に基づく保安林は，2014 年度末現在で森林面積の 48%に相当する 1,212 万 ha（実面積）が指定され，国有林では 90%を占めている。水源かん養，土砂流出防備，土砂崩壊防備，飛砂防備，防風，水害防備，潮害防備，干害防備，防雪，防霧，なだれ防止，落石防止，防火，魚つき，航行目標，保健，風致の 17 種の保安林のうち，71%が水源かん養，20%が土砂流出防備保安林である。保安林に指定されると指定箇所ごとに必要最低限遵守しなければならない指定施業要件が定められ，土地の形質変更等の規制が適用される。保安林に対する特例措置として，固定資産税の非課税措置，相続税の減額，長期低利融資，伐採制限に伴う損失補償の措置がある。

指定施業要件は，①作業種の指定と皆伐許可の基準（一定区域で 1 年間に伐採できる面積，1 カ所当たりの伐採面積の上限，標準伐期齢以上での伐採），②択伐率（天然林は許可，人工林は届出），③間伐率，④伐採跡地への植栽義務（植栽本数，指定樹種の 2 年以内の植栽）から構成される。水源かん養保安林では，伐採種の指定はなく皆伐も可能であるが，土砂流出，土砂崩壊，保健・風致保安林では択伐を原則とする（詳細は日本治山治水協会編（2014）『保安林林地開発許可業務必携』を参照）。2013 年度の民有保安林における主伐面積は，3,656 件 1 万 ha（皆伐許可 0.9 万 ha，択伐許可 651ha，択伐届出 0.1 万 ha），間伐届出 7,114 件 7 万 ha と保安林では国立公園特別地域と比較して，皆伐や間伐等の施業が広範に実施されている。保安林を林地転用する場合は，農林水産大臣・都道府県知事による解除手続きが必要となる。

保安林に関しては，1カ所当たりの伐採面積の上限が指定施業要件として定められ，皆伐が可能な場合も「保安林及び保安施設地区の指定，解除等の取扱いについて」により水源かん養保安林20ha以下，土砂流出防備・飛砂防備・干害防備・保健保安林10ha以下，その他保安林20ha以下と定められている。普通林に関しては，2012年の森林法施行規則の改正により森林経営計画の認定要件として，1カ所当たりの皆伐面積が20haを超えないこととしている。

(4) 国有林の保護地域管理と保護林

国有林における保護地域と面積比率（2011年度末現在）は，保安林683万ha（90%），自然公園地域219万ha（29%），鳥獣保護区123万ha（16%），保護林92万ha（12%），緑の回廊59万ha（8%），レクリエーションの森39万ha（5%），世界自然遺産地域8万ha（1%），自然環境保全地域4.9万ha（0.6%）である。保安林の種類では，民有林と同様に水源かん養563万haと土砂流出防備107万haの両者で延指定面積の93%に達するが，保健70万haと風致3万haも保安林面積の半分を国有林が占めている。自然公園地域では，国立公園の57%，国定公園の36%，都道府県自然公園の26%を国有林が占めている。

自然環境保全地域は，自然環境保全法及び都道府県条例に基づき，原生自然環境保全地域5カ所5,631ha，自然環境保全地域10カ所2.2万ha，都道府県自然環境保全地域543カ所7.7万haが指定されている。原生自然環境保全地域はすべて国有林で保護林，自然環境保全地域は国有林99%で保護林が94%，都道府県自然環境保全地域は国有林28%で保護林が21%を占める。

保護林は，1915年に山林局通牒「保護林設定ニ関スル件」により制度が発足し，知床・白神山地の国有林伐採問題を契機に林業と自然保護に関する検討委員会（1987～88年）が設置され，その答申を契機に1989年に保護林制度が全面改正され，現在の保護林制度の骨格が形成された。2000年に林野庁は保護林を中心に野生生物の移動経路を確保する緑の回廊を新設している。

保護林の種類は，森林生態系保護地域 30 カ所 65.5 万 ha，森林生物遺伝資源保存林 15 カ所 7.5 万 ha，林木遺伝資源保存林 320 カ所 0.9 万 ha，植物群落保護林 372 カ所 16.1 万 ha，特定動物生息地保護林 39 カ所 2.3 万 ha，特定地理等保護林 33 カ所 3.7 万 ha，郷土の森 40 カ所 0.4 万 ha の計 849 カ所 96.7 万 ha である（2013 年現在）。保護林は，法律に基づかない国有林における制度という特徴を持ち，森林生態系に対して人為を加えず自然の推移に委ねる「保存」や現状を維持する「保護」を原則としていた。2015 年からは保護林制度等に関する有識者会議報告に基づき，保護林設置要領を改正し，木曾ヒノキなどの温帯性針葉樹林の保存・復元等で失われた森林生態系の「復元」も行うことにしている。

3　森林資源の保続と育林投資

(1) 森林資源の構成

日本の森林面積 2,372 万 ha のうち，人工林が 1,029 万 ha（43%）を占め，31 年生から 60 年生に集中している（図 2-2）。1970 年代以降，国産材生産が減少し，国の造林補助体系も拡大造林から保育や非皆伐施業に転換し，1990 年代以降，人工林，天然林とも伐採面積と植栽，更新面積が急速に減少し，齢級構成の偏りと管理放棄が進行している。特に国有林では累積債務の処理と国有林経営改革の推進により 2000 年以降，造林・更新面積の減少が顕著であった。

人工林は育成単層林が 1,010 万 ha（98%）を占め，育成複層林は 19 万 ha と少ない。人工林の樹種はスギ 443 万 ha，ヒノキ 257 万 ha，マツ類 98 万 ha，カラマツ 83 万 ha の順であるが，マツ類はマツクイムシ被害のため，再造林されることは少ない。広葉樹人工林は 30 万 ha であり，北海道と沖縄以外の広葉樹人工林は椎茸原木用のクヌギ・ナラが主体である。針葉樹単層林を主体とした人工林の樹種・林齢構成は，日本の自然的条件と施業技術，林業経営システムの反映であり，その根本的な是正には主伐・更新のサイクルや経営システムの改善とともに広葉樹・天然林施業技術と素材の販路開拓が必要となる。日本の森林資源の構成は，人工林比率の高さとともにその齢級構成の偏りと一斉単純林の比率の高さが特徴であり，国の造林施策が規定的影響を与えている。

天然林は，民有林の46～70年生と国有林の91年生以上の高齢林に片寄っている。前者は民有林を中心に農用林・薪炭林の利用が衰退し，放置されたクヌギ・ナラなどの広葉樹林が多く，後者はブナ・ミズナラなどの国有林・公有林の奥地天然林として，原生的自然環境の維持に重要な森林も多い。天然林1,343万haは，天然生林1,243万ha（93%），育成単層林18.6万ha（1%），育成複層林81.8万ha（6%）から構成され，育成単層林は民有

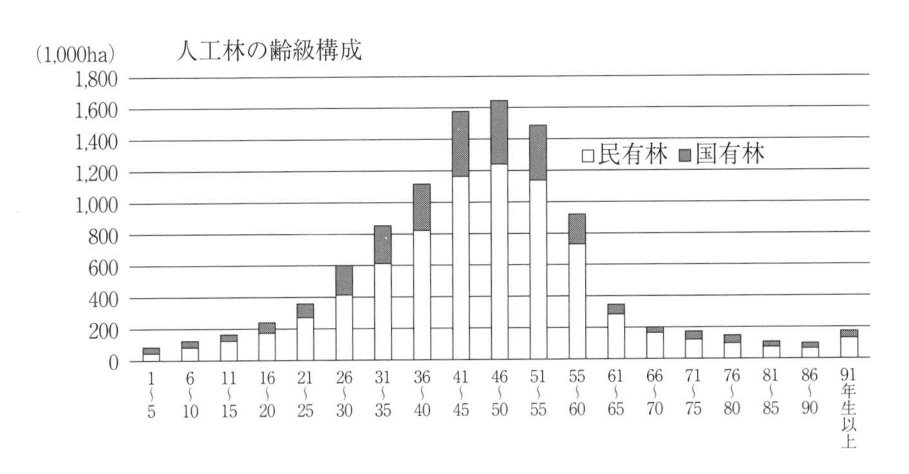

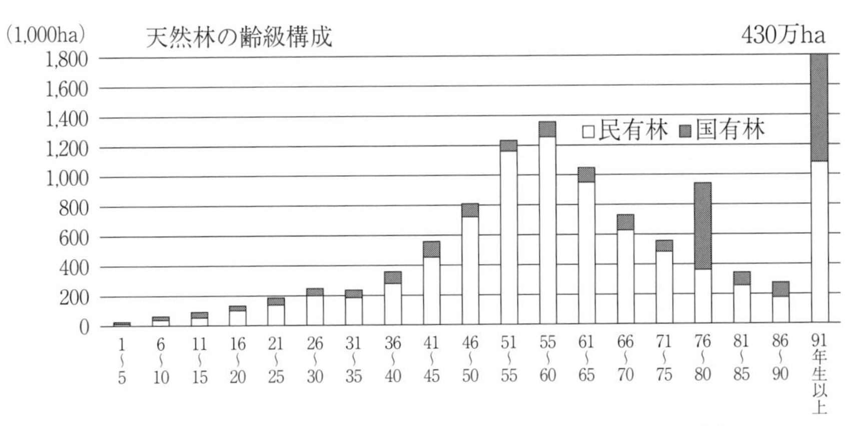

図2-2　人工林と天然林の齢級構成（2012年3月末現在）

資料：林野庁森林整備部計画課「森林資源の現況」による計画森林面積である。

林に15.7万haと多く，育成複層林は国有林に46.6万haと多い。国有林における育成天然林は，国有林野事業統計によると1989年14.9万haから2013年46.5万haに増加している[4]。

（2）森林整備の展開と造林施策

日本の森林資源，特に人工林資源の現状は，造林施策の展開過程と深く結びつき，それを踏まえずに森林資源の現状や将来展望を語ることはできない。造林事業は，森林法第193条に基づく公共事業として位置づけられ，2015年度の林野庁関係当初予算3,000億円のうち1,918億円が公共事業であり，森林整備事業は1,203億円（国有林657億円，民有林補助297億円，水源林造成事業249億円）を占める。1970年代までの造林施策に関しては，林政総合協議会（1980）『日本の造林100年史』に詳しい。本項では1980年代以降の造林施策の展開を中心に時代区分による特徴と現状を検討する。

2013年度の民有林造林補助実績は，人工造林1.5万haのうち公共補助1.3万ha，融資27ha，非公共補助56ha，地方単独260ha，治山0.1万ha，その他295haと治山事業を除いた人工造林に占める公共補助のウェイトは96%と圧倒的である。一方，間伐15.0万haは，公共補助7.1万ha，非公共補助（森林整備・林業再生加速化事業）1.9万ha，地方単独1.7万ha，治山1.4万ha，融資287haと非公共，地方単独，治山事業による事業量も多い。人工造林補助の事業主体は，森林組合0.8万ha（61%），施業計画作成主体0.3万ha（23%），市町村0.1万ha（10%）と森林組合の比重が高く，施業計画作成主体は会社などの大規模森林所有者が主体である。

表2-2に戦後における造林・森林整備施策の推移を示した。復旧造林期（1945～50年代前半）には，補助造林が公共事業に位置づけられ，1951年森林法が公共補助造林の根拠法として制定される。復旧造林と農林家の家族労働による造林が進展し，1954年には39万haの造林面積の第1のピークを迎える。拡大造林推進期（1950年代半ば～60年代半ば）になると分収造林特別措置法が制定され，林業公社や森林開発公団による分収造林が政策的梃入れのもとに開始され，1961年に造林面積の第2のピークが形成される。

受託造林推進期（1960年代半ば～1970年代）に入ると農林家の家族労働

による造林から薪炭生産の衰退とパルプ材需要の外材チップへの転換による拡大造林地の「前生樹問題」の解決策として，団地造林に対する査定係数の嵩上げと受託造林に対する諸経費の補助対象経費への追加が行われた。1973年には造林だけでなく，保安林等に対象を限定したものではあるが，下刈り，雪起こしを新たに補助対象に加え，普通林の再造林も補助対象とする措置がとられた。1979年の森林総合整備事業の創設により補助対象を普通林に拡大し，造林から下刈り，除間伐に至る一貫した補助体系が構築された[(5)]。

森林整備多様化期（1980年代～2009年）に入ると1981年に林野庁造林課に間伐対策室が設置され，1994年には間伐事業が公共事業に移管される。

表2-2　造林・森林整備施策の展開と時期区分

時期区分	年次	主要事項
復旧造林期	1946	補助造林を公共事業費から支出，林政統一（47）
	1951	森林法公布（公共造林補助の根拠法）
	1954	民有林造林面積のピーク（39万ha）
拡大造林期	1956	森林開発公団法公布，分収造林特別措置法（58）
	1959	対馬林業公社設立，公社の設立が進む
	1961	造林面積第2のピーク（34万ha），公団造林開始
受託造林推進期	1967	団地造林，施業計画造林（68）の実質補助率加算
	1972	受託造林の諸掛費を補助対象経費に追加
	1973	保安林等の下刈り・雪起こし，普通林の再造林補助
	1976	団共計画に基づく下刈り，雪起こしを補助対象
	1979	森林総合整備事業の創設
森林整備多様化期	1981	間伐促進総合対策事業の創設
	1983	分収造林特措法一部改正と森林整備法人の法制化
	1987	「森林整備方針の転換」に伴う補助体系の再編
	1994	間伐促進対策事業（非公共から公共事業移管）
	1995	流域森林整備事業，流域総合間伐実施事業の創設
	1997	造林・林道事業を森林保全整備，環境整備事業に再編
	2000	緊急間伐実施事業，流域森林総合整備事業の拡充
	2003	高知県森林環境税を導入（14年には35県に拡大）
	2009	林業公社の経営等に関する検討会報告（解散・合併等）
利用間伐期	2010	森林・林業再生プラン
	2011	森林整備加速化・林業再生事業（非公共）
	2012	森林環境保全直接支援事業（経営計画・利用間伐）
	2014	森林整備保全事業計画改定（齢級構成平準化の推進）

資料：日本造林協会（1999）『民有林造林施策の概要』等による。

1986年の林政審議会答申「林政の基本方向：森林の危機の克服に向けて」により拡大造林施策を最終的に転換し，多様な森林整備を進める「森林整備方針の転換」が打ち出される。しかし，森林整備の目標とされた複層林の造成や天然林施業，広葉樹林の造成は，公有林等で試験的に導入されたが失敗例も多く，定着していない。補助制度と森林資源基本計画等の行政計画上での「森林整備の多様化」の一方で民有林の現場では針葉樹育成単層林を対象とした間伐が森林整備の主体となる。

1990年代に入ると志賀和人・成田雅美編著（2000）の「戦後造林地の利用間伐期への移行と人工林管理」で明らかにしたように「高性能機械」の導入とそれに対応した団地化を進め，利用間伐を推進する新たな間伐システムが模索される。それは人工林資源の成熟化と「高性能機械」の導入，森林所有者の家族労働や集落による共同作業の減少を背景に国，都道府県，市町村の重層的補助に支えられ，1990年代後半の地方財政措置の拡充を契機に新たな広がりをみせた。この頃から36年生以上の間伐補助対象林齢を超える人工林が増加し，森林所有者も緊急の必要がない限り主伐を控える傾向が強まる。2000年代に入ると間伐対策は地球温暖化対策の一環に組み込まれ，間伐実施面積は2000年度の30万haから2010年度56万haに増加する。

利用間伐期（2010年～2015年）には，民主党政権下の再生プランの発表を契機に切捨間伐から利用間伐の推進に森林整備施策の体系が転換される。2011年森林法改正により従来の森林施業計画を廃止し，森林経営計画と利用間伐の推進に重点化した森林環境保全直接支払制度が創設される。同事業の採択要件として，森林経営計画を樹立し，集約化・計画的な施業を行うものを支援することとし，間伐等は5ha以上の実施箇所をまとめて実施し，平均10m^3/ha以上を搬出することを条件とした利用材積に応じた助成措置に転換された。同時に造林補助の労賃単価を各都道府県が調査した地場賃金から治山事業と同様に二省賃金単価で標準単価を決定することに改め，全国統一の歩掛表を導入した。諸経費率も従来の事業体単位の設定から事業箇所単位の社会保険の加入実績に基づく経費率に改めた。民有林森林整備予算の逼迫に対応するため，林野庁は2016年に「森林整備の低コスト化に関する対応方針」により「伐採と造林の一貫作業システムの促進」，「列状間伐の促進」,「搬出材積に応じた支援内容の見直し」を打ち出し，現行補助体系の見直しも検討されている。

公共造林補助の1ha当たり補助金額は，補助金額＝〔植栽本数別の標準単価（直接経費）×補助率（0.4）×査定係数≦1.7）＋諸掛費率（10～30%)〕で各都道府県単位に算出される。公共造林補助は，造林・保育費の標準単価の最高68%を補助し，さらに都道府県や市町村によっては上乗せや単独補助施策を実施している場合がある。通常の公共事業と異なり個人に対する標準単価方式による事後申請方式と交付申請委任を採用している点が特徴とされている。

森林組合等の受託者は，植栽本数を遵守したうえで標準単価と著しく相違しない限り，経費削減や生産性の向上と利用できる上乗せ補助の活用に努めることから所有者の補助残負担額は数%から32%程度とみられる。標準単価は，直接経費の植栽本数と苗木単価，労賃単価により変動し，スギ3,000本植え標準単価（2013年度実績）で北海道63万円から神奈川県155万円と大きな幅がある。造林事業の委託者の補助残負担額は，樹種と植栽本数の選択に加え，都道府県の定めた標準単価と受託事業体による当該事業地の実勢単価との差や自治体等の上乗せ補助の有無によって大きく変化する。

(3) 林業経営統計と育林投資

以上の造林補助の仕組みを念頭に置き，森林所有者による育林投資がどのような実態にあるか，林業経営統計（林家経済調査）から検討し，次項では主な育林投資論の経営モデルを吟味する。

農林水産省統計部（2011）『平成20年度林業経営統計調査報告』によるとスギ50年生の1ha当たり育林費は231万円（林木資本利子を除く）とされ，育林費の68%の156万円/haは植林から10年間に支出されている。スギ山元立木価格2,465円/m^3（2013年，日本不動産研究所山元立木価格調）・蓄積350m^3と仮定すると86万円/haの主伐収入となる。林木資本利子を含む育林費は895万円と主伐収入の10倍以上の値を示す。

スギ50年生の1ha当たり育林費231万円の68%は，公共造林補助で補てんされるとしても統計的には74万円/haの所有者負担が必要となる。再造林を行った所有者が補助残分の負担をすると12万円/haの主伐収入しか手元に残らないことになる。ただし，林業経営統計の育林費は，調査時点の調査対象林分の林齢別育林費を積み上げたものであり，50年間に実際投下された費用が積算されているわけではない。また，家族労賃は機会費用として，標準労賃×労働日数が育林費用に算入されているため，この点を考慮する必要がある。

表2-3は林業経営統計調査から保有山林20ha以上の林家の経営状況を階層別に示した（2013年度の総標本数は334林家）。同調査の前身の林家経済調査結果では，中小規模層が家族労働主体の労働投下，100ha以上層は請け

表2-3　保有山林20ha以上の林家の経営状況

単位：1,000円，m³，時間

区分	年度	20～50ha	50～100	100～500	500ha以上
林業所得	2003	645	564	352	−3,242
	2008	287	−93	259	2,171
	2013	760	90	−111	−4,505
造林補助金	2003	321	511	1,109	12,051
	2008	194	343	992	1,545
	2013	429	556	1,232	4,251
主伐材積	2003	23	78	85	676
	2008	14	14	162	431
	2013	13	9	37	826
間伐材積	2003	59	97	137	1,094
	2008	50	62	139	128
	2013	144	91	152	113
雇用労賃	2003	65	186	746	22,151
	2008	35	106	594	16,198
	2013	256	149	473	2,636
請け負わせ料金	2003	298	589	1,276	76
	2008	149	459	1,303	688
	2013	529	710	1,496	7,322
家族労働投下時間	2003	595	501	483	977
	2008	480	306	415	823
	2013	645	373	424	195
年度末借入金残高	2003	503	428	2,767	120,895
	2008	154	589	1,819	141,306
	2013	526	1,140	1,919	19,591

資料：農林水産省『林業経営統計報告書』各年度版による。

負わせ・雇用労働主体の経営が行われ，1980年代まで100ha以上層では増減を伴いつつも勤労者世帯の平均所得並みの林業所得水準が確保されていたものとみられる（志賀和人（1995），50～79頁）。

1990年代に入ると雇用労働と借入資金に依存した大規模層の収益が急速に低下し，2000年代には100ha以上層の林業所得が20～50ha層を下回り，林業所得がマイナスとなる年度が増加している。伐採材積の推移でも以前のような階層間の格差は縮小し，500ha未満層では主伐材積の減少と間伐材積の微増がみられ，逆に500ha以上層の主伐材積は最低限の収入確保のため500m^3前後で維持されるが，間伐材積は大きく減少している。2008年度以降は，50ha以上層では造林補助金が林業所得を上回る収入源となり，500ha以上層では林業生産活動の縮小から林業所得が2003年度1,205万円から2008年度155万円に大幅に減少している。

100～500ha層では，1990年代に雇用労働から請け負わせへの転換と借入金の整理と借り換えが進行した。その結果，家族労働と請け負わせで対応可能な財形林への転換が進み，林業所得が大幅にマイナスとなる事態は回避された。しかし，500ha以上層では2000年代になっても雇用労働と借入金への依存度が高く，林業所得が－324万円となった。このため，2000年度半ばから2010年代に500ha以上層の雇用労働から請け負わせへの転換と借入金の整理が進展する。それでも2013年度の林業所得は－451万円となり，自家労働の投下も500ha未満層と異なり大幅に減少している。なお，500ha以上層の借入金額には大きな地域性があり，近畿，東海で多く，関東・東山，九州がこれに次ぎ，それ以外の地域では少ない。地主経営の歴史と資金循環の相違がこうした地域性を生み出しているものとみられる。

以上の林家の林業経営に加えて，国有林と林業公社の経営収支動向から雇用労働，借入金による育林投資，拡大造林，分収契約が4大経営リスクと考えられる。林家の保有山林規模別林業所得の推移をみると中小規模林家はこれまで自家労働と造林補助を活用し，大規模林家は雇用労働または請け負わせを中心に借入資金への依存度が高かった。このため，投下資金に対する利子を償うことが条件となり，さらに分収造林では林地所有者が収益の3～6割を取得することで，その成立条件は一層厳しさを増した。

今後，木材価格が右肩上がりで推移する展望を描けず，自家労働の投下も広範に期待できない状況下で74万円/haの投資（所有者負担）が50年後にどのような経営成果を生み出すかは，もはや経営努力の範疇ではない。50年以上にわたる非流動性を持つ造林投資に対して，雇用労働と借入資金に依存した国有林・林業公社による林業経営がその「規模の有利性」にもかかわらず3.8兆円と1兆円の長期債務を生み出したリスク認識と市場経済の不確実性から行政当局が学んだことが更なるコスト削減と木材需要の拡大対策であったとするとその組織体質と経路依存性の強固な貫徹をそこに見ざるを得ない。

（4）土地純収穫・森林純収穫説の経営モデル

育林投資と伐期論に関しては，黒田迪夫（1962）『ドイツ林業経営学史』で論じられているように森林経理学における土地純収穫説と森林純収穫説をめぐる長い論争の歴史がある。とりわけそれが戦後日本林政と国有林経営に与えた影響は，箕輪光博・船越昭治・福島康記ら（2015）で検討されているように大きい。現在においても新古典派経済学に基づく分析では土地純収穫説に依拠した議論が行われ，森林経営学では森林純収穫説を支持する見解が多い。

赤尾健一・有木純善（1989）「最適伐期齢理論の課題と展望」は，新古典派経済学に基づく基本モデルとしてのファウストマン式の仮定と1974年ワシントン大学で開催されたシンポジウムにおけるP. A. Samuelson（1976）の見解を紹介し，ファウストマン式の拡張としての最適間伐方策や価格変動，確率論的最適伐期決定モデルに言及している。赤尾健一（1993）では，「森林所有者の経営意思決定問題」における「最適伐期齢理論」の「現実面での検討」として，土地純収穫説の立場から「森林の公益的機能を考慮しても森林純収穫説のルールがFaustmannのルールよりも適切となるような理由や条件を示すことは不可能であろう」（47頁）と結論づけている。

藤掛一郎（2015）「育林経営による立木供給行動のモデル分析」は，赤尾と同様に「土地純収穫最大を行動原理とする育林経営」の立場を表明しつつも更地に造林するところから伐期の選択を考えるのではなく，日本の育林経営の現状を念頭に置き「人工林が既に伐採可能な状態にあるところからの選択問題」を検討している。その結論として，「伐採時点で将来に向けての選択問題を考えた場合，立木価格を規制しうる可能性を持つのは，すでに投じた過去の造林費用ではなく，むしろこれから掛かる再造林費用である」とし，伐採とそれによる立木供給行動は伐採後に再造林放棄が選択できるかどうかで異なり，「再造林放棄が許されるならば，立木代で将来の再造林費用が賄えず，育林経営にとって今後の持続経営の見通しの立たない水準の立木価格が短中期的に成立しうる」(195～196頁）とする。藤掛の分析は，土地純収穫説の行動原理を日本の育林経営の現状に接近させる過程で，森林純収穫説における経営モデルのように森林を森林として連年的に経営する更新の連続性を前提とした議論に踏み込まざるを得なかったようにも見える。

平田種男（1983）は，サミュエルソンがファウストマンの見解のみを正解とした逸話に対して，「Samuelson は全く単純に個別林分における地代説をとっているので，Faustmann 以外の説を截りすてたようである。彼が考える林業は，個別林分におけるu年サイクルの育成林業であり，かつそこでは期間を利子率で考えるのが自由資本社会での絶対条件とされている」とし，「つまりu年間の利子率によらないで，年々の利潤率を考える連年生産森林において林業経営を考えるのが現実的ではないかとわれわれは Samuelson に伝えたい」(147～148頁）としている。片山茂樹（1968）はファウストマン式について，当時からJ. ゲバウエルが「新しく木材生産に利用される未立木地（粗悪な農地・牧草地など）に対して，適当なのであって，保続的に経営され，将来も経営される場合，すなわち天然更新のため根本的に造林費を要しない永久に続く森林（Dauerwald）の場合には適合しない」(67頁）との注記に言及している。片山や平田の時代の森林経理学者にとって，それは初歩的常識だったのであろう。

黒田迪夫（1962）は，土地純収穫説と森林純収穫説の論争について，「両者の考え方がもともと森林経営のとらえ方において根本的に異なっていたわけで，したがっていくら論争しても決着のつく筈のないのである」(106～107頁）と総括する。その結語でJ. ケストラー（1928）の見解を紹介し，「資本主義の発展がドイツの林業にどのような影響を与えてきたかを具体的，実証的に検討し，さらに林業経営は企業として発展することが出来るのかという問題を取り上げ…その結論は資本主義の営利追求精神はドイツの林業を破滅させるというところにおちついている」(226頁) とし，V.ディートリヒをはじめとしたドイツ林学の伝統と世界観について，理論を実践との対決において，過去の経験的省察に根差した常に森林の経営の仕方を研究する経営論として検討してきた点を評価している(6)。

中村三省 (1961) も黒田と同様に19世紀から1960年までのバイエルン州有林の森林施業案規程の検討から土地純収穫説がプレスラーからM.エンドレスに至るまで繁栄を続け，1910 年の施業案規程では保続性原則の意味が以前とは異なり広義に理解され，「時宜を得た再造林と地力保持，林木保育によって材積生産ならびに価値生産の促進ができるだけよく考量されるならば…保続性の要求は完全に満たされる」(10頁) とする「林木生産の保続性」(広義の保続) が一時採用されたが，1951 年の施業案規程では保続性概念は再び「林木収穫の保続性」(狭義の概念) を使用し，バイエルン州有林の経営は土地純収穫説とは無関係に行われたとしている。

吉田正雄 (1937)『理論森林経理学』では，「法正林 (Normalwald) とは，材積収穫の厳正保続を実現し得べき内容条件を完全に具備する森林，或は厳正保続作業を営み得る状態 (所謂法正状態) を呈する森林を云う」(63頁) とし，その要件として法正齢級配置，法正林分配置，法正蓄積，法正成長量の4要件を挙げている。南雲秀次郎 (2015) は，吉田の法正林の定義を現場で適用する際の困難を「森林経営に関しては，森林測定の精度も含めて多くの数字がファジーなものであり…このファジーな数値を基として時間的にも空間的にも膨大で多様で制御の困難な複雑な有機体を現場の長い経験から，この程度なら実現可能で望ましいという“許容範囲”を自己の内にもって管理することが必要である」(57～58頁) としている。経験知と事後合理性を担保できる経営責任者と経営組織が重要な所以がここにある。

後述するようにドイツ語圏諸国の森林経営は，今日においても年計画伐採量を基準とした狭義の林木収穫の保続が遵守され，施業計画における次分期に対する施業規整と実行確保がなされている。それが可能な経営システムが形成されていることがドイツ語圏諸国の森林経営の安定性と冒頭の図序-1

に示した森林蓄積と素材生産量の保続性を担保したと言える。再生プランの検討に参加した官僚・「学識経験者」は，ドイツ林業の歴史的実践に関する基礎的理解を欠き，民主党政権下の出来事とはいえ国有林をはじめとする日本的地主経営破綻の原因を見逃し，経営主体も林木収穫の保続性に関する施業規整も欠いた森林経営計画と利用間伐の推進に政策課題をすり替えた責任は重い。

4　人工林の循環利用と木材産業

(1) 素材生産と人工造林の地域動向

2005年以降，素材生産量と人工造林面積の地域差が拡大している。表2-4に2006年度と2012年度の素材生産量と人工造林面積の変化を示した。これによると次のような全国的特徴と地域性が指摘できる。

全国的に素材生産量が増加するなかで，東北を中心に合板向け素材生産量が増加し，それに梱包材等の製材用とチップ用を主体とする北海道と一般建築用の製材を中心とする九州で全国の素材生産量の65%を占めている。森林組合の林産事業量は2006年度の297万m^3から2012年度には411万m^3に拡大し，民有林素材生産量に占める森林組合シェアは18%から22%に増加した。主伐・間伐別に森林組合林産事業量の変化をみると主伐材比率が2006年度の43%から2012年度には37%に低下しているが，北海道は逆に主伐材比率が84%から89%に高まり，東北は49%から46%，九州は37%から38%へ微減ないしは微増した。それ以外の地域では，2012年度は10%前後に主伐材比率が大きく低下した。

人工造林面積は2006年度2.4万haから2012年度2.0万haに2006年度対比85%に落ち込んだ。特に西日本の落ち込みが著しく，2006年度対比で東海52%，近畿36%，中国61%，四国59%の水準に減少した。森林組合の新植面積も1.7万haから1.5万haに減少したが，民有林人工林面積に占めるシェアは73%から75%に上昇し，地域的にみると北海道，東北で新植面積が増加し，北陸，関東・東山，東海，近畿，四国の新植面積が大幅に減少し，森林組合シェアも北陸，東海で大幅に低下した。

表 2-4 地域別にみた素材生産量・人工造林面積と森林組合事業

単位：1,000m^3，ha，%

地域	年度	素材生産量と用途別材積比率				人工造林	森林組合事業量					
		生産量 a	製材	合板	ﾁｯﾌﾟ	面積 b	林産 c	c/a	主伐 d	d/c	新植 e	e/b
全国	2006	16,609	70	7	23	23,872	2,968	18	1,288	43	17,341	73
	2012	18,479	61	14	25	20,277	4,109	22	1,512	37	15,203	75
北海道	2006	3,345	65	5	29	7,942	566	17	473	84	6,120	77
	2012	3,205	54	14	32	8,687	642	20	574	89	6,769	78
東北	2006	4,057	50	18	32	2,184	581	14	282	49	1,652	76
	2012	4,379	47	25	28	2,066	654	15	298	46	1,721	83
北陸	2006	1,346	78	1	21	1,403	230	17	60	26	1,015	72
	2012	1,707	65	12	24	1,503	397	23	36	9	699	47
関東・東山	2006	2,437	78	2	21	2,374	392	16	114	29	1,838	77
	2012	2,805	74	5	21	1,945	669	24	83	12	1,125	58
東海	2006	1,036	92	0	8	1,077	246	24	39	16	608	56
	2012	1,034	78	10	12	557	328	32	36	11	228	41
近畿	2006	643	77	4	19	1,948	83	13	15	18	1,104	57
	2012	785	61	12	27	696	199	25	20	10	534	77
中国	2006	1,083	60	4	36	2,898	162	15	45	28	2,128	73
	2012	1,353	47	18	34	1,778	338	25	56	17	1,475	83
四国	2006	1,105	82	4	14	924	192	17	37	19	812	88
	2012	1,212	70	10	20	547	252	21	23	9	476	87
九州	2006	3,596	86	2	12	4,690	821	23	307	37	3,418	73
	2012	4,375	78	5	17	4,127	1,079	25	405	38	3,052	74

資料：林野庁経営課『森林組合統計』，農林水産省統計部『木材需給統計書』による。
注：素材生産量と森林組合の事業量は国有林も含むが人工造林面積は民有林のみの数値である。

都道府県別の2012年度素材生産量は，北海道321万m^3，宮崎157万m^3，岩手129万m^3，秋田98万m^3，大分90万m^3，熊本89万m^{3}の80万m^{3}以上の6道県で全体の48%を占め，造林面積は北海道8,687ha，宮崎1,634ha，大分841ha，熊本833ha，岩手759ha，秋田330haで全国の70%を占める。以上6道県の2012年度実績は2006年度対比で素材生産量108%，人工造林面積は111%を維持したが，それ以外の41都府県の素材生産量は間伐材生産量の増加により111%を維持したが，人工造林面積は56%に減少した。こうした地域性の背景には，次項で述べる①地域の素材需要と木材産業の関係性，②林業・木材産業の組織間関係と森林組合・林業事業体の競争・協調関係，③都道府県の林業施策が深く関係している。

(2) 林業・木材産業・行政の組織間関係

2000年代後半から基本政策における木材産業に対する「産業政策」への政策的傾斜と「森林資源の循環利用」における「木材産業の役割」を強調する傾向が強まった。林業経済研究においても遠藤日雄（2015）の「市場メカニズムに基づいた下からの木材産業近代化」や山田茂樹（2015）の「構造変化の駆動力としての製材・加工業」を重視する見解が示されている。本書では個別資本の市場対応や構造変化だけではなく，表2-5に示す林業・木材産業における市場と組織の相互浸透と企業の資源配分原理に注目する。

宇田川勝・安部悦生（1995）「企業と政府：ザ・サード・ハンド」では，経済発展の歴史を比較的小規模な企業が多数存在する経済構造から経営資源の内部化により成立した大企業組織（内部組織）が支配的となる寡占体制への移行（市場から組織へ）と把握し，市場と内部組織の間に介在する中間組織の経済合理的根拠に注目している。さらにサード・ハンドが市場，中間組織，組織の間でどのように機能しているかを産業政策の合意プロセスと競争促進メカニズムから検討し，その活躍分野として，①幼弱産業の保護育成，②衰退産業の安楽死，③「市場の失敗」の補正，④貿易不均衡の是正を挙げている（242～243頁）。市場経済を原理的・抽象的ではなく，具体的な産業分野と行政，企業組織の関係から把握する視点は，その活躍分野が森林・林業分野に適合的なだけに注目される。

今井賢一・伊丹敬之（1993）「組織と市場の相互浸透」は，市場と組織の原理と相互浸透のパターンから中間組織の機能や企業間の系列化，行政指導と業界団体の活動を分析している。表2-5に以上の先行研究を参照し，林業・木材産業における市場と組織の相互浸透と企業の資源配分の関係を分析

表2-5　林業・木材産業における市場と組織の相互浸透と企業の資源配分原理

区分	自由な退出・参入	⇔	固定的・継続的関係性
価格，利益・効用の最大化原理	市場原理	系列化・下請け	買収・資本提携
⇕	川下対策	中間組織	企業グループの組織再編
権限による指令	行政指導	造林補助	組織原理

資料：今井賢一・伊丹敬之（1993）「組織と市場の相互浸透」（伊丹敬之・加護野忠男・伊藤元重編『日本の企業システム 第4巻企業と市場』，29頁）を参考に作成。

する枠組みを示した。山倉健嗣（1993）『組織間関係』では，価格機構によって調整される自律的な組織間関係や公式権限によって組織内部で調整される階層的組織間関係とともに「階層でも市場でもない社会システム」を，①資源依存，②組織セット，③協同戦略，④制度化，⑤取引コストの組織間関係パースペクティブから分析している（21 ～ 62 頁）。

林業における「産業政策」的展開と木材産業の企業戦略・行政施策がどのような組織間関係として把握できるか，実証研究の進展が期待される。日本は歴史的に紙・パルプ産業と製材，合板産業が分離され，欧米諸国のように同一企業グループによる総合的林業・林産企業が成立することはなかった。国産材需要においても紙・パルプ産業を需要者とするチップ材と製材・集成材工場を需要者とする製材用材，合板工場を需要者とする合板用材では，以下のような特徴が指摘できる。

2012 年度のチップ材 487 万 m^3 は，国産材需要の 25％を占め，王子ホールディングス・日本製紙グループによるチップ集荷の寡占化が進行し，両社の工場単位にチップ工場・素材生産業の系列化が進み，系列木材専門商社がそれを基盤に製材・合板用材の集荷も拡大している。今後，木材バイオマス工場の本格稼働によりパルプ・チップ用材との原料調達における競合関係が進展するとみられる。

製材業は全国に 6,000 工場弱が分布し，製材用材の国産材比率は 42％と比較的高い。1 工場平均従業員数は 5 人と零細であり，製材・集成材用材 1,206 万 m^3 は国産材需要の 61％を占め，その大半が素材市売市場から調達されていた。2000 年以降，大型国産材工場の原木消費量が増加し，国産材製材大手 30 社は国産材製材協会を組織し，都道府県森林組合連合会等との協定取引や国有林のシステム販売，立木購入による原木調達を増加させている。

合板用木材需要に関しては，その 60％を輸入製品が占めるが，2000 年代半ば以降，合板産業の北洋材から国産材への移行が急速に進み，国産材原料による合板用材も 29％に増加している。合板用材 326 万 m^3 は，国産材需要の 14％を占め，東北・中国を中心とした国産材合板企業 10 社が森林組合・素材生産業協同組合との協定取引を拡大している。

各企業における原料調達は，戦前から北海道や樺太の国有林材に依存して

表 2-6　企業グループ・林業組織の地域的特徴と行政施策の相互関係の例示

地域的特徴	代表的企業・所有者・森林組合系統	経営と組織関係の特徴	企業戦略と行政施策
企業・組織再編	王子グループ（19 万 ha）・王子木材緑化	キャッシュフローによる主伐－更新実施基準	もはや製紙企業ではない
	日本製紙グループ（10 万 ha）・日本製紙木材	営林区の設定，国産材取引量 100 万 m^3 目標達成	総合バイオマス企業への発展
	三井物産（4.4 万 ha）・三井物産フォレスト	系列企業社有林の所有統合と CSR 的利用の展開	三井物産林業の株式交換による再編
	国有林（708 万 ha），素材販売 5,330 万 m^3	システム販売による大量供給，指名競争入札	2003 年一般会計化，主伐の拡大
主伐地域	北海道東のカラマツ林業（30 万 ha）	2012 年度皆伐 6,073ha，人工造林 6,165ha	道・市町村再造林補助と基金造成
	大分県佐伯広域森林組合《5.4 万 ha》	大型製材・素材生産 9.4 万 m^3，新植 105ha	県単独再造林補助と基金造成
↓	中国木材日向工場・宮崎県森連 [53 万 m^3]	米材 220 万 m^3 と国産材 30 万 m^3 の加工施設	米松製材と国産材製材，集成材加工
↓	岩手県の合板向け素材生産と専門商社	国有林，県営林，森林組合の素材販売組織形成	林業公社の廃止，合板用材協定販売
間伐地域	熊本製材・熊本県森連 [7.4 万 m^3]	銘建工業の集成材ラミナ加工と原木集荷の協定	新生産システム推進対策事業の導入
	高知県大豊製材・高知県森連 [27 万 m^3]	目標 10 万 m^3，銘建工業・県森連等の共同出資	県単独の製材用原木増産支援事業
↓	森の合板協同組合・岐阜県森連 [17 万 m^3]	セイホク・グループと岐阜県森連・素生協の共同出資	2010 年操業，総事業費 65 億円
↓	（株）ノダ・静岡県森連 [17 万 m^3]	加速化事業による集成材加工施設（12 万 m^3）	加工施設補助 26 億円，県森連と協定
長伐期化	愛知県豊田市・豊田森林組合《6.1 万 ha》	施業集約化・間伐推進 1,400ha/ 年，製材工場誘致	市独自の間伐推進施策の展開
公有林入会林野	山梨県有林（15 万 ha），県営林，市町村有林	主伐期の到来，林業公社再編，旧村有林の管理	市町村合併で消えた村の森林の行方
	長野県和合会《6.1 万 ha》，生産森組《34 万 ha》	生産森組 2,457 組合，財産区・認可地縁団体	森林組合法改正の検討

注：(　) の数値は所有森林面積，《　》は森林組合等の組合員所有森林面積，[　] は県森連の素材取扱量を示す。

いた紙・パルプ産業を筆頭に地域資源に依拠した原料調達を必ずしも基盤とせず，製材産業は米材と北洋材，合板産業は南洋材から北洋材，国産材へと原料調達先の振幅が大きく，その変化は急激であった。2010年代以降，国内人工林資源の成熟化と国の国産材生産の拡大施策，木材産業における国産材大型加工施設の増加と外材輸入における為替リスク回避を背景に表2-6に例示した企業グループ間の競争，提携関係が強まった。

大手製紙系企業グループでは，王子製紙の王子ホールディングスへの組織再編や日本製紙グループの総合バイオマス企業を指向した組織再編が注目される。系列会社の王子木材緑化と日本製紙木材は，国産材商材活動をチップ工場・系列素材生産業者を核に拡大し，製紙原料以外の国産材取扱量を拡大している。大規模社有林の保有企業4社（王子グループ19万ha，日本製紙9万ha，住友林業4.5万ha，三井物産4.4万ha）は，国産材流通にも大きな影響力を持ち，系列企業の王子木材緑化（2014年度売上604億円），日本製紙木材（920億円），住友林業フォレストサービス（210億円），物林（317億円）が木材専門商社として国有林のシステム販売，県営林・林業公社の立木販売や業界団体との提携を強化している（各社の売上は『木材建材ウイクリー』No.1976による）。三井物産は，2004年に三井物産林業の山林部門を三井物産フォレストの子会社とし，2007年に株式交換で三井物産林業をJKホールディングスの100%出資会社とし，社名を物林に変更し，ジャパン建材との関係を強化している。地域段階の大規模製材・合板・集成材加工企業では，熊本県・高知県（銘建工業），秋田県（アスクウッド），静岡県（ノダ合板），岐阜県（森の合板協同組合・セイホクグループ），宮崎県（中国木材）などが各県の支援を受けて，県森連と資本提携や協定取引を拡大している。

人工林資源の成熟化が進み，機関造林や林野公共事業に依存していた森林組合が事業量確保のために利用間伐への取り組みを強め，森林吸収源対策による間伐予算の拡充や針葉樹合板用材などの国産材需要の拡大を背景に利用間伐への取り組みを加速させた。2000年代半ばに京都府日吉町森林組合の提案型施業をモデルにしたJフォレスター研修（農林中金・全森連主催）や林野庁の施業集約化・供給情報集積事業を通じて，利用間伐の対象地のとりまとめと作業路網，高性能機械の導入を進め，所有者に間伐材の販売代金の一部を還元する森林施業プランを提示し，利用間伐を推進する提案型施業が全国的に拡大した。

2010年代に入ると再生プランに基づく森林整備加速化・林業再生事業や森林管理・環境保全直接支払制度により利用間伐と路網整備，施業集約化に必要な境界確認活動を一体的に支援する仕組みが形成された。「提案型施業」の推進は，森林組合が所有者に間伐収支を具体的に明示し，所有者負担なしに間伐を推進した点に最大の普及性があったが，反面，それが国の政策として制度化されるなかで1回の間伐における効率性の追求と全国的画一性が強化され，森林組合にとっての事業面での制度リスクを高めた側面も無視できない。

林野庁の森林整備保全事業計画（2014～18年度）では，利用間伐に重点を置いた民主党政権下の再生プランを転換し，「適切な主伐・再造林による齢級構成の平準化」を成果指標に掲げた。志賀和人ら（2015）は，十勝・オホーツク地域を事例に主伐段階に移行した人工林の資金循環と資源保続の関係を検討している。北海道では2000年代半ばから国産材カラマツ需要の拡大と公共補助枠の拡大に加えて，道・市町村による再造林上乗せ補助を拡充し，再造林面積を拡大させた。再造林の動向や人工林の齢級構成は，北海道のカラマツ人工林に限らず地域により大きく異なり，それを人工林資源の減反率や所有者個人の意思決定の結果と考えることはできない。主伐への移行過程において，林業・木材産業・行政の組織間関係が森林資源の保続や素材生産にどのような影響を及ぼすか，地域性を踏まえた検討が必要とされる。

第2節　森林所有と林業経営体

1　林業経営体の統計把握

(1) 山林の所有と保有

世界農林業センサス（以下，林業センサス）の事業体調査では，山林の保有面積を外形基準として，調査客体と規模別階層区分を行っている。本項の林業センサスに関する記述では，特段の使い分けを必要としない場合は「山林」を使用する。なお，統計的には山林は立木地と伐採地から構成され，森林は山林に未立木地を加え，林野は森林に森林以外の草生地を加えたものを指す。2010 年の農山村地域調査では，計画森林面積（民有林の地域森林計画及び国有林の森林計画樹立時の計画森林面積）2,435 万 ha，現況森林面積（計画森林面積に計画樹立時以降の移動面積を加減し，さらに森林計画に含まれていない森林面積を加えた面積）2,446 万 ha と把握している[7]。

林業地域調査と 2005 年以降の農山村地域調査は属地統計であるが，林業事業体調査と林業サービス事業体調査，林業経営体調査は属人統計である。このため，都道府県を超えた不在村所有者や会社の多い地域の統計分析を行う際は，保有山林と経営主の所在地が異なる場合が多いことから，農業と異なりその認定基準が属人調査における都道府県の数値に大きく影響することに注意が必要である。

所有形態別林野面積と山林の保有関係を表 2-8 に示した。日本の林野面積 2,485 万 ha は国土の 68％を占め，国有林 722 万 ha（29％）と民有林 1,763 万 ha（71％）から構成される。国有林は林野庁所管が 98％を占め，北海道，東北，東山・東海，四国，九州に多く分布している。民有林は，公有林と私有林から構成され，公有林は都道府県，市区町村，財産区，地方公共団体の

表 2-8　所有形態別林野面積と保有関係

単位：1,000ha

林野所有の区分		面積	事業体調査等からの参考事項
国有林	林野庁所管	7,079	共用林野 121 万，分収林 12 万，貸付地 7 万 ha
	林野庁以外の所管	139	
	計	7,218	公有林野等官行造林地 1 万 ha も管理
民有林	独立行政法人等	648	水源林造成事業による分収林
	公有林	3,396	
	都道府県有林	1,248	借入林 46 事業体 61 万 ha
	森林整備法人	436	林業公社による分収林
	市区町村	1,404	貸付林 766 事業体 26 万 ha
	財産区有林	307	貸付林 210 事業体 5 万 ha
	私有林	13,584	林家貸付林 1.6 万戸 15 万 ha，会社借入林 9 万 ha
	計	17,627	慣行共有 3.4 万事業体 105 万 ha
合計		24,845	森林計画の対象外は国有 6 万，民有 5 万 ha

資料：林野面積は 2010 年世界農林業センサス農山村地域調査による。
注：事業体調査等からの参考事項は，所有形態による把握が可能な 2000 年センサスの数値等による。

組合のほか，農山村地域調査では独立行政法人や森林整備法人による分収林も含めている。林業センサスでは，所有山林から貸付林（分収に出しているものを含む）を除き，借入林（分収しているものを含む）を加えたものを保有山林と定義している。山林の賃貸借は少なく，その多くが分収林と入会林野に起源を持つ利用権の設定である。

所有と保有の差は，2010年センサスの所有山林13.8万経営体496.4万ha＋借入山林4,431経営体30.9万ha－貸付山林3,712経営体52.2万ha＝保有山林13.9万経営体517.7万haと全体ではあまり大きくないように見える。しかし，保有主体別にみると都道府県では借入林等面積が所有山林面積の61％に達し，貸付林等面積は地方公共団体の組合では39％，財産区では38％，市区町村では20％を占めている。公有林では，所有林以外の山林保有の歴史と権利関係にも留意が必要である。なお，独立行政法人等の保有山林64.8万haは，森林開発公団の水源林造成事業による分収林が国立研究開発法人森林総合研究所の森林整備センターに引き継がれている。

(2) 林業センサスの調査客体と外形基準

林業センサスは，1960年から2000年までは10年置き，2005年以降は農業センサスと同時に5年置きに実施されている。表2-9に示した定義・外形

表2-9　林業センサスにおける事業体（経営体）把握と定義・外形基準の変遷

単位：1,000ha，事業体（経営体）

区分	1960	1970	1980	1990	2000	2005	2010
現況森林面積（地域調査）	24,403	24,482	24,728	24,621	24,490	24,473	24,462
林家の保有山林面積	5,789	6,165	6,220	6,191	5,716	2,336	1,772
同林家以外の林業事業体	5,077	5,633	6,223	6,610	6,440	3,453	3,405
林業事業体（経営体）	1,276,273	1,291,379	1,257,669	1,208,138	1,171,788	200,224	140,186
林家（家族経営体）	1,132,878	1,144,452	1,112,571	1,056,350	1,018,752	177,812	125,592
林家以外（組織経営体）	143,395	146,927	145,098	151,788	153,036	22,412	14,594
うち慣行共有	62,535	46,093	39,274	36,573	34,029	…	…
林業サービス事業体（等）	…	…	…	…	7,340	6,673	6,802
定義・外形基準	保有山林面積10a以上		同左		サービス追加	同3ha以上・施業実施等	
実査対象	同上		非農家・林家以外は1ha以上		同3ha以上	同上，素材生産200m^{3}以上	
名寄せと事業体の判定	1a以上を名寄せ，10a以上		非農家・林家以外は10a以上		同30a，1ha以上	課税台帳による名寄せ中止	

資料：農林水産省統計部『林業センサス』各統計書による。
注：スペースの関係で省略した点もあるので厳密な定義や外形基準に関しては，各統計書等を参照。

基準に基づき，1960年から2000年は「林業事業体」，2005年以降は2000年までの林業事業体と林業サービス事業体を併せた「林業経営体」を調査客体としている。

調査客体の定義は，1960年の発足以降，2005年に見直しがなされ，実査対象の下限は予算の制約から1980年，2000年，2005年に改訂されている。時系列的変化を統計的に把握する際には，その定義や外形基準，母集団確定と調査方法の変化を念頭に置く必要がある。

林業サービス事業体調査は，2000年から導入され，森林組合を含めた造林・素材生産事業体（素材生産量50m^{3}以上）を調査対象とし，2005年以降は林業サービス事業体等調査として，素材事業体の下限を素材生産量200m^{3}以上に引き上げた。なお，林野行政や森林・林業白書で使用される「林業事業体」という用語は，2000年までの林業センサスにおける林業事業体と異なり林業サービス事業体等に相当する造林請負・素材生産事業体を意味するので，その使い分けに注意が必要である。

1960年センサスの段階では，林家が林業事業体の保有山林面積の53％を保有し，林家の95％が農家林家で林家の約半数は植林と林産物販売を実施していた。このため，1961年の林業の基本問題と基本対策答申では，中小規模林家による家族経営的林業を林業の担い手とした。2000年になると農家林家比率は65％に低下し，林家の植林と林産物販売実施率は6％と7％に低下する。もはや山林保有者のある階層を林業経営の担い手とすることはできず，増加する不在村所有者の統計的把握も限界に達した。林業への新規就業者も他産業からの転職・離職者に変化し，山林保有主体の直用労務の解体と委託・請負への転換が進み，林業労働者の雇用主は森林組合や会社等の林業サービス事業体に移行している。

(3) 2005年センサス体系の再編と問題点

林業経営体数は2005年のセンサス体系の再編による林業経営体の新たな定義と外形基準の変更を主因として，2000年の林業事業体117万事業体と林業サービス等事業体7,340の計118万事業体から2005年20万林業経営体，2010年14万経営体，2015年8.7万経営体に激減している。2005年の再編は，2000年林業センサス終了時の統計審議会答申に基づき，調査客体に関しては「経営体としての林業事業体に重点を絞るべき」とされ，不在村所有者や会社等の所在地認定は山林保有主体の住所や本社の所在地から「事業所」単位的な把握方法へ改めるべきとされた（詳細は志賀和人（2009）を参照）。

また，個人情報保護の観点からの固定資産課税台帳の目的外使用が禁止され，従来の山林保有者の在村者名簿・不在村者名簿の作成と名寄せによる調査客体の確定が不可能となった。このため，2005年以降は長期的な経年変化による調査客体把握の困難化や農業経営体（調査票を全調査対象に送付）と非農業経営体（前回の調査対象から調査客体名簿を作成）間での経営体の把握方法の違いによる捕捉率の差が拡大している。

2000年から2005年の林業経営体の減少要因は，①外形基準の引き上げによる1～3ha未満層の減少（2000年66.6万事業体），②過去5年間に林業作業を行わず（3.6万経営体），森林施業計画も樹立していない事業体（内訳未公表）の減少，③調査客体候補の捕捉率の低下（1ha以上林家の2000年対比90%），④2000年段階の林業事業体と林業サービス事業体等の重複分の減少（重複数は不明），⑤林業経営体自体の経年変化による増減の結果と考えられる。①の減少要因の影響を受けない保有山林面積3ha以上の林業事業体数で比較すると2000年50.6万事業体から2005年19.7万経営体と2000年対比39%に減少し，①と③の影響が大きかったと推測される。

林業サービス等を行う経営体は，2000年7,340事業体から2005年6,673経営体に減少し，2010年に再び7,269経営体に増加した。2000年から2005年の減少は，①素材生産の外形基準の下限が50m^{3}から200m^{3}に引き上げられたことによる経営体数の減少（2000年の50～200m^{3}素材生産事業体数884のうち素材生産のみ実施している事業体数が減少），②森林組合の支所単位の経営体把握による増加（2000年1,018事業体から2005年2,326経営体），③本来の起業・廃業による増減が加わった変動と考えられる。2005年から2010年は，林業サービス等を行う経営体数が全体では増加しているが，組織形態別内訳で森林組合が2005年2,326経営体から2010年721に大幅に減少しており，2005年の支所単位の把握から2010年に再び本所単位の把握が増加したと考えられる。

総務省の事業所・企業統計調査における事業所は，「収入を得て働く従業者がいないもの，季節的に営業する事業所で，調査期日に従業者がいないもの」は含めず，経済センサスにおいても「従業者と設備を有して，物の生産や販売，サービスの提供が継続的に行われていること」としている。2010年センサスの把握した林業経営体の経営実態を作業実施と林産物販売，林業従事者を指標にすると14万林業経営体のうち，林産物販売ありが1.6万，林産物販売500万円以上1,686，常雇雇入経営体3,744に過ぎず，事業所・企業統計調査の事業所に該当する経営要件を有する林業経営体は極めて少ない。林業センサスの林業経営体把握は，山林保有の実態を明らかにできないだけでなく，常識的経営概念と乖離した「林業経営体」像を普及させる懸念も残る。

また，山林保有主体の林業事業体と林業サービス事業体等が同時に「林業経営体」と定義され，山林保有主体と山林作業を受託する林業サービス事業体の双方が「林業経営体」として把握されたことから，山林の経営主は山林保有者なのか，作業実施者としての林業サービス事業体なのかという点が概念的にも不明確になった。そして，国有林が林業経営体調査の対象外とされていることもあり[(8)]，属地調査による現況森林面積の21％に相当する518万haの保有山林しか捕捉していない林業経営体調査が「センサス調査」と言えるのかという根本問題も内包している。

(4) 林業事業体の区分と山林保有規模

2000年センサスまでの「林家以外の林業事業体」とは，山林を1ha以上保有する法人，団体等を指し，会社，社寺，共同，各種団体・組合，慣行共有，財産区，市区町村，地方公共団体の組合，都道府県（森林整備法人を含む），特殊法人，国の11調査事業体に区分されていた。国と特殊法人は定義上「林家以外の林業事業体」に含まれ，林業地域調査に保有山林面積に関する情報のみが公表され，林業事業体調査の実査対象になっていない。このため，林家以外の林業事業体の実査対象は，図2-3に示すように慣行共有以外では国と特殊法人を除く9保有主体区分，慣行共有では会社，社寺，共同，

2000年センサスの統計表章

林業事業体	林家	農家林家	
		非農家林家	
	林家以外の林業事業体	慣行共有以外	9保有主体区分
		慣行共有	6名義区分
林業サービス事業体等	育林サービス事業体	4組織形態区分：	
	素材生産サービス事業体	森林組合，各種団体・組合	
	素材生産事業体	会社，個人	

2005年センサス以降の統計表章

林業経営体	法人経営	農事組合法人	
		会社	株式会社等4区分
		各種団体	森林組合等3区分
		その他法人	
	地方公共団体・財産区		
	法人化していない		

図2-3　2000年と2005年以降の林業センサスの統計表章の対比

各種団体・組合，財産区にムラ・旧市区町村を加えた6名義に区分し統計表象されていた。

2005年センサスでは林家以外の林業事業体のうち，慣行共有の実態把握が困難との理由から慣行共有を対象とした調査を廃止し，慣行共有以外を8区分していた統計表象を農業と同一の組織等分類（①法人化している：農事組合法人，会社（株式会社，合名・合資会社，合同会社），各種団体（農協，森林組合，その他の各種団体），その他の法人，②法人化していない：個人経営体，③地方公共団体・財産区）に統一した。このため，2000年以前の統計数値と2005年以降の数値は，同一の組織分類（例えば会社，各種団体，地方公共団体・財産区）であっても2000年以前との統計的連続性は失われている。

表2-10に示すように民有林の山林保有主体に関して，事業体数では小規模林家が圧倒的に多く，保有山林面積も500ha以上の占める比率は林家では4.5%に過ぎないが，林家以外の林業事業体では66%と高く，山林保有面積も林家572万haに対して，林家以外の林業事業体644万haと後者の方が多い。これに実査対象から除外されている国有林と水源林造成事業（独立行政法人）を加えるとその比率はさらに高まる。このため，日本の森林経営

表 2-10　山林保有面積規模別事業体数の分布と山林保有面積（2000 年）

単位：事業体，ha

区分＼面積規模	計	1 ～ 3ha 未満	3 ～ 5	5 ～ 10	10 ～ 50	50 ～ 100	100 ～ 500	500 ～ 1,000	1,000 ～ 5,000	5,000ha 以上	山林保有面積	1 事業体平均面積
林家	1,018,752	597,561	163,525	139,579	107,538	7,546	2,749			254	5,715,410	6
林家以外	153,036	68,591	25,324	26,213	22,391	4,491	4,657	684	578	107	6,440,728	42
会社	19,960	8,295	3,166	3,565	2,946	776	929	129	117	37	1,528,892	77
社寺	13,296	7,074	2,370	2,305	1,317	122	89	9	8	2	122,078	9
共同	74,442	40,405	13,661	12,286	6,893	716	437	30	12	2	543,322	7
各種団体・組合	8,393	1,900	1,104	1,626	2,439	611	615	57	37	4	382,660	46
慣行共有	34,029	10,772	4,922	6,264	8,217	1,951	1,671	143	83	6	1,054,688	31
財産区	639	69	52	54	179	79	168	24	14	−	90,197	141
市区町村	2,123	62	38	95	379	223	726	288	295	17	1,120,868	528
地方公共団体の組合	107	14	11	18	21	13	22	3	5	−	19,968	187
都道府県	47	−	−	−	−	−	−	1	7	39	1,578,056	33,576

資料：農林水産省統計部『2000 年世界農林業センサス』による。

問題を中小規模林家問題や団地化・施業集約化に矮小化できず，国有林や公有林，大規模林家，会社有林，慣行共有を含めた多様な経営分析が重要となる。

林家以外の林業事業体の保有山林面積は，100万ha以上を保有する都道府県，会社，市区町村，慣行共有の4事業体区分で82%を占める。これらの林業事業体の平均保有面積は大きく，北海道有林や山梨県有林，王子グループ，日本製紙社有林はいずれも10万ha以上の隔絶した保有規模を誇る。公有林では都道府県が最も保有規模が大きく，市区町村，慣行共有と自治体の範囲に対応して，その保有面積も小さくなる。

ムラ名義の慣行共有だけでなく，各種団体・組合や財産区，共有，地方公共団体の組合も1910年代から本格化した公有林野整理事業や市町村合併，戦後の入会林野整備事業との関係で設立された事業体が多い。都道府県と市区町村に関しては，次項の事例分析で触れることにし，事業体数の多い会社と慣行共有の全体像を以下で検討する。

統計数値の安定度が高く，調査事項も網羅された最後の調査である2000年センサスによれば，実査対象の社有林（10ha以上）は，4,934社148万haと私有林面積の15%を占める。しかし，53%の会社は人工林を保有しておらず，開発目的の山林保有と林業経営対象の山林保有では，保有山林に対する対応の差が大きい。社有林のうち5,000haを超える山林を保有する会社は37社であり，その保有面積は82万haと全体の55%に達している。特に金属・鉱業や製紙産業等の産業備林を所有する王子製紙（当時），日本製紙，東海パルプ（当時），三井物産，住友林業，三菱マテリアル，東京電力の上位7社の保有面積は42万haと社有林面積の29%を占める。

林家以外の林業事業体のうち，2000年林業センサスまでは，①山林からの収入や林産物をムラの費用や公共の事業に使うことがあるもの，②その山林は，昔からのしきたりでもっている，または利用しているあるいは利用されている（入会慣行がある），③山林の権利者になる資格に特定の「ムラ」に住んでいるものに限るという制限があるの3条件に1つでも該当する林業事業体は，所有名義にかかわらず慣行共有に区分された。つまり，所有名義区分よりも①～③の入会慣行の存在が林業事業体の性格を的確に示すと当時は考えられていた。慣行共有は，2000年では全国に3.4万事業体が存在し，名義区分はムラ・旧市区町村1.4万と共同1.0万で全体の72%を占め，これに各種団体・組合0.4万，社寺0.4万，財産区0.2万が続いている。慣行共有は，九州，中国，近畿，東北に多く，東山・東海，北陸がこれに次ぎ，四国，関東には少なく，北海道と沖縄には極めてまれにしか存在しない。

慣行共有の権利者は，全国で163万人と把握され，地域的には東山，近畿，東北，東海，中国，九州の順に権利者が多い。権利関係で新たに権利者に「なれない」事業体が46%，「条件付でなれる」33%，「なれる」22%であり，転出時の権利は「なくなる」事業体が68%を占める。同じ慣行共有でも共同は，新たに権利者に「なれない」事業体64%，転出時の権利が「残される」事業体57%と両者とも高く，慣行共有のなかで最も私有的な共有属性を示すが，財産区はその対極で新たに権利者に「なれない」事業体25%，転出時の権利が「残される」事業体12%と公有的属性を有している。

2　森林経営の事例分析

(1) 森林経営の長期変動と所有権移動

山林所有規模では，日本にもドイツ語圏諸国の森林経営を遥かに凌駕する国有林や公有林，会社，林家等が存在し，経営の歴史も1世紀を超える経営体が多い。しかし，その経営内容は次項で検討するドイツ語圏諸国の森林経営のような持続性を持ち得ていない。

戦後における大規模な林野所有権の移動事例としては，1947年御料林130万町歩の物納による国有林への統合，1950～70年代の北海道炭鉱汽船会社3.9万町歩の倒産過程での王子製紙・三井観光・北海道等への売却，1998年森村産業石合山林968haの山梨県有林への33億円での売却，2007年三重県諸戸林産1,630haのトヨタ自動車への売却，2010年代の大手町地所・総合農林による都城島津山林等1万haの購入，北海道千歳林業による道内1.6万haの山林取得などが知られている。

2010年代以降，大型製材工場等による山林取得も拡大しているが，現在のところ先に検討した山林保有構造を大きく変化させる事態は生じていない。山林の処分過程の分析は少なく，北海道炭砿気船株式会社編（1959）『北炭山林史』と有永明人（2006）が1898年以降の北炭における林野所有の形成過程と社有林経営の展開，山林売却過程を検討している。

以下では，表2-11に示した代表的森林経営を事例にその多様性と歴史性を基礎とした森林経営の展開過程を概観し，研究動向を紹介する。御料林・国有林のほか民有林で1世紀を超える森林経営史が概観できる大規模林家の群馬県A家,会社有林最大の王子グループ，旧華族有林から財団法人化した前田一歩園財団，公有林から山梨県有林，東京都水道水源林，広島県筒賀村村有林を選定した。井上由扶（1974）によると「公有林における施業案の編成は一般に国有林により著しく遅れ，北海道の地方費林（道有林）や山梨県の恩賜林における施業案・東京都の水道水源林施業案，その他特殊のものを除けば，第2次世界大戦以前に計画的施業が行なわれているものは比較的少ない」（17頁）とされ，今後，国有林以外の代表的な公有林や大規模私有林の経営史が体系的に分析され,その独自性が解明されることを期待している。

(2) 御料林・国有林と管理組織

御料林に関する研究には，帝室林野局（1939）『帝室林野局50年史』と萩野敏雄（2006）『御料林経営の研究』，林業発達史調査会編（1960）『日本林業発達史 上巻』（御料林の形成，御料林の経営）がある。戦前期御料林の機関誌の帝室林野局林野会（1928～1944）『御料林』と御料林施業案編成の中心として活躍した和田國次郎（1935）『明治大正御料事業誌』は貴重である。黒田久太（1966）『天皇家の財産』は，皇室財産全体のなかで金融資産と土地資産，御料林の位置づけを検討し，日清・日露戦争を経て鉄道・銀行・財閥株など皇室財産としての株式投資が拡大している点や大正から昭和初期に土地財産の近代的証券財産への転化傾向を指摘し,後述する岡部保信（2015）におけるA家地主資金の運用状況と共通した側面を指摘している。

国有林経営に関しては，林業発達史調査会編（1960）や戦前期を含む秋山智英（1960）『国有林経営史論』，戦後過程では森巌夫（1981）「統一国有林経営の展開」（『農林水産省百年史 下巻 昭和戦後編』所収），秋山智英「国有林経営」と田中恒寿「国有林労働運動」（大日本山林会（2000）『戦後林政

表 2-11　公有林・大規模私有林における経営史の例示

区分・年		山梨県有林・東京都水道水源林・筒賀村有林，王子製紙・前田一歩園財団・A 家の経営対応
近代林政形成期	1873	渋沢栄一が「抄紙会社」設立
	1875	東京府王子村に破布を原料とした工場を完成
	1880	上筒賀村，中筒賀村共有林の地租改正作業を開始
	1884	A 家田畑・宅地の集積を開始
	1885	最初の木材パルプ気田工場操業（1923 年廃止），気田官林立木払下（88），王子製紙に改称（93）
	1889	上筒賀村と中筒賀村合併，筒賀村誕生。共有林を村基本財産とし，村条例で管理体制を定める（89）
	1896	A 家山林 330 町歩購入。王子製紙気田工場山林部設置。筒賀村が国有林下げ戻し申請書を提出（99）
官林経営展開期	1901	東京府が山梨県下御料林 8,500 町歩譲り受け，林業事務所を設置。前田製紙合名設立に参加（00）
	1902	筒賀村，行政訴訟勝訴，国有林 412ha の引き渡し，村有林 1,234ha となる
	1904	王子製紙北海道新工場候補地調査，御料林・国有林年季払下出願（05）。A 家県内多額納税者 13 位となる
	1906	前田正名 3,212ha の牧場用地の貸付を受け，事務所開設。同貸付地と 589ha を無償取得（10）
	1907	筒賀村，村営苗圃設置。A 家地主経営の入金額の 75％を金融資産収入が占めるに至る
	1908	筒賀村，毎年 20 町歩を造林する第 1 次造林計画樹立，林業技手を雇用
	1909	東京市会臨時水源経営調査委員会，東京市西多摩郡下の御料林 700 町歩を買収（10）
	1910	水源林事務所開設，水道水源地森林経営案（第 1 次経営計画）承認。王子製紙苫小牧工場完成
	1911	御料林 19.8 万 ha を山梨県に下賜，恩賜県有財産管理規則。王子・三井物産の軽便鉄道共同経営契約
	1912	東京市山梨県有林萩原山 5,603 町歩 12 万円で買収。筒賀村，毎年 25ha の第 2 期造林計画を開始（13）
	1914	恩賜県有財産施業規程並施業案編成手続。A 家田畑 140 町歩でピーク，以後，国内田畑を売却（15）
	1916	王子製紙，樺太豊原工場の年期払下承認契約締結，北海道で最初の工場遠隔地山林 1,100 町歩購入
	1917	筒賀村村有林施業案策定（実測面積 2,642ha），村財政にも大きく貢献。村営木炭製造を開始（24）
	1919	A 家朝鮮森林令による貸付造林を北朝鮮，ソウル郊外で水田経営を開始（20）
	1926	東京都水道水源林の無立木地の造林と崩壊地復旧を達成。王子製紙，共同出資で日露木材（株）を創立
	1931	山梨県神金村長萩原山に対する村税賦課の行政訴訟（34 年示談解決），A 家戦前立木販売のピークとなる
	1933	王子製紙が富士製紙，樺太工業を合併。北朝鮮製紙化学工業設立，鴨緑江製紙の経営受託（35）
	1934	前田一歩園の所有林が阿寒国立公園に指定，富士箱根国立公園指定（36）。王子造林設立（37）
	1937	山陽パルプ・日本パルプ工業の設立，王子製紙全額を引き受け。A 家株式投資銘柄が中央株に移行
	1938	陸軍省北富士演習場 1,270 町歩を山梨県有林に設定。前田正名が死亡し，正次が相続
	1939	王子造林，最初の分収造林契約を広島県，山口県と締結
	1942	前田正次・光子夫婦が阿寒湖畔に移住，最初の施業案編成。A 家所有山林 2,879 町歩でピークとなる

戦後期	1947	東京都水源林施業大綱（第4次計画），A家株式投資再開（優良企業株），62町歩の農地解放実施（48）
	1949	王子製紙，苫小牧・本州・十條製紙の3社に分割，社有林も同6.6万ha,1,888ha，1.7万haに分割
	1950	秩父多摩国立公園指定。前田一歩園支配人となる新妻榮偉（釧路支庁林務課勤務）を採用
	1952	山梨県野呂川林道工事に着手，森林資源開発始まる。王子製紙工業に改称，春日井工場建設
	1954	山梨県恩賜県有財産管理条例制定。阿寒一歩園製材所設立。水道水源林1.6万ha保安林指定（55）
	1956	第5次水源林経営計画（拡大造林600haを計画），隣接する笠取山国有林で天然林伐採が開始される（57）
	1957	前田正次死亡，妻光子・姪の3人が森林を相続。筒賀村有林経営計画を作成（59）
	1962	山梨県，県有林野経営規程制定（作業団の設定と保続計算に基づく標準伐採量の決定）
	1963	南アルプス国立公園指定，山梨県恩賜林保護組合連合会設立（64），筒賀村第2期経営計画策定（64）
	1967	南アルプススーパー林道開設工事に着手。A家山林処分を本格化（以後，1,900町歩を処分）
	1970	朝日新聞「原生林を食う林野庁」，NHK「奥秩父は泣いている」放映，筒賀村第3次経営計画策定（69）
	1971	東京都水道水源林が拡大造林を中止，奥多摩町，丹波山村，小菅村の立木払下を交付金制度に移行
	1973	山梨県「県有林野の新たな土地利用の区分」，同恩賜県有財産土地利用条例（74），A家当主死亡（75）
	1976	第1次山梨県有林経営計画（全県一斉編成），営林区全廃。第7次水源林経営計画（天然林伐採中止）
	1980	南アルプススーパー林道開通，筒賀村有林，水土保全機能強化総合モデル事業導入（83-87）
	1983	有限会社前田一歩園林業設立，光子死亡，前田三郎理事長に就任，製材工場を閉鎖（82）
	1984	「清里の森」起工式，山梨県県有林基金条例公布
	1986	第8次水道水源林経営計画（木材収穫中心から脱却）。筒賀村有林事業収入が経営費を下回る（87）
	1989	軍人林事件，忍草入会組合事件（90），最高裁で山梨県が勝訴。筒賀村有林一般会計から繰入れ増加
	1993	前田一歩園の山林収入が費用を下回る，常務に高村隆夫就任。A家当主死亡，再度，相続発生
	1995	前田一歩園エゾシカ対策を開始。第9次水道水源林管理計画（施業区分の明確化，96）
	1996	王子製紙，本州製紙と合併
	1999	山梨県「森林文化の森」整備計画を策定
	2000	前田一歩園林業月給制を導入。秩父多摩甲斐国立公園に名称変更，地種区分の見直し
	2003	山梨県有林FSC森林認証を取得。筒賀村，合併で安芸太田町に旧村有林は財産区有林とする（04）
	2005	高村常務の後任に新井田利光（元道自然保護課長）就任。山梨県第1次県有林管理計画（06）
	2007	中国で江蘇王子製紙有限公司を設立，以後，マレーシア，ブラジル等で関連会社の株式取得
	2011	山梨県恩賜林御下賜100周年，第2次県有林管理計画
	2012	王子製紙，持株会社制に移行し，商号を「王子ホールディングス株式会社」に変更
	2016	山梨県第3次県有林管理計画

資料：王子製紙山林事業史，水道水源林100年史，山梨県恩賜県有財産御下賜90周年記念誌，筒賀村史等から作成。

史』所収）が 1945 ～ 1999 年の動向を記述している。小沢今朝芳（1960）『国有林経営計画実務提要』は，「国有林生産力増強計画」樹立に中心的役割を果たした林野技官による国有林経営と経営計画に関する学術的実務書として，注目される。国有林請負事業体に関しては，地域農林業研究会編（1982）『地域林業と国有林：林業事業体の展開と論理』が 1980 年代までの現状を明らかにしている。さらに 1980 年代以降，営林局・森林管理局や営林署・森林管理署単位に 100 年史等の記念誌が数多く発行され，1960 年代から 70 年代半ばには林業経営研究所報告に国有林に関する各種調査報告が収録されている。こうした文献を活用した国有林研究と管理組織に関する実態解明の進展も望まれる。

(3) 公有林・入会林野と地域

都道府県有林では，北海道有林 62 万 ha と山梨県有林 17 万 ha の所有規模が大きい。これに続く岩手県営林は，県行造林による分収林が 5.3 万 ha と圧倒的に多く，県有林部分は 5,500ha と第 1 位の北海道，第 2 位の山梨県と大きな開きがある。岩手県営林は，大分県とともに長期債務を抱えた林業公社を解散し，2007 年に公社造林地を県営林に編入している。伊藤幸男・三木敦朗（2011）は，林業公社の解散・再編と指名競争入札の導入による岩手県森林整備協同組合と傘下の林業事業体の変化を明らかにしている。

北海道有林は，1906 年の北海道地方費模範林の設置により国有林から 18.8 万町歩の譲渡を受け，道庁に地方林業課と 19 森林監視員駐在所が配置された。1911 年には国から道有公有林 45 万町歩の付与が決定し，林地区分の終了した森林から逐次編入が行われ，1922 年に編入を完了し，模範林と合わせ 64 万町歩となった。北海道編（1953）『北海道山林史』によると「道有公有林は一般府県における公有林と其の本質を異にし，市町村及び部落等の公共團体が直接之を管理経営するものではなく，国より附興された纏った森林を道有として，特設機関により管理経営し，其の収益金を市町村に分配公布するものである」(70 頁)。戦時下の 1942 年に森林行政組織改革の一環として，地方林課を解消し，国有林の各営林署管轄下に統合された時期があったが，1947 年の地方自治法の制定に伴い北海道地方費模範林を北海道有林，翌48年に地方林課を道有林課に改称した。さらに1951年に北海道有林野条例を制定し，従来の模範林と公有林特別会計を統合し，北海道有林野事業費特別会計制度が採用された。その後，道有林の会計制度は1997年に企業会計から特別会計に移行し，2002年にさらに特別会計から一般会計に移行し，製品生産事業を廃止している（道有林100年記念誌編集委員会編(2006)を参照)。最近の道有林に関しては,石井寛（2011）が道有林の森林施業と林業事業体の動向を国有林との対比で検討し，神沼公三郎（2012）は道有林における森林管理方針の転換と新しい森林施業の特徴を分析している。

山梨県有林の分析は，大橋邦夫（1991，1992）が山梨県有林の明治期以来の利用問題と経営展開を中心に入会関係と山梨県有林の経営展開の関係を明らかにしている。志賀和人・御田成顕ら（2008）は，2000年代半ばまでの保護団体の組織と活動，財務構造を山梨県森林環境部「恩賜県有財産保護団体調査」により明らかにし，1970年代以降の観光・レクリエーション利用と自然環境保全問題に移行した段階の林野利用と地域共同性に関する分析を行っている。山梨県の保護団体に関しては，山梨県恩賜林保護組合連合会(2012）が最近の現状を網羅している。

島田錦蔵（1958）は，公有林野政策の沿革と管理経営類型を林野庁「山村経済実態調査（公有林野編)」をもとに市町村有林と財産区有林の現状分析を行っている。筒井迪夫編著（1984）は，東京大学林政学研究室が中心となり組織した公有林野研究会が1977年から開始した林野庁の公有林に関する実態調査をもとに公有林野問題の所在と公有林野政策の展開過程を市町村行政，山村社会，経営問題，地域経済と地元関係，観光開発との関係で分析している。

1990年代後半以降，公有林に関する調査が減少する一方で市町村合併に伴う市町村史や財産区史が発行されている。長野県上郷村（1960)，秋田県東由利町（1994)，広島県筒賀村（2004）は，旧町村有林の歴史と経営展開を詳細に記載している。公有林野全国協議会（2001）は，公有林に関する調査報告リスト（1963～1995）と要旨を収録し，利用価値が高い。

入会林野に関しては，川島武宜・潮見俊隆・渡辺洋三編（1959）『入会権の解体　I』において，共同利用の解体過程における直轄利用，分割利用，契約利用への移行形態が示され，「公有地入会とその変化形態」に続き，同（1961）『入会権の解体 Ⅱ』は「国有地入会・私有地入会・漁業入会とその変化形態」，同（1968）『入会権の解体 Ⅲ』は入会権と政治権力の関係に焦点を置いた法律論を扱っている。中尾英俊（1984）と同（2009）は，入会林野と入会権に関する法律問題を網羅し，民法の逐条的注釈は，中尾英俊「共有の性格を有する入会権」，「地役権」（川島武宜・川井健編（2007）所収）が参考となる。

2010年代以降，コモンズ論やガバナンス論の視点からの入会林野や財産区の分析が増加している。鈴木龍也・富野暉一郎編著（2006）『コモンズ論再考』，泉留維・齋藤暖生・浅井美香・山下詠子（2011）『コモンズと地方自治：財産区の過去・現在・未来』，古谷健司（2013）『財産区のガバナンス』，三俣学編著（2014）『エコロジーとコモンズ：環境ガバナンスと地域自立の思想』が公表され，これらはいずれも地域における林野等の自然資源における共同利用に注目した研究であるが，序章の第3節で検討した新制度論に基づくE.オストロムのコモンズ論による制度把握や制度形成の論理の追求と方法的基盤が異なった研究にもみえる。

富士吉田恩賜林組合と和合会に関しては，北條浩（1975）などの一連の歴史研究や富士吉田恩賜林組合編（1997）がある。入会林野の最近の動向を認可地縁団体制度と生産森林組合を中心に明らかにした山下詠子（2011），同（2015）がある。林野庁（2014）「生産森林組合の現状把握等について」によれば2008～2012年度に152組合が解散し，そのうち99組合が認可地縁団体に移行しており，2016年の森林組合法改正では合同会社・認可地縁団体への移行措置が盛り込まれ，その流れが促進されるものとみられる。実態の解明とともに包括的な公有林・入会林野論の展開が期待される。

（4）大規模私有林と地主的資金運用

鈴木尚夫（1971）は，日本の大規模私有林の類型を①豪族・豪士的所有：島根（田部家・絲原家・桜井家），岩手（小笠原家）などたたら製鉄や株小作を起源とする大林野所有，②商業・高利貸資本：奈良吉野（北村家・岡橋家），山形金山（岸家），東京青梅林業（木村家），③財閥の大林野所有（三井，三菱，住友，古河，大倉などの鉱山備林を中心とした産業備林)，④産業資本の大林野所有（王子製紙，秋田木材）に区分している。

①の豪族・豪士的所有に関しては，菊間満（1989）「森林資源の危機と大山林経営の現段階」と深尾清造（1988）の「田部家経済の分析」があるが，1990年代以降の動向を把握した研究はみられない。会社以外の大規模私有林で最も研究蓄積の多い分野が②の林業地における商業・高利貸資本による地主経営であり，林業経済学会（2006）『林業経済研究の論点』の「林業構造論」，「林家経営論」，「林業史」には，大規模私有林に関する研究動向と主要な研究業績が網羅され，福本和夫（1955），阿部正昭（1962），笠井恭悦（1964），半田良一編著（1979），藤田佳久（1995）を代表的研究としてあげることができる。しかし，これまでの大規模私有林研究は，林野所有の形成過程や経営展開に関する分析を中心とし，1990年代以降の地主経営の解体・転身，山林の処分過程や経営の脆弱性を検証した実証研究は少ない。岡部保信（2015）は，表2-11に示した群馬県Ａ家（1942年所有山林2,879町歩，現在130ha）を事例に明治期後半には地主資金の蓄積基盤を「商人・高利貸」から金融・証券投資に移行し，地主経営の資金循環と金融・証券市場との関係性が森林経営の展開と山林処分過程を大きく規定した点を明らかにしている。従来の農林業と商業を中心とした地主経営や大規模森林経営の分析に対して，戦前期の人工林経営の拡大と1960年代後半以降の人工林投資の縮小，山林の大量処分過程を金融市場と世代交代による資金循環の変化から分析している点が注目される。

私有林における自然環境に配慮した森林経営として，前田一歩園財団を挙げることができる。同財団の所有山林は，阿寒湖岸3,594haの阿寒国立公園第１種・第２種特別地域を対象に「原始の森への復元」を目指した施業体系を確立し，回帰年10年で長伐期針広混交林に誘導している。その歴史と経緯は石井寛編著（2002）『復元の森』に詳しいが，1906年に前田正名（男爵）が北海道国有未墾地処分法に基づき山林・原野の払下げを受け，1939年の森林法改正を契機に1941～50年度を実施期間とする単独施業案「前田一歩園山林施業基案」と「前田一歩園山林初期斫伐案」を編成している。前田正名から山林を相続した息子正次は，阿寒を乱開発せず，個人の相続を放棄し，自然を永久に残すため妻光子を初代理事長に1983年に財団法人を設立した。財団設立と同時に有限会社前田一歩園林業を設立し，現在では月給制の多能工現場技術者の育成を専属の労務組織で実施している。公益事業の山林管理事業は，1990年代以降，土地貸付と温泉事業による収益や補助金への依存度が高まっているが，東京大学北海道演習林の高橋延清（2001）『林分施業法』とともに日本における天然林施業の数少ない事例となっている。

(5) 大規模会社有林と企業組織

国有林や公有林とともに大規模社有林の保有企業は，それぞれ長い歴史を持ち独自の社有林管理組織を備えている。王子製紙山林事業史（1976）と住友林業社史（1999）は，明治初期の企業の創設期から発行時に至る山林事業の歴史を記述している。山口明日香（2005）は，近代日本の産業化と木材利用の関係を明治期から戦時統制期までの鉄道・電信・炭鉱・製紙業と関係企業の動向を第1次史料から明らかにしている。

王子グループ，日本製紙，特種東海製紙（東海パルプと特種製紙の経営統合により発足し，2010年商号変更），三井物産，住友林業，三菱マテリアル，東京電力の上位7社の合計保有面積は42万haと2000年センサスが把握した日本の社有林面積の29％を占める。王子グループ，日本製紙，三井物産，三菱マテリアルの社有林は全国に分散し，特種東海製紙と東京電力の社有林は，静岡市葵区井川地区と群馬県片品村戸倉地区に集中している。王子グループと日本製紙は保有面積が大きく，戦後，パルプ備蓄林として集積した山林も加わり保有山林の箇所数が多い。三井物産と三菱マテリアルは，北海道に大規模な山林が分布し，住友林業は新居浜（愛媛），紋別（北海道），日向（宮崎），小川（和歌山）の4カ所に山林事業所を置き，拠点となる社有林を管理している。

人工林率は，住友林業と三菱マテリアルが50％前後と高く，王子グループ，日本製紙，三井物産は40％前後である。特種東海製紙井川山林の高山地帯は，南アルプス国立公園の特別保護地区，第1種特別地域に編入されているが，その面積は2,891haに限定され，社有林全体の人工林率は9％と低い。東京電力の尾瀬地区は，尾瀬国立公園の特別保護地区に編入され，その外縁部の戸倉山林の人工林率は15%と低い。

王子グループ，日本製紙は製紙原料確保のため，財閥系企業の住友林業や三菱マテリアルは鉱山備林として，三井物産と東海パルプは素材生産事業のため山林を集積し，1960年代までは社有林が産業備林的性格を持っていた。1970年代以降は，いずれの社有林も原料転換や企業の組織再編を背景に産業備林としての性格を後退させ，2000年代に入ると社有林の管理方針と系列管理組織の再編によりCSRによる社有林管理への転換を行い，森林認証の取得を進めている。

王子グループ，日本製紙，住友林業，三井物産では，現在も年間9.4～3.7万m^3の木材生産が行われている。各社とも長伐期の施業方針がとられ，間伐や択伐による生産がほとんどであったが，人工林資源の充実を受けて小面積皆伐も再開している。社有林の管理は本社と管理委託契約を締結した子会社である王子木材緑化や日本製紙木材，住友林業フォレストサービス，三井物産フォレストが担当している。

3　ドイツ語圏の森林経営

(1) ドイツ森林経営統計の経営概念

欧米諸国の森林・林業や林政に関しては，多くの研究蓄積があるが，概況

表2-12　ドイツの森林経営面積規模別経営体数と経営面積（2007年）

単位：経営体数，ha

区分	所有区分	10ha未満	計	10～50ha	50～200	200～500	500～1000	1000ha超
経営体数(所有者)数	連邦・州有林		469	25	27	24	35	358
	団体有林		8,122	3,048	2,664	1,323	595	492
	私有林		19,875	15,859	2,670	828	318	200
	森林経営計		28,467	18,933	5,361	2,175	948	1,050
	農家林		30,701	27,955	2,356	251	83	56
	合計	157,530	59,168	46,888	7,717	2,426	1,031	1,106
経営(所有)面積	連邦・州有林		3,388,000	500	3,200	8,600	28,800	3,346,900
	団体有林		2,320,400	76,200	286,800	416,300	422,500	1,118,500
	私有林		1,669,700	294,400	261,100	257,300	221,300	635,600
	森林経営計		7,378,100	371,100	551,100	682,200	672,700	5,101,000
	農家林		989,000	517,900	199,000	76,800	57,000	138,200
	合計	457,400	8,367,000	46,888	7,717	2,426	1,031	1,106

資料：BMELV（2011）Statistisches Jahrbuch über Ernährung, Landwirtschaft und Forsten 2011.

表 2-13　ドイツ森林経営における計画伐採量と年伐採量

単位：m³/ha

所有形態	区分	計	200 ～ 500	500 ～ 1,000	1,000ha 以上
団体有林	森林蓄積	287	288	284	289
	計画伐採量	6.3	6.6	6.3	6.2
	年伐採量	7.0	8.4	6.8	6.5
私有林	森林蓄積	239	230	240	269
	計画伐採量	5.7	5.8	5.7	5.6
	年伐採量	7.2	8.6	6.8	6.6

資料：BMELV（2010）Wirtschaftliche Lage der forstwirtschaftlichen Betriebe.
注：団体有林 210 経営体，私有林 126 経営体の調査結果である。

や制度の紹介にとどまっているものも多く，制度形成の歴史や運用実態，経営組織・経営システムに踏む込んだ研究は十分とは言えない[(9)]。以下では，ドイツ語圏諸国の代表的森林経営の現状を日本の「経営」との違いに焦点を絞り，連邦政府の森林経営統計から検討する。

ドイツ連邦政府の森林・林業統計には，食料・農業・消費者保護省「食料・農業・林業年報」と「森林経営の経済状況」がある。表 2-12 に前者から所有区分・経営規模別経営体数と経営面積を示した。10ha 以上の連邦有林・州有林，団体有林（Körperschaftswald），私有林の経営体数と経営面積を農家林と区分して把握し，200ha 以上の経営体を「森林経営の経済状況」で抽出調査している。経営体数では，10ha 未満の所有者や農家林が多いが，経営面積では農家林 99 万 ha に対して，森林経営 738 万 ha と後者が圧倒的に多い。

「森林経営の経済状況」は，200ha 以上の団体有林 210 と私有林 126 経営体の概況と経営収支を純収益，経営規模，樹種，伐採量を階層別に集計している。同調査では「200ha 未満の森林を所有する農業経営と小私有林の経営状況は，林業を主業的に経営していないため，統計的把握をしていない」とし，後述するオーストリア同様に森林経営と小私有林を峻別している。

表 2-13 にみるように 2010 年調査の森林蓄積と計画伐採量，年伐採材積は，私有林と団体有林，経営規模により大差はなく，私有林より団体有林，200 ～ 500ha 層より 1,000ha 以上層で年計画伐採量と伐採材積の乖離が少ない。ドイツ語圏諸国では，以下で述べるように州やカントン森林法で公共的

森林や大規模経営に施業計画の編成と専門技術的管理を義務づけ，計画伐採量に見合った伐採を継続し，連年経営が可能な規模と基盤を持つ所有主体を森林経営としている。

(2) オーストリア連邦有林

オーストリアの所有形態別森林面積（2007年）は，私有林200ha未満175万ha，同200ha以上76万ha，連邦有林等57万ha，州有林5万ha，ゲマインデ有林7.6万ha，共有林39万haである。オーストリアはドイツやスイスと比較し，私有林と連邦有林が多く，公有林が少ない。オーストリア連邦政府も土地台帳登記面積200ha以上を経営（Betriebe）とし，200ha未満の小森林（Kleinwald）と区分している。

オーストリアの国有林は，1853年には278万haであったが，普墺戦争や第1次，第2次世界大戦の敗戦による領土分割と売却により連邦有林面積は51万haに減少している。A.リーダー（2007）『ウィーンの森：自然・文化・歴史』の著者は，オーストリア連邦森林庁主席森林参事官であり，本書から連邦有林を主体とした「ウィーンの森」の自然・文化・歴史が概観できる。

オーストリア連邦有林は，面積では日本の国有林の7％に過ぎないが，2012年度の木材生産量152万m^3（3m^3/ha），造林面積3,179ha，事業収入315億円と日本の282億円を大きく上回り，事業利益48億円と日本の4.7億

表2-14　オーストリア連邦有林と日本の国有林野事業

単位：ha，1,000m^3，万€・100万円，人

国名 区分	オーストリア 連邦有林	日本 国有林
林野面積	511,000	7,583,469
木材生産量	1,524	6,057
造林面積	3,179	4,229
事業収入	23,790	28,238
事業利益	3,610	−469
従業員数	1,155	5,062
職員数	558	4,466
林業労働者数	597	596

資料：Österreichische Bundesforste AG（2013）FACTS&FIGURES 2012. 林野庁（2013）「第65次平成25年国有林野事業統計書（平成24年度）」による。

円の赤字と対照的である（表2-14)。1997年にオーストリア連邦有林AG（Österreichische Bundesforste AG）を設立し，事業部門別の事業取扱高は，森林経営・木材生産72%，城・リフト等の不動産管理16%，森林サービス８%，その他の狩猟・漁業，再生エネルギー，自然保護・生態系管理４%と森林経営を中核としつつも自然資源管理を含めた多角的経営を展開している。

P. Weinfurter（2006)『オーストリア連邦有林80年史』によると連邦有林の1975年度から2003年度の計画伐採量と伐採量（Einschlag）は，年間200万m^3前後で安定し，経営組織の確立と株式会社化による効率性の追求だけではなく，経営安定化の基礎として長期にわたる計画伐採量に対応した施業規整と資源管理が有効に機能し，林木収穫の保続（狭義の保続概念）が遵守されている（98～101頁)。管理組織は，本部と12森林経営区・121担当区，２国立公園管理区（100ha以上の11湖を含む）から構成され，森林を核とした自然資源・生態系管理や国立公園管理も事業に取り込み，事業体としての独立採算による経営を継続している。

(3) スイス・ゲマインデ有林の経営再編

スイスの森林面積は2014年現在で126.0万haであり，公共的森林（Öffentlicher Wald）が89.6万ha（71%）を占める。私有林（Privatwald）は34.5万ha（29%）と少なく，私有林の平均所有規模は1.7haと零細である。公共的森林は，市町村有林（Politische Gemeinden）37.2万haと市民ゲマインデ有林（Burger und Bürgergemeinden）36.6万haが主な経営主体であり，その他に団体有林（Korporationen, Genossenschaften）6.1万ha，カントン有林（Staatswald）5.6万ha，その他の公共的森林3.0万ha，軍事演習地を主体とした連邦有林（Bundeswald）1.1万haがある（スイスの森林所有の形成過程は，図序-4を参照)。

スイスの森林経営は，連邦環境庁（2015)『森林・木材年報2015』によると市町村・市民ゲマインデを中核とする2,321経営体（平均経営面積343ha）から構成される。経営体数は100ha以下が52%を占めるが，経営面積では501ha以上が74%を占めている。2004年から2014年に経営体数は3,040から2,321に減少し，経営面積は逆に75.8万haから79.6万haに増加している。これは近隣の森林経営を統合する森林経営組合（Forstbetriebsgemeinschaft）の組織化が一定程度，進展していることによる。

表2-15にスイス森林経営調査から森林経営の概要を示した。これによると計画伐採量と伐採材積は，ミッテルラント9 m^3/haからアルプス2 m^3/haまで地域差が大きいが，各経営体の計画伐採量と伐採材積の乖離は少なく，計画伐採量利用率（伐採量／計画伐採量）は，アルプス前山の86％からアルプス100％の範囲にある。これを同調査の前身調査で個別データの入手できた700経営（2000年スイス林業連盟資料）の1 ha当たり年成長量と計画伐採量の関係を散布図にすると図2-4の通りである。これでみるように経営体によりその水準に違いはあるが，各森林経営が年成長量（Zuwachs）に対応した計画伐採量を設定し，それに従った連年経営を行っているのがスイスの森林経営であることが理解できる。

スイス連邦環境庁の森林経営統計から表2-16に2012年の森林経営収支を示した。これにより以下のスイスと日本の森林経営と収支構造の相違点が指摘できる。

表2-15　スイスの森林経営の概要（2010年）

区分＼地域	ジュラ	ミッテルラント	アルプス前山	アルプス	計
森林面積（ha）	56,246	36,620	33,272	109,924	236,062
生産林面積（ha）	47,120	35,376	28,368	90,813	201,677
経済林	40,695	31,700	10,211	6,882	89,488
保全林	2,454	916	13,555	79,691	96,616
休養林	990	1,205	2,635	1,033	5,863
自然景観林	2,981	1,236	1,836	3,207	9,260
森林経営数	53	64	32	51	200
森林蓄積量（m^3/ha）	242	314	277	176	227
計画伐採量（m^3/ha）	7	9	6	2	5
伐採量（1000m^3）	299	313	158	203	974
ha当たり（m^3/ha）	6	9	6	2	5
計画伐採量利用率（％）	95	93	86	100	94
素材販売率（％）	95	98	98	79	93

資料：BAFU・BFS・WVS・HAFL（2012）Forstwirtschaftliches Testbetriebsnetz der Schweiz.

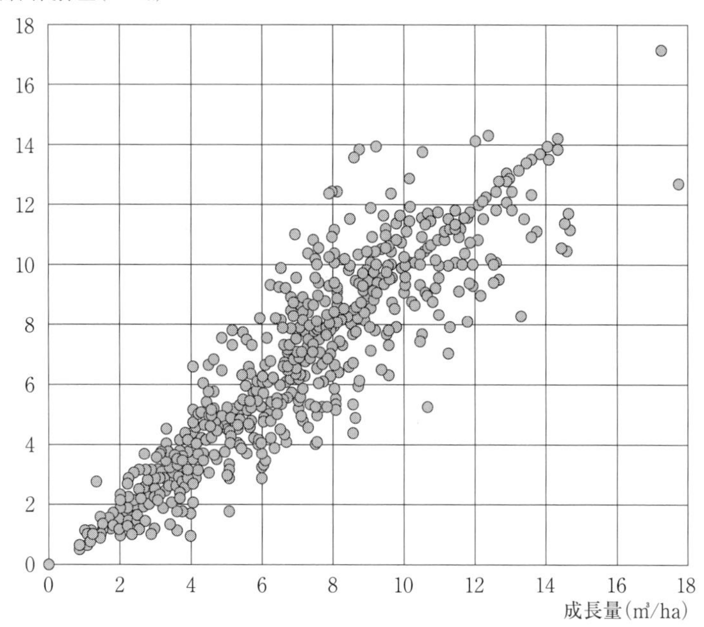

図 2-4　スイスの森林経営の ha 当たり成長量と計画伐採量（2000 年）
資料：スイス林業連盟資料による 700 森林経営の散布図である。

表 2-16　スイス連邦経営統計にみる森林経営収支（2010 年）

単位：CHF，％

	収入			費用			収支
	区分	CHF/ha	%	区分	CHF/ha	%	CHF/ha
林業	素材販売	320	36	施設維持費	63	7	
	自家需要木材	26	3	育林過程	77	8	
	補助金	157	18	伐採搬出過程	332	35	
	その他	34	3	その他の活動	34	4	
				管理費	72	8	
	計	537	60	計	578	60	−41
サービス	林務行政支援	17	2	林務行政支援	21	2	
	森林経営受託	16	2	森林経営受託	15	2	
	受託事業	143	16	受託事業	127	13	
	ゲマインデ事業	56	6	ゲマインデ事業	64	7	
	指導教育等	20	2	指導教育等	32	3	
	計	252	28	計	259	27	−8
その他		107	12	その他	122	13	−15
合計		896	100	合計	959	100	−63

資料：BAFU・BFS・WVS・HAFL（2012）Forstwirtschaftliches Testbetriebsnetz der Schweiz.

第1にスイスの森林経営収支は，伐期単位の育林費と伐採収入の差額ではなく，保続経営単位の年間収支として算出される。それが可能なのは，経営単位ごとに齢級構成が平準化され，成長量に対応した輪伐期と計画伐採量が設定されている点にある。

第2に施業体系と育林費用に関して，スイスでは皆伐が森林法で禁止され，画伐や傘伐，択伐による天然更新が主体のため，経営単位の年間育林費用は77CHF/haと木材販売収入の22%の水準である。日本の人工林経営のように植林時に投下された育林投資が50年後に回収され，その収益の一部が再造林に再投資される資金循環メカニズムではない。

第3に事業部門・補助体系と経営統合・経営区の再編に関して，ゲマインデ有林の多くは，直用労務組織を持ち自らの所有山林の森林経営と森林行政支援や森林経営・ゲマインデ事業の受託等のサービス業務を実施している。また，保育に対する連邦補助やフェルスター人件費に対するカントンの森林管理区交付金の支給も生産刺激的でないクロス・コンプライアンスを確立し，経営収支の改善に貢献している。さらに赤字の恒常化した森林経営は，経営統合や経営区の再編を行い，循環的な連年経営が維持される。

同経営統計の分析では，森林経営規模の拡大によるコスト低減は6,000haを境に逓減するとされ，連邦環境庁とスイス林業連盟は4,000～6,000ha規模の森林経営組合の組織化を推奨している。

以上のようにドイツ語圏の森林経営の安定性を支えている要因は生産性のみではなく，経営環境の変化に対応できる経営組織と資源基盤，年度単位での収支計算可能な資金循環にある。自然災害による不可抗力の事態に対して，スイスの森林経営がどう対応し，経営を維持しているか，2000年にビビアンによる大規模な風倒被害を受け，経営収支が悪化したことを契機に経営再建を果たした市民ゲマインデ・ベルン（Burgergemeinde Bern, BGB）の森林経営の現状を紹介する。

BGBの森林経営は，チューリッヒ市有林とともにスイスを代表する森林経営の歴史を持ち，1304年に森林利用規則を制定し，現在も3,666haの森林経営を直営で継続している。BGBは構成員1.7万人，総資産7.8億CHF・年間収入1.1億CHFの都市共同体に起源をもつ用益団体的社団であり，森

表2-17　市民ゲマインデベルンの森林経営指標の推移

単位：ha，m³，CHF/m³

区分 / 年度	経営面積	経営区	計画伐採量		伐採量		収支/m³
			材積	m^3/ha	材積	m^3/ha	CHF/m^3
1983	3,516	5	36,550	10.6	33,755	9.6	78.0
1995	3,478	4	33,550	9.6	49,476	14.2	57.1
2000	3,484	4	38,550	11.1	160,950	46.2	1.4
2005	3,496	3	26,000	7.4	24,824	7.1	19.6
2010	3,663	3	27,100	7.4	29,284	8.0	31.0
2011	3,662	3	27,100	7.4	27,201	7.4	19.3
2012	3,662	3	27,100	7.4	27,945	7.6	14.6
2013	3,698	3	27,100	7.3	30,195	8.2	24.2
2014	3,666	3	27,100	7.3	40,702	11.1	35.4

資料：Forstbetrieb Bern（1983-2014）Geschäftsbericht Rechnung.

林のほか広大な土地・不動産・農地を所有している。

1991年の連邦森林法の制定に伴い1997年にカントン・ベルン森林法が全面改正され，BGBは1999年に市民森林管理署ベルン（Burgeriches Forstamt）から森林経営ベルン（Forstbetrieb Bern）に名称を変更し，ベルン中央（Revier 531BGB Mitte），東（同532 BGB Ost），西（同726 BGB West）の3森林管理区を構成した。森林所有面積が単独で3,000haを超える経営は少なく，スイスでは一般的には森林管理区が森林経営単位を包含している場合が多いのに対して，本事例は森林管理署（Forstamt）の起源と経営（Betrieb），森林管理区（Revier）の関係を理解するうえでも示唆的である。

表2-17に示したように1980年代には，BGBは所有森林を5経営区に区分し，森林技師3人，フェルスター8人，現場労働者66人，見習11人を雇用し，2000年までは計画伐採量10m^3/ha，年伐採量3.5万m^3前後の保続経営を維持していた。2000年冬の暴風雨ビビアンによる大規模な風倒被害を受け，3経営区，計画伐採量7.4 m^3/haに経営組織を見直し，2000年代後半には従業員体制を森林技師1人，フェルスター4人，現場労働者9人，見習1人とした。2010年度以降は，森林災害が発生した2014年以外は計画伐採量の7.4m^3/ha前後の2.7～3.0万m^3の年伐採量を保ち，事業収支も15～35 CHF/m^3の黒字に回復している。2014年度の伐採実績は，針葉樹用材

1.4万 m^3，広葉樹燃材1.1万 m^3，広葉樹用材5,471 m^3，針葉樹産業用材4,357 m^3，針葉樹燃材1,841 m^3 と樹種・用途の偏りが少ない。

4　森林経営類型と日本的経営の脆弱性

(1) 経営類型と経営・財務管理

中村三省（1961）のバイエルン州有林の施業案規程の分析を参考に日本と欧米諸国の森林経営の「経営経過別」類型を検討すると，①長伐期保続経営（ドイツの州有林・団体有林・大規模私有林，オーストリアの連邦有林・大規模私有林，スイスのゲマインデ有林），②間断経営（欧州諸国と日本の中小規模私有林），③投資型短伐期人工林経営（アメリカ，ニュージーランドなどの森林投資型経営），④整備途上の「経営」（日本の国・公有林，大規模私有林と団地化された施業単位の大部分）の4類型に区分できる。

①と③は，概ね200ha以上の経営単位におけるフォレスターによる経営管理を前提とし，①では経営区単位の年間収支均衡型の連年経営，③では伐期単位の投資利回り追求型の経営システムが採用される。ドイツ語圏諸国では，林業投資を金融市場における利回り追求と同様に考えるのではなく，林地の転用禁止や分割許可，施業規制を森林法で規定し，伝統的に保続的・専門技術的管理を義務づけている。

欧州諸国の場合，②の間断経営においても空間整備・地域政策の展開により山村地域の過疎化や森林所有者の不在村化は日本ほど深刻化せず，森林共同組織が共同販売や加工過程を担当している。特に北欧の森林所有者協同組合グループは，後述するように1990年代以降，国際的な総合林業・林産企業として，大規模な林産加工事業を展開し，組織イノベーションを先導した。

日本は，①の保続経営を成立させる経営システムと資金循環，森林資源基盤のみならず，②の総合林業・林産企業や公的費用負担を伴った行政補完的共同組織も，③の投資型経営を成立させる自然生態的環境や経営基盤を欠いた。日本林業の国際競争力が低下するなかで，大部分が②及び④の経営類型の寄せ集めで自生的な経営再編の場を持たず，深刻化する山村問題や国有林請負事業体への政治的配慮から2010年以降，間伐補助や「緑の雇用」事業による林業事業体への支援により行政依存が一層強まった。

戦後の林業経済学が現状追認的に採取林業と育成林業，育林経営と素材生産業，中小規模林家と大規模経営を等しく林業経営と措定したのに対して，ドイツ林政学の影響を強く受けた戦前期・1970年代までの林政学，林業経営（経済）学では，林業経営の概念を狭く限定する見解が主流である。平田種男（1983）は，「森林における連産・連分の営み」を林業（経営）の形とし，林業経営とそれを行うための「森林の建設」を区分し，採取的林業や中小規模農家林（財形林）を林業経営（本章での森林経営）に含めていない。

中小規模林家や財形林の存在自体を消極的に評価するものではないが，経営組織や経営単位，年度単位の事業収支に基づいた財務管理が成立しない「経営」を基盤に環境変化に対応できる森林経営の形成は展望できない。循環的森林経営を追求する意義は，国産材生産の拡大にとどまらず，①森林資源の循環，②投下資金の循環，③生産物の生産・流通加工，利用，廃棄の循環，④人材・情報・技術の4つの循環を持続し得る森林経営の形成が現下の森林経営の不確実性を克服する近道であり，王道と考えられるからである。

(2) 基本政策の経営ビジョン

2001年の森林・林業基本法の制定を契機に林野庁は，従来の山林保有者を中心とした担い手像から望ましい林業構造の確立に向けて，「効率的かつ安定的な林業経営」を担い得る主体を林業事業体に大きく転換した。さらに民主党政権下で再生プランが策定され，2011年の森林法改正に基づき森林経営計画の作成者を「持続的な林業経営」の主体とし，森林経営委託契約による森林組合等への施業集約化を推進した。

森林・林業基本計画において，「効率的かつ安定的な林業経営」を担い得る林業経営体と林業事業体の具体像を明示しているが，2001年に最初に設定された「具体像」は2006年と2011年の同基本計画の改定時に見直しがなされている。2006年ビジョンでは，林業経営体は所有規模100～500haの自営林家（自家労働・施業受託補完型）1,200戸，同500ha以上の林家（請負労働主体型）100戸，同500ha以上の林業会社（雇用型）200社と2005年時点と2015年の目指す姿は同数であるが，林業事業体は，素材生産主体型（素材生産5,000m^{3}以上）が200から500事業体，造林事業主体型（造林・保育400ha以上）が300事業体で同数，造林・素材生産総合型（同300haかつ5,000m^{3}以上）が200から300事業体と素材生産事業体を中心に全体で700から1,100事業体に増加する姿を描いている。

2011年ビジョンでは，「効率的かつ安定的な林業経営」主体の数を示すことは政策上，意味がないとされ，10年後に達成すべき目標として，労働生産性の向上目標（素材生産では間伐8～10m^3/人日，主伐11～13m^3/人日，造林・保育では従来よりも2割以上のコスト縮減）が示された。同ビジョンの「10年後の林業経営モデルの具体像」では，「森林組合等による林業経営」（経営対象人工林7,200ha，作業班と民間事業体外注の併用）と「森林所有者による林業経営」（スギ人工林600haの施業外注，同1,200haの雇用労働による経営）に区分し，両者の外注先の「民間事業体」と事業展開モデルを例示している。

2011年ビジョンの実現を担う経営主体は，2010年センサス結果から定量的に提示することができず，同「具体像」では経営主・雇用者に対する他産業並み所得の確保と間伐における補助からの脱却を前提条件に経営モデルを試算し，人工林所有者（委託者）に対する利益還元は固定資産税の3.5倍相当を見込んでいる。先に検討した『林業経営統計』の500ha以上層の経営動向とは，明らかに異なったビジョンがここでは描かれており，生産性の向上とその成果が林業事業体と現場労働者に配分されることを前提に政策構想を描く政策手法は，生産力増強計画から木材増産計画で辿った途の再来を想起させる。

森林・林業基本法の制定を契機に森林施業計画の作成主体に森林所有者以外に森林組合等も追加され，森林所有者との施業管理委託契約の締結が全国的に拡大した。林野庁経営課『森林組合統計』では，2005年度の長期施業受託事業の実施組合は178組合，受託面積は70.4万haに増加した。森林組合の実施事例をみると従来から「経営受託契約」を締結している場合も施業実施の際は，その都度，森林所有者から確認をとっているのが通例であり，長期施業受託や経営受託においても経営上のリスク負担や樹種・品種の選択，主伐時期や方法，収穫物の処分権や資金管理等の経営上の最終的意志決定は委託者に帰属し，経営受託と明確に規定できる事例は確認できなかった（志賀和人・成田雅美編著（2000），207～255頁）。2006年度以降の森林組合統計では，長期施業・経営受託事業の実施組合数と契約面積に代わって，施業計画樹立の実施組合数と樹立面積を把握するようになり，全国的な森林組合の「長期施業受託」や「経営受託」実績の把握も不可能になった。

現時点の森林経営計画の「経営」は，「森林の施業及び保護」の委託を意味し，「『林業経営』や『企業経営』など利潤追求の『経営』ではない」（准フォレスター研修基本テキスト（2013），95頁）と説明され，林野庁の示した森林経営委託契約書（雛形案）も「森林の施業及び保護の委託」を契約書の必須記載事項としているに過ぎない。「森林経営計画」は，計画対象森林に対する統一的方針に従い生産経済を継続的，組織的に行う経済単位としての経営主体により樹立される「経営計画」ではなく，森林組合等が補助金獲得のために代行樹立する半行政的間伐材生産計画であり「資源計画」としての主伐・再造林の統制機能にも大きな限界がある。

小沢今朝芳（1960）『国有林経営計画提要』では，「経営計画とは，いわゆる保続作業か，これに近い形態の林業が長期の見通しのもとに行う総合的な計画だといえよう。以上の概念からすると，森林計画そのものは，林業計画ではあるが経営計画とはいえないし，また経営計画のあるのは国有林で，民有林では，今のところ大規模な私有林か，会社有林あるいは公有林にみられるだけである」（72頁，括弧内の説明は省略）とされているが，林野技官の森林経営と経営計画に対する基本認識は，50年を経過して大きく後退した。

信託事業は，1951年森林法制定の際に絶対的必須事業として導入されたが，1990年度まで実施例がなく，林野庁の信託の森林等パイロット事業の導入を契機に長野県上伊那森林組合（当時は伊南森林組合）と京都府宮津地方森林組合（当時は伊根町森林組合）が不在村者所有林と財産区有林を対象に初めて実施された。2007年度以降，広島県三次地方，島根県飯石森林組合などがこれに加わり，利用間伐による信託収益の分配も開始されたが，2012年度の実施組合は9組合226件1,127haに過ぎない。河方智之・可児政司（2015）では，2011年から岐阜県可茂森林組合による御嵩町有林236haの経営信託契約を締結し，毎年継続的に利用間伐による収益が実現されている事例も紹介されているが，なお「小規模分散的所有構造の克服」や「所有と経営の分離」を推進する手法として，飛躍的に拡大していく展望を描くことは当面，現実的ではない。

第3節　中小規模私有林と森林共同組織

1　森林共同組織の諸形態

森林共同組織は，志賀和人（1995）で分析したように地域森林管理組織（森林の共同利用・管理）や経済組織（木材の共同販売，価格交渉，協同組合としての事業展開），制度・政策形成や執行過程の支援組織（利益代表として政策形成への関与，制度・政策の普及・指導）としての側面を持つ社会経済組織として，世界的に広く存在している。

森林共同組織は，組合員の性格から森林所有者を組合員とする共同組織，林業労働者を組合員とする共同組織，その他の共同組織に区分できる。森林所有者を組合員とする共同組織は，欧州諸国など中小規模私有林の多い育成林業先進地域に多く，最も一般的存在といえる。労働者協同組合は，インドとカナダの事例が知られ，両者とも州有林の事業に依存し，協同組合の発展にとって州政府の地域政策や州有林との関係が組織化の契機となっている。その他の共同組織には，韓国の山林組合や開発途上国の集落組織がある。韓国の山林組合は，山林組合法に基づき1.7万の山林契（地区内に居住する山林所有者と非山林所有者の世帯主が構成員）－山林組合－山林組合中央会・9道支部から構成されていたが，1988年に治山緑化計画が完了し，1993年に山林組合法に代わり林業協同組合法が成立し，森林所有者を組合員とする林業協同組合に再編された。

森林所有者を組合員とする共同組織は，組織の性格と主な事業分野から北欧の木材の生産販売，加工事業を中心とした大規模な経済事業を展開する森林所有者協同組合と西欧諸国の木材の共同販売を主体に購買・指導事業などを小規模な共同組織で実施している森林共同組織の2類型に区分できる。後者はドイツ連邦森林法に基づく林業的連合（Forstwirtschaftliche

Zusammenschlüsse），フィンランドの森林管理組合法による森林管理組合（Forest Management Association）など特別法に基づく半政府機関として，森林施業や森林資源の造成に関する指導，普及や共同販売を行っている。北欧の森林所有者協同組合は，フィンランドは当初からメッツア・グループのみの全国単一組織であるが，スウェーデンは全国4組合，ノルウェーは8組合に素材生産，林産加工事業の拡大に対応した合併が進められた。

スウェーデン，フィンランド，ノルウェーでは，1910年代から1930年代に中小規模森林所有者を組合員にした協同組合が農業協同組合運動の一翼を担い誕生し，第2次世界大戦後，大規模な林産加工会社を系列下におき，木材生産，加工事業を拡大し，行政から独立した総合林業・林産企業として発展した。スウェーデンのソドラ（Södra）とフィンランドのメッツア・グループ（Metsä Group）は，そのトップランナーとして，両国の林業・木材産業を牽引した。両グループの素材生産量は，日本全体の素材生産量2,000万m^3弱と同程度であり，製材・集成材・合板，紙・パルプ製造などの事業規模も日本の主要企業を凌駕している。

ソドラとメッツア・グループは1990年代以降，総合林産企業としての多角的事業展開と国際化を推進し，従業員数と売上高を急速に拡大した。2000年代後半になると素材生産・製材部門では営業利益が生み出せず，紙パルプ部門の経営も厳しさを増している。スウェーデン南部の私有林所有者を組合員とするソドラは，組合員所有森林面積237万ha，組合員5.1万人，木材生産1,700万m^3，製材加工138万m^3，パルプ生産191万トン，住宅建築350棟の事業実績を持つ。2011年度の営業利益10億SEKはパルプ部門（Södra Cell）から生み出され，森林（Södra Skog）や木材部門（Södra Timber）が利益の源泉ではない。

フィンランド全域の私有林所有者13万人を組合員とするメッツア・グループは，2012年度事業実績が素材2,112万m^3，パルプ347万トン，紙・ティシュ1,378万トン，製材・プライウッド440万m^3であるが，グループ従業員の55％，売上高82％，原料34％をフィンランド国外に依存している。売上高は2005年をピークに減少し，一時3万人を超えていた従業員数は1.9万人に落ち込み，営業利益も紙パルプ80％，木材生産4％，製材3％，その他13%と紙パルプ部門の収益力に大きく依存している。

2016年森林・林業基本計画では，日本が「効率的な林業生産や木材の加工・流通が行われ，林業及び木材産業が裾野の広い産業クラスターを形成している欧州諸国等の取組を参照しながら，…林業の採算性の向上，木材加工・流通の効率化，新たな木材製品の開発，木質バイオマスのエネルギー利用等を促進していく必要がある」（5頁）としているが，「欧州諸国等の取組」と日本の林業・木材産業の企業実態の差異が正しく認識される必要がある。

2　森林組合制度と森林組合論

日本の森林組合制度は，1907年森林法による制度創設と1939年森林法改正による組織体制の整備，1951年森林法による協同組合化，1978年森林組合法による単独立法化を画期としている。1907年森林法により任意設立，強制加入制の造林，施業，土工，保護の4種組合が発足し，大正期に施業組合，昭和期に土工組合の設立が拡大した。この段階の森林組合は，林道・造林補助金の受け皿として概ね集落単位に設立され，昭和期の1組合平均の森林面積は900町歩であった。

戦時体制下の1939年森林法改正により森林組合制度は強制設立，強制加入制の施業直営組合と施業調整組合に再編された。地方長官の強制設立命令権が法的に規定されたことにより，市町村を単位とした全国的組織化が進展した。組合員数や組合員所有面積は現在の水準に近づき，施業案編成のための技術員設置に対する給与補助により専従職員が設置され，連合会組織が設立された。

島田錦蔵（1941）『森林組合論』は，1939年森林法改正が構想されるなかで，島田の博士論文として執筆された。森林組合の結合の根拠を「一定地域内に森林を所有すると云う事實が組合結合の條件となり，物を通しての人の結合である」（92頁）点に注目し，「村落協同體の森林用益」に端を発し，林業の経営経済的本質から組合員の経済の助長より，森林の改良そのものに重点が置かれることに森林組合の統制団体としての公共性を指摘した。

戦後，森林組合制度は1951年森林法により加入脱退の自由な協同組合原則に基づく組織に改められ，施設組合と生産組合の2形態に再編された。1978年森林組合法の成立により森林法から森林組合制度を分離し，施設組合を森林組合とし，生産組合は生産森林組合に改称した。以上の明治期から1970年代までの森林組合制度と事業活動に関しては，森林組合制度史編纂委員会（1973）に歴史的資料が網羅されている。

森林組合論は，1970年代から80年代に多くの実態調査や事例研究が公表されたが，以下の通り通説の形成に至っていない。九州大学を中心とする農民・山村振興視点からの研究では，笠原義人（1975）の組合員の圧倒的多数を占める小規模零細林家の「農民的育林生産者」の組織する協同組合としてこれを理解する見解や，深尾清造（1985）の組合員の協同組合意識の希薄性と階層性から民主的規制の限界を指摘し，農民的農林複合経営との関係を重視した自治体施策に沿った組合運営の実現を重視する見解を基調としている。

一方，京都大学を中心とした機能論的視点からの研究では，船越昭治（1975）が「森林組合資本」の限界性を指摘し，その生産力的基礎を地域との関係に求め，集落機能の主要部分を協同組合の属性におきかえ，林業の機能組織として編成したものとして理解し，「森林所有の地域化」を提起している。森田学（1977）は，地域林業構造における客観的機能分析の重要性を強調し，直接生産に当たる作業班が労働力支出者に止まらず，専門的な技能集団として，生産管理機能を持つ必要性を指摘した。泉英二（2003）は，森林・林業基本法の制定による林政改革との関係で，現在の森林組合を協同組合に純化した「森林所有者協同組合」と公的性格を付与した「森林整備組合」に組織的に分離し，作業班・現業職員の民間事業体化を提言している。

全国森林組合連合会の役職員経験者では，協同組合運動論の視点から田中茂（1982）は，森林利用の森林組合への集中による協同組合資本の形成自体のなかに新たな林業生産力と安定的地域労働市場創出の可能性を求めた。小川三四郎（2007）は，石見尚・菊間満の労働者協同組合論を継承し，対極的に地域協同組合への再編と労働者協同組合運動の展開に期待している。

志賀和人（1995）は，先に述べた森林共同組織の国際比較と林業構造・制度分析からその存在形態と成立基盤から北欧型の木材生産，加工過程を中心とした協同組合と西欧型の家族農林業経営の維持政策を背景とした小規模な森林共同組織の２類型を検出した。日本の森林組合は，西欧型の森林共同組織として成立する農林業，山村地域政策も持ち得ず，両者の中間的な「地域林業請負資本」として存在するとし，農民的な林業経営の定着も林業資本による生産過程の掌握も円滑に進み得ない点に現段階の民有林の生産構造の特徴をみている。

3　中小規模私有林と山村問題

本章では中小規模林家や素材生産業と森林経営を峻別し，一定規模の保有山林を基盤に連年生産を展望できる経営を森林経営として，その現状と経営事例を検討した。最後に中小規模私有林の性格理解と山村問題との関係を簡単に検討する。なお，第３章では別途，林家経営論としての視点から中小規模森林所有者の位置づけが行われている。

横尾正之（1961）『解説 林業の基本問題と基本対策』は，当時の林野庁調査課長（事務官）による「林業の基本対策と基本問題」答申の解説書である。そこでは「近年における林業経営の動向からみれば，林業経営の担い手として，農家による家族経営を従来より以上に高く評価すべきである」として，「家族経営の合理化を促進するためには，協業（協業組織及び協業経営）について新らしい制度的措置を考究する必要がある」（242 ～ 244 頁）とした。

紙野伸二（1960）『農家林業の経営』は，「小規模林業経営論への手がかりを示す」ことを研究課題に農家による林野利用と林業生産の展開，農家林業の経営的性格と農家林業問題の所在を検討し，農家林業の経営的性格に関する総括として，農用林的利用段階，農家林業的生産段階（副次部門－予備的目的－投入間断対生産間断－資本改善増大），農家林業的経営段階（主要部門－取引的目的－投入継続対産出継続－資本完成）を想定し，「理想型としての発展段階的経営類型を類型化することによって，経営改善のための問題点をさぐり出すことができる」（156 頁）とした。中小規模林家の動向は，農家林業的生産段階の途中で投入と生産の縮小や管理放棄が進行し，経営段階への移行は困難であったが，それを単なる外部環境の変化の結果とみるか，農家林業自体の性格と農林業構造問題を超えた日本の都市・山村関係と中小規模林家が生活する農山村地域問題の一環と考えるかで，中小規模私有林の位置づけは大きく異なることになる。

岡橋秀典（1997）『周辺地域の存立構造』は，中心・周辺論に基づく「周辺地域論」に依拠した現代山村の形成と展開を分析し，「結果として，山村といえども，経済的に農林業の生産だけではなく，むしろそれ以上に工業や建設業，さらには第３次産業といった産業部門の全国的な地域的分業体制の中に位置づけられ，その一端を担うようになった。…経済的な側面だけでなく政治的にも中央支配的なシステムへ山村が統合され，『中心地域』に従属する『周辺地域』として山村は編成替えされてきた」（３頁）と指摘している。

こうした視点から基本政策における「中小規模私有林の施業集約化」と対極にあるスイスの私有林の現状を示すとスイスの私有林所有者と所有面積は，23.9 万人・32.7 万 ha（平均所有規模 1.4ha）であり，1980 年代に小規模林地の「森林統合」が連邦補助により行われてきたが，連邦森林法の成立による補助制度改革により 1993 年以降，費用対効果の観点から森林統合は廃止された。隣接する森林経営への私有林の委託管理や森林経営組合への参加も一部で行われているが，それはあくまで公共的森林を基盤とする森林経営を核としており，経営組織を持たない私有林を集約化し，行政施策を梃子に「経営」を形成するといった無謀な施策は実施していない。

スイス連邦環境森林景観局が 2002 年に 1,322 人を対象に実施した私有林所有者調査によると 3 ha 未満の所有者が 57％を占め，無回答 29％を加えると 85％に達する[10]。所有者の主業は「農林業・木材業以外」や「年金」，「農業」の比率が高く，所有山林は日本と同様に経済的に「収入源ではない」が 55％，「赤字」25％，「わずかな収入源」は 16％と大半は所有山林を収入源としていない。スイスと日本の決定的な相違点は，スイスは私有林所有者が所有林の近隣に居住し，現在も自家労働による作業と木材生産を継続している点である。家と所有林の距離は，１km 未満 36％，１～５km 37％，６

～10km10％と10km以下が83％を占め，最近，所有林に行ったのは１月以内55％，１年以内27％と所有者と森林の関係が密接である。所有林の作業も自家労働53％，外部委託13％，自家労働と外部委託９％と自家労働による作業が継続され，作業者が「いない」は17％に過ぎない。

この背景には，日本とスイスの農山村地域の人口動態と産業構造の違いが決定的である。スイスの2000～2005年の人口増加率は，山岳地域0.7％増に対して，その他地域も0.7％増と変わらず，同2005～2008年では山岳地域0.7％増に対して，その他地域1.2％増であり，住民の高齢化率（65歳以上/20～64歳人口）も山岳地域27％に対して，その他地域24％と大きな差がない。山岳地域の産業別就業人口は，第１次産業８％，第２次産業42％，第３次産業50％であり，スイス平均の同３％，33％，64％と決定的な差は少ない。中小規模私有林の管理問題は，山村問題がその基礎にあり林業経営問題としての側面は限定的である。

日本の森林・林業基本政策では，中小規模私有林を対象とした「集約化による利用間伐の推進と素材の大量安定供給」を重点施策に掲げたが，この戦略は中小規模私有林の位置づけや日本の山林保有構造の多様性を軽視し，ドイツ語圏諸国における保続経営の成立基盤や北欧諸国における森林所有者協同組合の事業基盤や経営対応と比較し，2000年代以降の国際的な制度・政策と市場経済動向に対する対応として，大きな限界性を内包している。村嶌由直・荒谷明日兒編著（2000）『世界の木材貿易構造：〈環境の世紀〉へグローバル化する木材市場』は，1990年代半ばまでの世界の木材貿易構造と生産の担い手，木材産業の現状を明らかにしているが，それ以降の包括的な分析は行われておらず，日本の林業・木材産業の国際的視点から位置づけと分析の展開が期待される。

参照文献（第2章）

志賀和人・成田雅美編（2000）『現代日本の森林管理問題：地域森林管理と自治体・森林組合』（施業経営管理と公共的管理を統合した現代日本の森林管理問題の実態分析）
村嶌由直・荒谷明日兒編著（2000）『世界の木材貿易構造：〈環境の世紀〉へグローバル化する木材市場』（1990年代半ばまでの世界の木材貿易構造と生産の担

い手，木材産業の現状分析）

F. Schmithüsen, B. Kaiser, A.Schmidhauser, S. Mellinghoff, K. Perchthaler, A. W. Kammerhofer（2014）Entrepreneurship and Management in Forestry and Wood Processing：Principles of Business Economics and Management Processes.（ドイツ語圏諸国の研究者による林業・木材産業の制度・経営分析）

注

(1) 日本の木材生産＝林業という定義に対して，スイスは1980年代から「林業は林産物と公益性給付に対する持続的な人類の要請を満たすことができるような状態に森林生態系を維持することにより方向づけられた人類の活動である」（H.Steinlin（1984），S.82）とする林業概念が示されている。

(2) 佐々木高明（1972）『日本の焼畑』，香月洋一郎（1995）『山に棲む：民俗誌序章』（高知県大豊町の山村集落の暮らし），赤羽武（1970）『山村経済の解体と再編』（木炭生産の構造と展開過程），池谷和信（2004）『山菜採りの社会誌：資源利用とテリトリ』，篠原徹編（1998）『現代民俗学の視点　第1巻 民俗の技術』（炭焼き・焼畑・養蜂・狩猟・雪堀りの技能とマイナー・サブシステンス）を参照。

(3) 自然公園区域内における森林の施業について（1959年都道府県知事あて国立公園部長通達）では，第1種特別地域は原則禁伐とし，風致維持に支障のない場合に限り単木択伐法を行うことができ，第2種特別地域は択伐法によるものとし，風致の維持に支障のない限り，皆伐法によることができ，その場合の伐区は2ha以内としている（環境省自然環境局国立公園課（2011）『自然公園実務必携』）。

(4) 以上の（目標）施業区分別森林面積は，必ずしも施業方法による区分と解釈することはできず，国有林の育成複層林には「生産力増強期」の拡大造林による不成績造林地が放棄され，複層林施業を実施せずに「育成複層林」化した林分も含まれている。施業技術や樹種特性は，渡邊定元（1994），森林施業研究会編（2007）を参照。

(5) 造林補助事業実施要領により事業の実施主体に関して，「経営する森林面積が500haをこえる個人または会社」と「都道府県又は市町村が人工造林を行うとき」を「保安林等造林および農林漁業金融公庫の融資が受けられない場合」以外は補助対象から除外されていたが，同事業の導入を契機に補助対象とした。

(6) 黒田は池内信行（1949）『経営経済学史』の「経済学の本質がいかにきめられるにしても，その本質をたしかめるものは所詮生活実践の問題であり…人間の社会的生活を問うもろもろの学問は，元来生活実践の要求にもとづいて生れ，且つ生長するものであって，生活領域における分化にねざしてその動向は規定される」との見解を引用し，その世界観を敷衍している。

(7) 不動産登記法上の地目は，山林と保安林，原野に区分される。FAOの森林資源調査では樹木の樹冠投影面積が地表の10%以上を占める0.5ha以上の土地を森林としている。スイスなど林地転用を厳格に規制している国では，森林と非森林を明確に判断できる定義を定め，例えばカントン・ベルン森林法では，a.林縁帯を含めて面積が800㎡以上，b.幅が12 m以上，c.年齢が20年生以上の林木の集団を森林としている。

(8) 林業サービス事業体等への事業の委託者として国有林・森林整備センターは大きな比重を占めているが，農林業経営体調査の実査対象となっていない。林業構造の全体把握の観点から農林業経営体調査の調査対象に国有林・森林整備センターも加える必要があるが，その際は国有林の経営単位と経営主を林野庁が森林管理局，森林計画区，森林管理署のどの単位で把握し，統計表象するか，その基準は国有林・民有林を通じた林業経営体の概念及び外形基準と整合性を保つ必要がある。

(9) 最近の研究では，岡裕泰・石崎涼子編著（2015），日本林業経営者協会編（2010），石井寛・神沼公三郎（2005）がある。再生プラン検討委員の代表的見解は，相川高信（2010），梶山恵司（2011），岡田秀二（2012）を参照。

(10) Bundesamt für Umwelt, Wald und Landschaft（2005），S.19-30.ドイツに関しては，O.

Depenheuer・B. Möhring（2010）を参照。

参考文献

和田國次郎（1935）『明治大正御料事業誌』林野會
帝室林野局（1939）『帝室林野局五十年史』帝室林野局
島田錦藏（1941）『森林組合論』岩波書店
林野庁経済課編（1951）『森林法解説』林野共済会
北海道編（1953）『北海道山林史』北海道
北海道編（1953）『北海道有林 50 年史』北海道
古島敏雄編（1955）『日本林野制度の研究：共同体的林野所有を中心に』東京大学出版会
福本和夫（1955）『新・旧山林地主の実態』東洋経済新報社
島田錦蔵（1958）『公有林野の管理制度に関する研究』公有林野調査会
川島武宜・潮見俊隆・渡辺洋三編（1959，61，68）『入会権の解体 Ⅰ・Ⅱ・Ⅲ』岩波書店
林業発達史調査会編（1960）『日本林業発達史 上巻：明治以降の展開過程』林野庁
紙野伸二（1960）『農家林業の経営』地球出版株式会社
秋山智英（1960）『国有林経営史論』日本林業調査会
小沢今朝芳（1960）『国有林経営計画実務提要』日本林業調査会
横尾正之（1961）『解説 林業の基本問題と基本対策』農林漁業問題研究会
中村三省（1961）「バイエルン国有林の森林施業案について」『林業試験場研究報告』128
阿部正昭（1962）『大山林地主の成立：商人資本による山林所有の形成過程』日本林業調査会
黒田迪夫（1962）『ドイツ林業経営学史』林野共済会
潮見俊隆編（1962）『日本林業と山村社会』東京大学出版会
農林大臣官房総務課編（1963）『農林行政史 第５巻』農林協会
笠井恭悦（1964）『林野制度の発展と山村経済』御茶ノ水書房
倉沢博編著（1965）『林業基本法の理解：これからの林業の道しるべとして』日本林業調査会
黒田久太（1966）『天皇家の財産』三一書房
熊崎実（1967）「林業発展の量的側面：林業産出の計測と分析（1879 ～ 1963）」林業試験場研究報告 201
山村振興調査会編（1967）『日本の山村問題』東京大学出版会
森林組合制度史編纂委員会（1973）『森林組合制度史 第１巻～第４巻』全国森林組合連合会
渡辺洋三編著（1974）『入会と財産区』勁草書房
飯田繁（1975）『造林：その歴史と現状』林業経営研究所
笠原義人（1975）「現代日本森林組合論序説」『九州大学農学部演習林報告』49
船越昭治編著（1975）『森林組合の展開と地域林業』日本林業調査会
筒井迪夫（1976）『社会開発と林業財政』宗文館書店
ヨセフ・ケストラー（1976）『資本主義と林業』日本林業調査会
Paul A. Samuelson（1976）Economics of forestry in an evolving society, Economic Inquiry.14.
半田良一編著（1979）『日本の林業問題：紀伊半島における林業の展開構造』ミネルヴァ書房
林政総合協議会（1980）『日本の造林 100 年史』日本林業調査会
藤田佳久（1981）『日本の山村』地人書房
半田良一編著（1981）『山村問題と山村対策』ミネルヴァ書房
地域農林業研究会編（1982）『地域林業と国有林：林業事業体の展開と論理』日本林業調査会
田中茂（1982）『日本林業の発展と森林組合』日本林業調査会
北海道山林史戦後編編集者会議（1983）『北海道山林史戦後編』北海道林業会館
平田種男（1983）『林業経営原論』地球社
Hansjürg Steinlin（1984）Forstwirtschaft und Naturschutz Spannung oder Ausgleich, Schweizerische Zeitschrift für Forstwesen 135（2）.
依光良三（1984）『日本の森林・緑問題』東洋経済新報社
筒井迪夫編著（1984）『公有林野の現状と課題』公有林野全国協議会
船越昭治編著（1987）『地方林政と林業財政』農林統計協会

赤尾健一・有木純善（1989）「最適伐期齢理論の課題と展望」『京都大学農学部演習林報告』61
大橋邦夫（1991）「公有林における利用問題と経営展開に関する研究 1：山梨県有林の利用問題」東京大学農学部演習林報告 85
大橋邦夫（1992）「公有林における利用問題と経営展開に関する研究 2：山梨県有林の経営展開」東京大学農学部演習林報告 87
山倉健嗣（1993）『組織間関係：企業間ネットワークの変革に向けて』有斐閣
赤尾健一（1993）『森林経済分析の基礎理論』京都大学農学部
渡邊定元（1994）『樹木社会学』東京大学出版会
宇田川勝・安部悦生（1995）「企業と政府：ザ・サード・ハンド」（森川英正・米倉誠一郎編『日本経営史 5 高度成長を超えて』岩波書店，所収）
深尾清造（1995）「中山間地域における農林複合経営の形成と森林組合」（北川泉編著『森林・林業と中山間地域問題』日本林業調査会，所収）
志賀和人（1995）『民有林の生産構造と森林組合：諸外国の林業共同組織と森林組合の展開過程』日本林業調査会
藤田佳久（1995）『日本・育成林業地域形成論』古今書院
船越昭治（1996）「森林組合研究にとり残されたもの」『林業経済』567
恩賜林組合編（1997）『恩賜林組合史：富士吉田市外二ケ村恩賜県有財産保護組合と入会の歴史』富士吉田市外二ケ村恩賜県有財産保護組合
保安林制度百年史編集委員会編（1997）『保安林制度百年史』日本治山治水協会
岡橋秀典（1997）『周辺地域の存立構造』大明堂
石川県林業史編さん委員会編（1997）『石川県林業史』石川県山林会
日本製紙株式会社編（1998）『続 十條製紙社史』日本製紙株式会社
地域農林業経済学会編（1999）『地域農林業経済研究の課題と方法』富民協会
村嵩由直・荒谷明日兒編著（2000）『世界の木材貿易構造：〈環境の世紀〉へグローバル化する木材市場』日本林業調査会
高橋延清（2001）『林分施業法：その考えと実践』ログ・ビー
石井寛編著（2002）『復元の森：前田一歩園の姿と歩み』北海道大学図書刊行会
米谷泰作（2002）『中・近世山村の景観と構造』校倉書房
森林・林業基本政策研究会（2002）『逐条解説 森林・林業基本法解説』大成出版
餅田治之編著（2002）『日本林業の構造的変化と再編過程：2000 年林業センサス分析』農林統計協会
泉英二（2003）「今般の『林政改革』と森林組合」林業経済研究 49（1）
池谷和信（2004）『山菜採りの社会誌：資源利用とテリトリ』東北大学出版会
木平勇吉（2004）『森林管理と合意形成』全国林業改良普及協会
石井寛・神沼公三郎（2005）『ヨーロッパの森林管理：国を超えて・自立する地域へ』日本林業調査会
Bundesamt für Umwelt, Wald und Landschaft（2005）Der Schweizer Privatwald und seine Eigentümerinnen und Eigentümer.
道有林 100 年記念誌編集委員会編（2006）『道有林 100 年の歩み』北海道造林協会
鈴木龍也・富野暉一郎編著（2006）『コモンズ論再考 龍谷大学社会科学研究所叢書』晃洋書房
Peter Weinfurter（2006）Chronik 1925-2005：80 Jahre Bundesforste Geschichte der Österreichischen Bundesforste, Öbf.
アントン・リーダー（2007）『ウィーンの森：自然・文化・歴史』南窓社
小川三四郎（2007）『森林組合論：地域協同組合の展開と課題』日本林業調査会
加藤衛拡（2007）『近世山村史の研究：江戸地回り山村の成立と展開』吉川弘文館
志賀和人・御田成顕・志賀薫・岩本幸（2008）「林野利用権の再編過程と山梨県恩賜県有財産保護団体」『林業経済』61（8）
小林正（2008）「森林の自然保護：森林・林業施業の制限と森林の自然環境保全法制」『レファンス』2008 年 4 月号
餅田治之・志賀和人編著（2009）『日本林業の構造変化とセンサス体系の再編：2005 年林業セン

サス分析』農林統計協会
中尾英俊（2009）『入会権：その本質と現代的課題』勁草書房
相川高信（2010）『先進国型林業の法則を探る：日本林業成長へのマネジメント』全国林業普及協会
日本林業経営者協会編（2010）『世界の林業：欧米諸国の私有林経営』日本林業調査会
Otto Depenheuer, Bernhard Möhring（2010）Waldeigentum: Dimensionen und Perspektiven, Springer.
泉留維・齋藤暖生・浅井美香・山下詠子（2011）『コモンズと地方自治：財産区の過去・現在・未来』日本林業調査会
石井寛（2011）「国有林・道有林改革と林業事業体」（志賀和人・藤掛一郎・興梠克久編著『地域森林管理の主体形成と林業労働問題』，所収）
伊藤幸男・三木敦朗（2011）「機関造林の再編と林業事業体の経営的対応：岩手県における県行造林と公社造林を事例として」（同上）
林雅秀・岡裕泰・田中亘（2011）「森林所有者の意思決定と社会関係：取引費用経済学の視点から」『林業経済研究』57（2）
山下詠子（2011）『入会林野の変容と現代的意義』東京大学出版会
榊原茂樹・菊池誠一・新井富雄・太田浩司（2011）『現代の財務管理 新版』有斐閣
梶山恵司（2011）『日本林業はよみがえる：森林再生のビジネスモデルを描く』
岡田秀二（2012）『「森林・林業再生プラン」を読み解く』日本林業調査会
神沼公三郎（2012）「北海道有林における森林管理方針の転換と新しい森林施業の特徴」北海道大学演習林研究報告 68（1）
興梠克久編著（2013）『日本林業の構造変化と林業経営体：2010 年林業センサス分析』農林統計協会
森林・林業基本政策研究会（2013）『解説 森林法』大成出版
興梠克久編著（2013）『日本林業の構造変化と林業経営体：2010 年林業センサス分析』農林統計協会
日本林業調査会（2013）『森林計画業務必携 平成 25 年度版』日本林業調査会
古谷健司（2013）『財産区のガバナンス』日本林業調査会
准フォレスター研修基本テキスト作成委員会編（2013）『准フォレスター研修基本テキスト』全国林業改良普及協会
森林総合監理士（フォレスター）基本テキスト作成委員会編（2014）『森林総合監理士（フォレスター）基本テキスト』全国林業改良普及協会
泉留維・齋藤暖生（2014）『コモンズと地方自治：財産区の過去・現在・未来』日本林業調査会
三俣学編著（2014）『エコロジーとコモンズ：環境ガバナンスと地域自立の思想』晃洋書房
佐藤宣子・興梠克久・家中茂（2014）『林業新時代：「自伐」がひらく農林家の未来』農山漁村文化協会
岡部保信（2014）「育成林業後進地における大規模森林経営の展開と資金循環」『林業経済』66（11）
山下詠子（2015）『入会林野近代化と生産森林組合：林業基本法 50 年を事例に即して検証する』大日本山林会
藤掛一郎（2015）「育林経営による立木供給行動のモデル分析」（餅田治之・遠藤日雄編著（2015）『林業構造問題研究』日本林業調査会，所収）
遠藤日雄（2015）「近代化と日本の森林・林業・木材産業構造」（同上）
山田茂樹（2015）「1990 年代以降のわが国林業構造の変貌」（同上）
箕輪光博・船越昭治・福島康記ら（2015）『「生産力増強・木材増産計画」による国有林経営近代化政策の展開を現代から見る：増補』農林水産奨励会
中尾英俊・江渕武彦編著（2015）『コモンズ訴訟と環境保全：入会裁判の現場から』法律文化社
菊間満（2015）「所有者主義と『規模の経済』に束縛された林業基本法と林政」『林業経済』68(8)
河方智之・可児政司（2015）「森林信託の実践：可茂森林組合と御嵩町の取組み」『信託フォーラム』4

第3章　林業担い手像の再構成

第1節　林家経営論の再構成

1　林家の歴史的性格と分析視角

(1) 多様化する林業担い手像と自伐林業への注目

本章では，大規模森林経営以外に，日本林業の担い手として林家経営と林業事業体・林業労働力を取り上げる。まず，自伐林家ないし自伐林業に焦点を当てながら林家経営論の再構成を試みる（第1節）。次に，林業事業体及び林業労働力の戦後の動向と政策展開を踏まえながら，これらの基本問題を明らかにする（第2～3節）。

林家経営については，佐藤宣子・興梠克久（2006）が1950年代から2000年代初頭にかけての先行研究をレビューしている。大規模林家と中小林家に分けてレビューしていること，両者のレビューに共通する視点として「生産性」（生産力構造論），「持続性」（再生産構造論）という従来の経済学的・経営学的視点だけでなく新たに「社会性」視点を加え，社会学的及び環境倫理学的アプローチによる林家経営分析の可能性を論じたところに特徴があった（233～254頁）。

その後，林家経営は「自伐」をキーワードとして再び注目されつつある。まず，自伐林業あるいは自伐林家とは何か改めて検討しておこう。厳密に言うと，自伐林家は政府統計（農林業センサス）上の家族林業経営体とは必ずしもイコールではない。家族林業経営体には自伐林家のほか，山林を保有していない（あるいは保有していても零細規模の）家族経営形態での林業請負業，いわゆる林業一人親方も含まれるからである。例えば，2010年農林業センサスによると，3ha未満（山林保有なしを含む）の家族林業経営体においては林業作業を受託している経営体は97%なので，ほとんど林業一人

表 3-1　自伐林業の定義

自伐林家（狭義の自伐林業）	小規模分散型林業（広義の自伐林業） 中嶋健造による概念の拡張
山林を保有し，自家労働力中心で素材生産を行う世帯（自伐林家） ＊自家山林での素材生産だけでなく，他人からの素材生産請負，立木買い生産を行う者（林業一人親方 A タイプ）も含む。 ＊自家山林を保有しない，自家労働力中心の林業請負業（林業一人親方 B タイプ）はここには含まない。	個人型（専業型，副業型，ボランティア型，および林業一人親方タイプ B） 集落営林型（共有林・公有林を地域住民が管理するタイプ，中核的な自伐林家が地域の私有林の管理を受託するタイプ，団地化・施業集約化に向けての合意形成機能のみ集落が担うタイプなど） 大規模山林分散型（大規模山林を自伐林業が可能な単位に分割して管理）

資料：筆者作成。

親方と言ってよいが，家族林業経営体全体（12.6 万経営体）に対しては 1.2％（1,551 経営体）を占める程度である。農林業センサスにおける家族林業経営体は自伐林家と厳密にはイコールではないものの，それを分析することにより，自伐林家の現状を概ね把握することは可能である。しかし，以上のようなことだけでは自伐林業の定義としては不十分である。興梠克久(2015)は表 3-1 に示すように自伐林業を狭義と広義に分けて整理した（３～５頁）。

狭義の自伐林業は，山林を保有し自家労働力中心で素材生産を行う世帯＝自伐林家を指す。もちろん，保有山林の素材生産だけでなく，他人から素材生産を頼まれた部分もある林業一人親方の一部を含めても問題ない。他方，山林を保有しないで家族労働力中心で素材生産だけを請け負う林業一人親方は通常，自伐林家とは言わない。

広義の自伐林業は小規模分散型林業と言い換えてもいいかもしれない。中嶋健造編著（2015）は自伐林業の概念を大胆に拡張した。長伐期択伐施業を行っている 100ha 規模の専業型自伐林家もあれば，山林保有にかかわらず農業との複合経営や賃労働収入と組み合わせた副業型自伐林家，土佐の森・救援隊のような地元住民によるボランティア型，都市からの移住者による新規参入型など多様な形態の自伐林業があり，これらを「個人型」の自伐林業としている。

また，中嶋編著（2015）は「集落営林型」も自伐林業の１つとしている。

集落営林はさらに３つのタイプに分かれる。第１に，公有林・共有林を地域住民が自らの共同作業による管理するタイプがあげられる。たとえば，鳥取県智頭町に芦津財産区という大規模な山林（1,270ha）がある。そこでは，森林組合に施業を委託し，立木を競争入札で業者や森林組合に販売していたのをやめて，財産区の関係者のうち定年帰農した一部の人々（12人）が週３回程度集まって利用間伐などの作業を共同で行っている。第２に，中核的な自伐林家が地域の私有林の管理を一括して受託するタイプである。そのタイプの典型が，後述する静岡型集落営林である。第３に，合意形成機能のみ集落が担うタイプがあげられる。これは，団地化・施業集約化の一連の過程において，施業の実施部分については森林組合などに委託するものの，団地のとりまとめや森林管理計画の立案などは集落で話し合って決めるというものである。福井県のコミュニティー林業支援施策は，補助金を出して各集落に団地化あるいは森林管理計画の立案・合意形成機能を持たせ，実際の施業は森林組合に委託し，なかには集落関係者が自ら共同作業を行うケースもある。

さらに，中嶋編著（2015）は「大規模山林分散型」も自伐林業の１つにあげている。これを自伐林業に含めてよいのかという議論もあるが，大規模な地主的林業経営において，委託型の経営から家族労働及び直接雇用型の経営への転換（いわゆる経営の内製化もしくは直営生産化）だけでなく，広大な所有林に家族経営的な小規模の自伐林業がやれる範囲の団地をいくつか設定して，そこに家族経営的な請負班や山守（代々山守を営んできた山村住民だけでなく，都会から移住して山守に新規参入してくる者を含む）を配置して，団地ごとに彼らによる自伐林業が完結しているものを想定している。このタイプの自伐林業については本節では取り上げないが，前者は紀伊半島の大規模林家経営の内製化を研究した田中亘（2009），後者は吉野地域における「山旦那」（不在村大山林地主）の直営生産化（これを「自伐化」と表現する者もいる）の実態を報告した泉英二（2015）などが最近の研究として挙げられる。

専業型または副業型の自伐林家を育成し，新規参入を促すことによって自伐林業を広めようという動きが近年広がりを見せている。例えば，土佐の

表 3-2　林家の世代区分

タイプ	特　徴
現役世代林家	地元農林家の通常の世代交代，子供の教育にお金が最もかかる時期を迎え，農林複合経営や賃労働との兼業，林業請負業との兼業などによって収入を確保。 田園回帰による新規参入した自伐林家（山村での生業探しのため都市から移住し，受託林業に従事または山林を取得して自伐林家へ）。
定年帰農層	現役時代は他産業に従事し，定年帰農（U ターンを含む）後になってから自家山林の管理に自家労働力を投下するようになった高齢世代林家。 木の駅プロジェクトにおいて副業的自伐林家の候補者として注目され，自伐林家の裾野を広げる役割を期待される存在。
高齢世代林家	かつて現役世代タイプの自伐林家であったが，子供の教育が終わって独立し，老夫婦のみの生活に移る。 やがて子供世代が農林業経営の後を継ぐのであれば問題ないが，子供が都市部に他出し，定年になるまで帰村することが見込まれない場合は，老夫婦による自伐経営をしばらく続ける。 体力の衰え，日々の生活費は現役時代と比べて少ない，子供からの仕送りや年金収入の存在などもあって，自営農林業を縮小または外部委託，年金主体の家計を農林業収入で補完。

資料：興梠克久（2015）「自伐林家の『責務』と『楽しみ』」『国民と森林』132，2 ～ 6 頁。

森・救援隊（2003 年設立）や全国展開する木の駅プロジェクト（2009 年～），興梠（2014）が紹介している 1990 年代後半以降に静岡県で広く見られる自伐林家グループ活動（106 ～ 116 頁），2014 年に設立された「持続可能な環境共生林業を実現する自伐型林業推進協会」（自伐協）の活動などである。これらの動きから自伐林業の存在形態は先述のように個人型，集落営林型，大規模山林分散型に分けられるが，そこで生産の担い手となっているのは自分または家族労働力中心で育林・伐出を行う個人（自伐林家または個人林業請負人，地域住民，ボランティアなど）やそれらの共同作業である。このうち自伐林業の中核をなす自伐林家に着目すると，現役世代と高齢世代の 2 つのタイプが存在している（表 3 -2）。

現役世代タイプは，子供の教育にお金が最もかかる時期を迎え，農林複合経営や賃労働との兼業，林業請負業との兼業などによって収入の安定確保を図る必要がある。しかし，彼らは自家山林に経済的価値ばかりを追求するかといえばそうでもない。佐藤宣子（2014）は，地域森林資源の活用や地域活性化方策について考えるとき，地域内に中核的な専業的自営農林家が存在し，その自営農林家の持っている「山村社会での役割」に期待することが重要だと述べている。すなわち，彼らの農林業生産力だけに着目するのではなく，彼らが率先して集落外で地域振興に係る諸活動に従事したり，集落外とのネットワークあるいは集落内部でネットワークを構築し，内外に向けて情報を発信する役割を果たし，農林地の保全のための様々な活動を積極的に行っていること，地域のアイデンティティの確立，地域振興の人材育成，地域文化の保全などにも大切な役割を果たしていること，これら「山村社会での役割」に注目すべきであるとしている[(1)]。

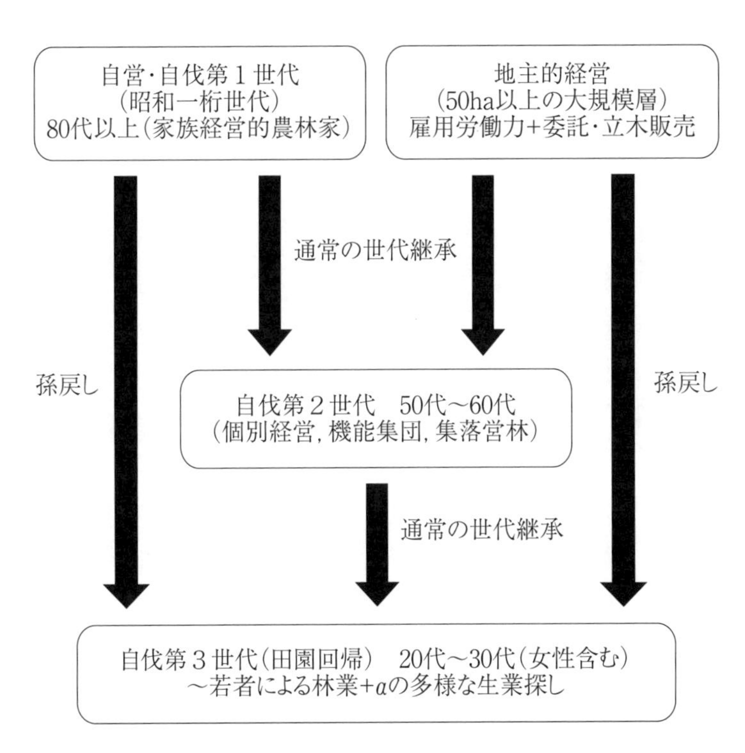

図3-1　自伐第１・第２世代から自伐第３世代への継承

資料：佐藤宣子(2015)「広がる若手の『自伐型林業』」(自伐協設立１周年記念シンポジウム報告資料)に一部加筆。

注：「孫戻し」は祖父母から孫へ１世代飛ばした継承。詳しくは，岩元泉（2015）『現代日本家族農業経営論』農林統計出版。

また，佐藤（2014）は，50〜60代の現役世代（「自伐第2世代」）だけでなく，近年の「田園回帰」の動きのなかで都会から山村に移住して自伐型林業に取り組む若者や，地元住民の若者で父母または祖父母から自営林業を継承する者にも注目し（「自伐第3世代」），新しいタイプの林業担い手として期待を寄せている（図3-1）。彼らの一部は，「先祖の山守り隊」を2014年に結成し（前身の「次世代山暮らしを考える会」は2011年に結成），自伐林業を柱にした山村での多業的暮らしを模索，外部へ発信し，注目を浴びている(2)。

一方，高齢世代タイプの自伐林家は，現役時代は他産業に従事し，定年帰農（Uターンを含む）後に自家山林の管理に自家労働力を投下する林家と，かつて現役世代タイプの自伐林家であった高齢世帯林家の2種類がある。前者の定年帰農層は，木の駅プロジェクトなどの自伐林業を広めようとする運動において副業的自伐林家の候補者として注目される場合も多く，自伐林家の裾野を広げる役割を期待されている。

後者の高齢世帯林家は，子供の教育が終わって独立し，老夫婦のみの生活に移り，やがて子供世代が農林業経営の後を継ぐのであれば問題ないが，子供が都市部に他出し，定年になるまで帰村することが見込まれない場合は，老夫婦による自伐経営をしばらく続けることになる。しかし，体力の衰え，日々の生活費は現役時代と比べて少なくて済むこと，子供からの仕送りや年金収入の存在などもあって，自営での農林業生産を縮小し，あるいは生産を外部に委託し，年金主体の家計を農林業収入で補完することが多い(3)。このような高齢世代タイプの自伐林家は，現役世代タイプに比べれば林業生産力が低下していることは否めないが，佐藤（2014）が指摘する「山村社会における役割」を果たしていることが多く，ライフステージの移行に伴って農林業経営の内実がどのように変化し，どのように森林管理意欲を維持しうるのか，そして「山村社会での役割」もしくは森林所有者としての「責務」をいかに果たし得るのか，という複眼的な視点からの評価が重要である。

(2) 林家経営の歴史的性格

興梠（2014）は，林家経営論の展開とそれに基づく実証的な統計分析により，林家経営の歴史的性格を整理しようとした（85 ～ 101 頁）。

林家経営の分析は，その階層性と地域性に着目して進めることが重要である。なぜなら，林業においては雇用労働力に依拠し地代・利潤追求的な大経営と，家族労働力に依拠し林家所得（＝林業所得＋自家労賃）を追求する小経営が併存し，林業生産活動を規定する諸要因（自然的制約条件や造林の歴史，土地所有制度，地域労働市場の展開，農業経営の形態など）には地域的差異がみられるからである。

林業における地域性分析軸として，①林業先進地・新興地・後進地の区分（人工林資源構成と造林の歴史を反映した地域性指標），②土地所有制度を反映した地域性指標（例えば，国有林地帯，民有林地帯），③家族構成に注目した区分（多世代型の東日本，単世代型の西日本），④地域労働市場の展開度（兼業化が深化した地域，労働市場が狭隘で兼業化が遅れているあるいは兼業化しつつある地域，あるいは通勤兼業型，出稼ぎ型，挙家離村型という伝統的な過疎山村類型区分），⑤立地に注目した区分（山間・中間・平地・都市的地域），⑥施業体系に注目した区分（木材需要への対応如何と成長の早さ，自然災害の多寡などを反映して，長伐期地帯，短伐期地帯），⑦農業生産構造（農林複合経営が広汎に形成されている地域，稲作または畑作単作農業地帯，あるいは農家・非農家別など）などがあげられる。特に①や④が林家経営の分析軸に多く用いられてきた。この①と④の分析視角をもって林業センサスなどの統計を用いて戦後から昭和期までの林家経営の動向を整理すると図 3-2，図 3-3 の通りである。

雇用労働力に基づく大規模林家は，長期性などの林業の特殊性や外材依存体制，森林組合を育成する林業政策などによって，資本主義的経営，つまり利潤追求的で拡大再生産を遂行する性格の強い企業的経営への発展は困難であり，土地所有へ後退することが明らかとなった。しかし，全面的に土地所有へ後退・純化しつつあるわけではなく，一部に雇用労働力を排除し家族労働力への依存を強めたり，立木販売から直営生産に転換するといった家族経営化・内製化の傾向もみられた。

一方，家族労働力に基づく中小林家が日本林業の担い手として初めて注目されたのは，1960 年の農林漁業基本問題調査会答申（基本問題答申）であ

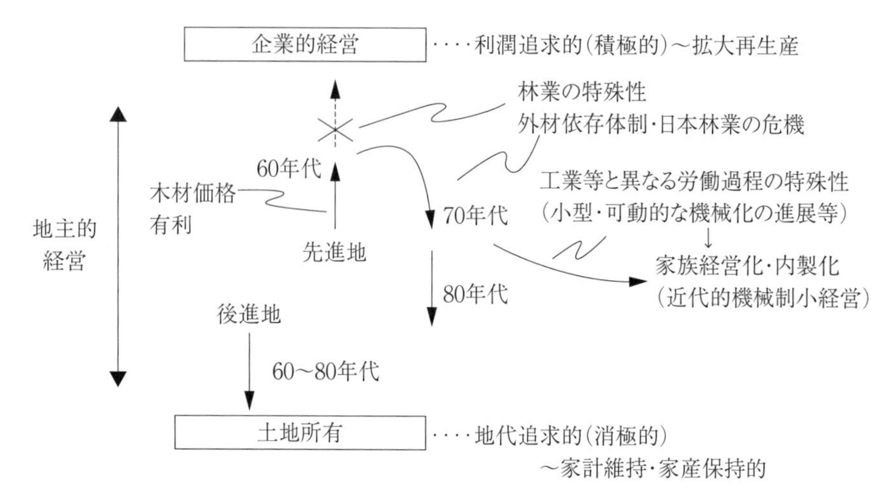

図 3-2　昭和期の大規模林家の動向
資料：興梠克久（1994）「林家経済の分析：『1990 年世界林業センサス』の分析」『林業経済研究』125，54 〜 59 頁

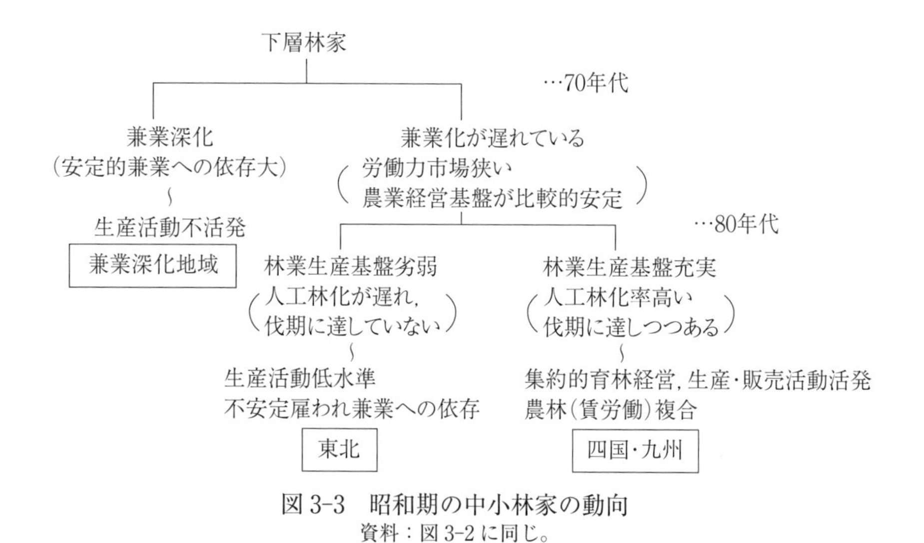

図 3-3　昭和期の中小林家の動向
資料：図 3-2 に同じ。

った。彼らは薪炭生産の崩壊の傍ら活発に拡大造林を行ったが，同答申はこうした 1950 年代の動きを見て彼らを担い手の１つとして育成すべきだとした。1970 年代以降，中小林家の評価は大きく２つに分かれた。１つは，育林資本＝利子生み資本説に基づいて，育林過程を担う山村農民の性格は土地

所有であると規定し，森林組合などの林業事業体を担い手として育成すべきだという立場である。もう１つは，農林複合経営論や小型機械化に関する議論である。昭和期の中小林家の動向を整理すると，安定的な兼業収入への依存を強めている兼業深化地域では，林地の手放し傾向がさらに強まり，生産活動も不活発であった。一方，兼業化が遅れ相対的に農業経営基盤が安定している兼業化地域では，農林家の森林保有が比較的安定していた。そのうち戦後造林地が伐期に達しつつある四国・九州では，零細層を中心に脱農林化する一方で，集約的な育林経営が行われ，木材生産・販売も相対的に活発であった。

戦後，中小林家が注目された，あるいは学会で議論された時期は大きく３つに区分できる（表3-3）。１つは1950年代後半から70年代初頭までで，この時期は拡大造林の担い手として，農民的林業が高く評価され期待された。彼らは農林複合経営を確立させて拡大造林を進め，育林を家族労働で担っていた。また，政策的にも彼らは林業労働力の供給源としても期待され，それは農家の次男・三男だったり，世帯主も農閑期には林業労働者として働き，農林複合経営に賃労働を結合させた経営を展開させていた。

第２の波は，1980年代から90年代前半で，中小林家論が「再燃」(4) した時期である。小型林業機械，主に林内作業車を使った自伐による間伐が広くみられるようになった。その背景には，戦後造林木が成長し間伐期を迎えるなかで，国が林業構造改善事業を通じて，森林組合に小径木加工工場を設置し，流域単位あるいは市町村単位に産地形成を図った。そういう背景（つま

表3-3　戦後中小林家への着目

時期区分	主な特徴，論点
第１の波（1950～70年代）	拡大造林の担い手 育林経営の安定化としての農林複合経営 林業労働力の析出基盤
第２の波（1980～90年代前半） 「再燃」	小型機械による間伐材の自家伐出（自伐）
第３の波（1990年代後半以降） 「再々燃」	自伐林家の組織化と地域森林管理 バイオマス利用と自伐林業の拡大

資料：筆者作成。

り販売面の環境整備）があって，自伐林家が注目されるようになった。

第３の波は，「再々燃」ということで主に2000年代になるが，これには２つの大きな流れがある。１つは，自伐林家が個別経営を発展させる基盤としての組織化・グループ化やその先の運動展開としてみられる集落営林論，もう１つは，林地残材のバイオマス利用を通じて，土佐の森・救援隊方式あるいは木の駅プロジェクト方式による自伐林業運動が盛んになったことである。後者は定年帰農や都市部からの移住者，地元住民のボランティア活動など，新たな主体形成を伴っている点が特徴である。

(3) 林家経営の分析視角

1990年林業センサスまでは調査項目も比較的充実していたので，林家経営の階層性，地域性に着目した持続性，生産性の視点からの分析が可能だったわけだが，2000年代以降は国の統計改革のもとで林業センサスの仕組みが抜本的に変わるとともに，調査項目が大幅に削減されたため，こうした分析はかなり限定的にならざるを得なくなった（興梠克久編著（2013）参照）。

佐藤・興梠（2006）が整理した林家経営論における３つの視点（生産性，持続性，社会性）は，堺正紘（2002）が自伐林家の評価視点として整理した３点（①高い素材生産力，②計画的な伐採と確実な更新，③所有の枠を超えた伐採・育林活動の展開）に概ね倣っている。表3-4は３つの視点からの林家経営研究の動向をまとめたものである。

生産性には土地生産性と労働生産性がある。戦後直後から高度成長期においては主に拡大造林により土地生産性を上げた。現代であれば，機械化によって労働生産性を上げるということになる。

持続性にもいろいろな意味がある。まず，計画的な育林・伐採活動をしているかという点である。これを担保するのは本来ならば森林計画制度である。また，ここで言う持続性とは経営の持続可能性であることには違いないが，どちらかというと労働力の再生産構造の安定性（労働力再生産構造論）の意味合いが強く，経営を安定化させるには農林複合経営（賃労働も含めて）を確立する必要があることは古くから議論されている。大事なことは，定住社会あってこその中小農家林家であり，山村集落の維持が重要である。

さらに，定年帰農による森林管理も今後注目すべきであろう。

社会性の問題を最初に体系的に論じた堺正紘（2002）は，森林所有の「社会化」について，「少なくとも森林資源所有（利用）の一定の社会化，すなわち『伐らない自由・植えない自由』等の社会的なコントロール」を指摘し，その担い手像として「高い素材生産力を有し，経営内外の労働力を造林保育作業にも振り向け，伐採後の再造林を担当できる，素材生産者のような林業サービス事業体がふさわしい」としたうえで，さらに，「森林組合はもちろん，所有林の枠を超えて伐採や造林保育事業を行う能力のある『機械化林家』等も含めて考えるべき」とした[5]。

表3-4　戦後林家研究視角の変化

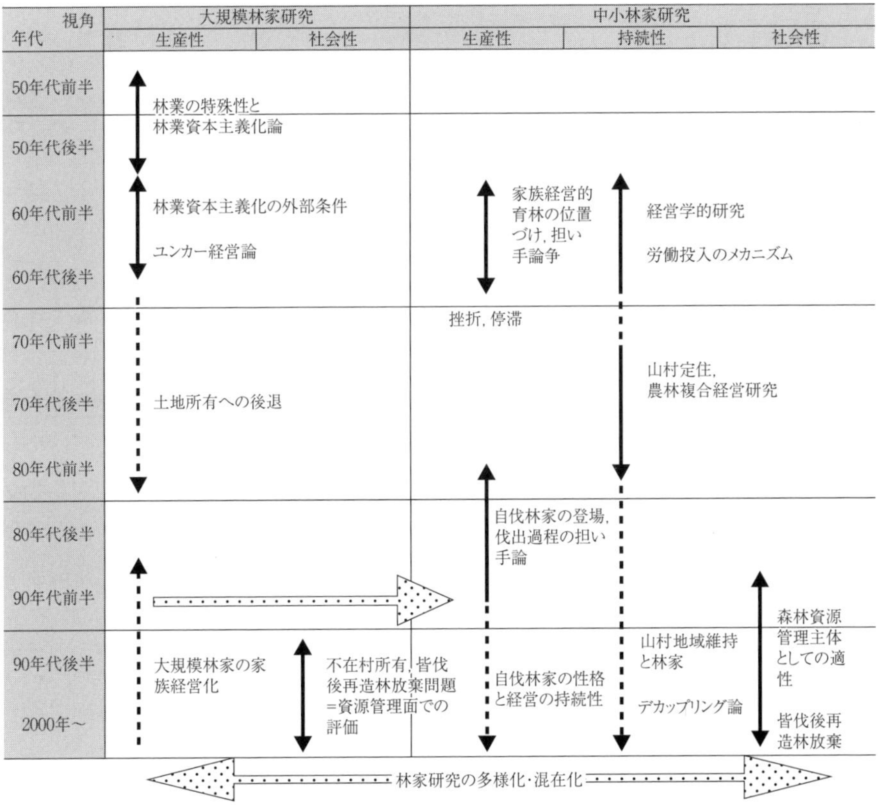

視角／年代	大規模林家研究		中小林家研究		
	生産性	社会性	生産性	持続性	社会性
50年代前半	林業の特殊性と林業資本主義化論				
50年代後半					
60年代前半	林業資本主義化の外部条件		家族経営的育林の位置づけ，担い手論争	経営学的研究	
60年代後半	ユンカー経営論			労働投入のメカニズム	
70年代前半			挫折，停滞	山村定住，農林複合経営研究	
70年代後半	土地所有への後退				
80年代前半					
80年代後半			自伐林家の登場，伐出過程の担い手論		
90年代前半					森林資源管理主体としての適性
90年代後半	大規模林家の家族経営化	不在村所有，皆伐後再造林放棄問題=資源管理面での評価	自伐林家の性格と経営の持続性	山村地域維持と林家	
2000年～				デカップリング論	皆伐後再造林放棄

林家研究の多様化・混在化

資料：佐藤宣子・興梠克久（2006）「林家経営論」林業経済学会編『林業経済研究の論点：50年の歩みから』日本林業調査会，223頁。

表3-5　2つの機械化体系の伐出（間伐）コスト

単位：円／m³

年間作業日数（日）	50日	100日	200日
小型機械化体系（林内作業車）	7,789	6,878	6,422
大型高性能機械化体系（プロセッサ等）	11,431	7,494	5,526

資料：南方康（1991）『機械化・路網・生産システム』日本林業調査会，39～63頁。

社会性には2つの意味合いがあって，環境配慮型施業を行っているかという点と，所有の枠を超えた伐採・育林作業を行っているかという点である。つまり，自伐林家が自分の所有している森林だけでなく，他人の森林についても目を配るか，集落全体の森林にも目を向けるか，そういった私的所有の枠を超えた活動を行っているかという点が重要になる。集落営林にはそういう意味合いがある。

以下，これらの3つの視点に関わって，特に注意が必要なことについて指摘しておく。

自伐林業は，伐出過程における小型機械化という形で経営が発展していく。このことは生産力の高度化という問題であるが，自家労働に転換することで高い労賃コストを節約するという効果を狙った自伐化もある。例えば静岡県の場合，労賃水準が比較的高い地域なので自伐によって高い労賃を節約できるという効果があり，静岡県は1999年度に「低コスト林業への2つの道を目指すべき」とした報告書を作成している[(6)]。静岡県では森林組合を中心に高性能林業機械を使った集約化施業を推進しているが，それだけではなく，自伐によって高賃金を節約し，小型機械を使って小回りのきく集約的経営を実施していく道も示されている。そして，小型機械導入に県が補助金を出している。この低コスト林業への「2つの道」という言葉は，静岡県が使用しているものである。

大型機械は年間フル稼働すると伐出コストは下がる。南方康（1991）によれば，表3-5に示したように，小型機械はフル稼働しても大型機械には負けるが，小型機械がフル稼働することは滅多になく，多くても年間100日程度であろう（39～63頁)。その程度の稼働日数を想定すると，逆に大型機械はとてつもなくコストが高くなり，小型機械の方がかえって有利であると考えられる。大型機械は生産性は高いが大変高価であり，維持費もかかるので，年中フル稼働させないといけないのである。小型機械だからといって生産力が高度化しない，コストが安くないというのではない。

次に，最近，「自伐」について，あやしい理解をしている人がたくさんいる。本来は自家労賃をコストとして計上して，経営を回していかないといけない。本来，林業所得というのは利潤である。それに自家労賃を加えたものは林家所得と呼ばれ，林業所得とは明確に区別されるべきものである。ところが，多くの自伐林家にとって，自家労賃はコストではなくて収入として観念される。仮に利潤がでないくらい木材価格が低下しても，自家労賃が収入として観念される以上，自伐は継続する。企業だと利潤がなくなった時点で生産から撤退するが，自伐林家は簡単に辞めないから「足腰が強い」と言う人が多い。しかし，注意しなければいけないのは，仮に木材価格が利潤を実現できないほどの低い水準にあって，例えば自家労賃が時給400～500円，1日3,000円～4,000円と計算される状況下にある場合を想定した場合，確かに利潤は実現できなくても自家労賃という収入はあるが，それは切り売り労賃になっているのであって，それをもって「足腰が強い」とは言えない。そのような自伐林家は相当無理をしている。換言すれば自己搾取しながら切り売り労賃で頑張っているのであって，それを「足腰が強い」という言葉で片付けるわけにはいかないだろう。問題は，この自家労賃水準を経営改善や販売戦略の再検討などを通じて如何に「社会的に評価された労賃水準」，つまり，綿谷赳夫（1979）の言う「労働力の正常な商品化」（345～346頁）の状態までに引き上げることができるかということなのである。

2　林家の機能集団化と集落営林への道

(1) 林家の機能集団化

次に，林家の組織化とその先にある集落営林についてみよう。自営農家やそのグループがその地区の農業経営を引き受けるものは集落営農として20～30年前から全国的に見られるが，林業ではこういうものはあまり見られなかった。しかし，近年，林業においてもこのような動きが注目を集めつつ

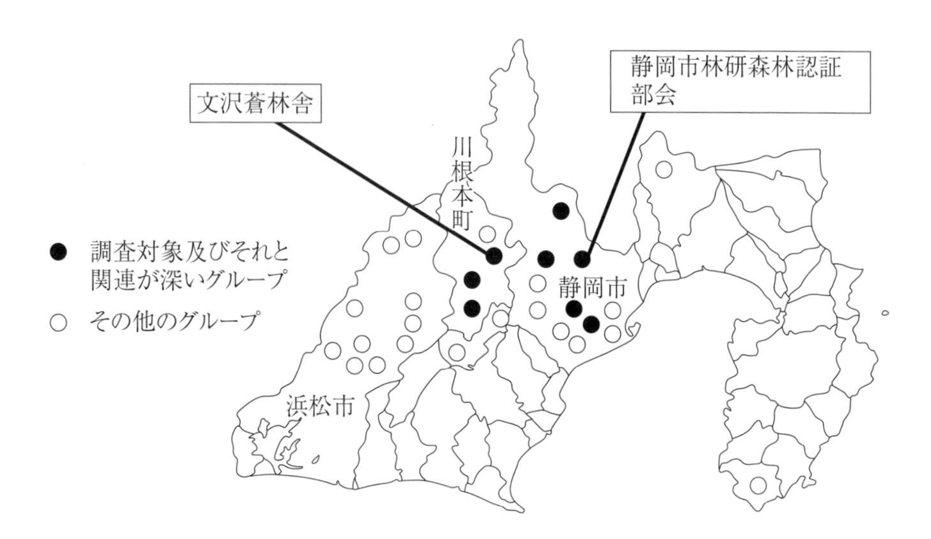

図 3-4　静岡県における自伐林家グループの分布（2013 年）
資料：相本杏子・興梠克久（2015）「新しい集落営林への道程：静岡県の自伐林家グループの事例」『山林』1570，61 頁

ある。ここでは静岡県を事例にあげ，この動きが持つ社会的意味をみておこう。

茶と林業の複合経営が広汎に行われている静岡県においては，中山間地域対策として 1997 年より林業生産基盤整備事業が進められており，林業者の組織する団体が林業機械の購入などに県から助成金を受けることができる。図 3-4 に示すように，静岡県内においては，この受け皿として自伐林家グループが多数設立されている。このうち，根津基和（2004）による農山村集落における農林家の機能的・社会的結合関係のモデルに基づき[(7)]，集落外社会結合である静岡市林業研究会森林認証部会（静岡市）と集落（内）社会結合である文沢蒼林舎（静岡県川根本町）を対象に，自伐林家の機能集団化と集落営林の動きを先の 3 つの視点（生産性，持続性，社会性）からみよう[(8)]。

まず，集落をまたいだ自伐林家の共同化としての静岡市林業研究会森林認証部会は，静岡市林業研究会会員のなかから有志の自伐林家 6 人（所有林 57 ～ 380ha）で設立され，2005 年に 6 人合同で SGEC 森林認証を取得した。

SGEC森林認証を取得する目的で静岡市内の各地区から集まった自伐林家で構成されているため，集落外社会結合いわゆる機能集団としての性格があると言える。６人中５人は茶との農林複合経営を行っており，林業収入のウェイトが高い。

また，森林認証部会とは別の自伐林家グループ（機械の共同利用や請負事業体）に所属する者もおり，森林経営計画の共同作成，施業・経営の受託など，共同作業を行っているケースも見られる。その他のグループは機械の共同利用・共同購入の性格を持ったものが多く，保有機械はバックホー，グラップル，フォワーダなど作業道開設を基本とした機械体系となっている。そうしたなかで，機械の共同利用にとどまらず県や市からの林業請負事業を共同作業で行うケースも出てきた。森林経営計画については，認証部会のなかのさらに地区が同じ２人が共同で森林経営計画を認定するケースや，自らが事業体化し地域の住民から山林管理を受託し，森林経営計画を立てているケースも見られた。

（2）集落営林組織の設立

文沢蒼林舎は自伐林家のもとに集落内の林家が集結した事例である。まず，設立経緯をみよう。林業機械を共同で購入するため1996年に旧中川根町林業研究会（現川根本町林業研究会）のなかから有志７人が集まりウッドクラフト中川根が設立された。2008年にはFSC森林認証の受け皿として町有林と９人の自伐林家によってF-net大井川が設立され，翌年３月にFSC森林認証を取得した（1,495ha）。その認証森林の１サイトにもなっている川根本町文沢地区の６戸（所有林11～171ha）の森林を管理するために2012年６月に文沢蒼林舎が設立された。構成員は文沢地区の３人の自伐林家で，同年10月には文沢地区の他の３戸（高齢者世帯）の所有林及び県営林（集落有林を県に分収させている森林）を含めた333haの森林経営計画を立てた。このように，文沢蒼林舎は集落有林も含めて森林経営計画を策定し，文沢地区全体の森林を管理している。これは集落内で完結し，集落全戸の結びつきに基づいており，集落社会結合であると言える。

文沢蒼林舎のメンバーは個人所有林の森林作業は自家労働で行い，１人で行うことができない部分は共同で作業を行う。共同作業に使用するグラップルなどの重機についてはウッドクラフト中川根の所有機械を使用している(文沢蒼林舎の構成員は，ウッドクラフト中川根の構成員でもある)。また，メンバー以外の所有林と県営林の森林作業は共同で行っている。

文沢蒼林舎のメンバー３人についてみると，リーダーが約170haと所有林が最も大きく，他の２人は68ha，28haとなっている。リーダーは木材生産を行っているが，他の２人は茶が主な収入であり，この10年間は切捨間伐を行い，利用間伐は行ってこなかった。そのため，調査時点（2013年）では２人ともに補助金以外の林業収入は計上されていないが，現在は補助金を活用した搬出間伐及び作業道整備を行っている。文沢蒼林舎へ作業を委託している文沢地区居住者（３戸）はいずれも高齢者世帯で，主な収入源も年金となっている。委託のきっかけはいずれもリーダーからの声掛けであった。３戸の後継者のうち２人は近隣の市に居住し，集落の祭事には必ず出席しているようであるが，もう１人は親と同居しているものの，会社勤務の合間に山林管理を行う余裕はないという。

(3) ３つの視点からの評価

静岡市林研認証部会では機械の共同購入・利用を行うことで生産力の強化が図られ，また自伐化によって素材生産コストを削減していることが評価できる。文沢蒼林舎においては今まで素材生産を行っていなかった自伐林家が素材生産に移行する動きが見られた。

認証部会，文沢蒼林舎を構成する林家の多くが農林複合経営を行っており，農業（茶）収入や林業収入によって家計が支えられている。また，労働力の完全燃焼については茶生産と林業生産が組み合わさっていること，家族内で分業体制が取られていることから効率よく労働力が燃焼されている。また，認証部会の構成員は30～50代と若く，世帯の家族構成を見ても多世代で暮らしており，後継者の確保という意味での持続性は一定程度確保されていると評価できる。

社会性の観点においてはまず，流域レベルでの森林環境保全に配慮した森林の共同管理という意味では認証部会，文沢蒼林舎ともに森林認証を取得しており，高く評価される。しかし，認証材の価格的な付加価値も今の段階ではなく，それを実現するには認証材のメリットを生かした販路拡大によって収入を上げ，林業経営の基盤を安定化させることが課題として挙げられる。

所有の枠を超えた活動として，①森林認証を共同で取得するケース，②自伐林家が共同で経営計画を立てるケース，③中規模自伐林家が事業体化し地域の森林を取りまとめ大規模に経営を行うケース，④協業体を立ち上げ共同で請負事業を行うケース，⑤集落の自伐林家が共同して集落全体の森林経営を担うケースの５つの共同性が見られた。所有の枠を超えた活動（社会性）という意味で林業の担い手として評価される。なかでも地域森林管理を担っている②，③，⑤のケースは，いずれも森林認証取得や機械の共同購入・利用を目的とした機能集団を経ている。これらの機能集団で生産力や経営力を身につけた自伐林家が再び出身集落内で他の農林家と再結合し集落範域全体の森林管理を担っている。

(4) 新しい集落営林への道程

1990 年代後半以降に相次いで設立された機械共同利用目的の自伐林家グループや文沢蒼林舎のようなこれまでとは性格の異なる新たなグループの設立経緯を詳しく分析すると，自伐林家グループと個別経営の関係性について次のような知見が新たに得られた（図 3-5）。

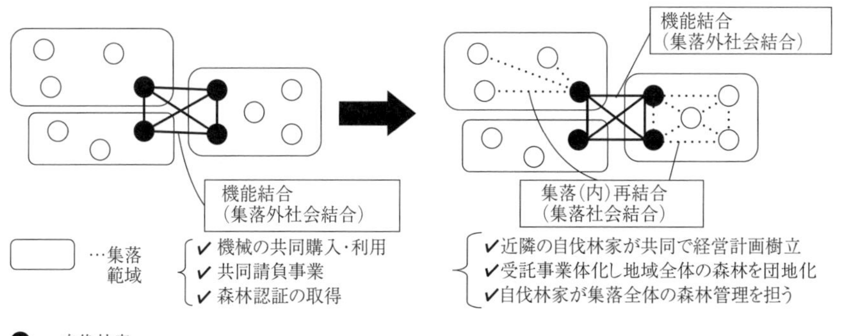

図 3-5　集落営林への道程
資料：図 3-4 に同じ，66 頁。

まず，それぞれの集落内で個別経営を行っていた自伐林家の一部が，1990年代以降，集落外で機械の共同購入・利用や共同請負事業，森林認証の取得を目的とした機能集団を形成していった。しかし，その機能集団が地域森林管理を担う主体になるのではなく，機能集団の活動を経た自伐林家が，今度は各集落で再度，地域森林管理を担うためのグループ活動を新たに展開し，集落内の林家全体が再結合するようになる（2010年代以降）。

この地域森林管理を担う再結合の典型として文沢蒼林舎が挙げられる。また，文沢蒼林舎は集落の自伐林家が共同作業・共同経営により集落全体の森林管理を担うケースであるが，静岡市林業研究会森林認証部会のメンバーのなかにも別のパターンの再結合（集落の範域の森林の大半を所有する自伐林家２人が共同で経営計画を作成するケース，中規模自伐林家が林業請負事業体化し地域の森林を取りまとめ管理を行うケース）がみられた。

3　共有林管理タイプの集落営林

(1)「手づくり自治区」の形成過程

山村では過疎化・高齢化の進行が深刻な問題となるなかで，小田切徳美(2013）は人・土地・むらの空洞化という「３つの空洞化」が現出するのに伴い，地域住民がそこに住み続ける意味や誇りを見失う「誇りの空洞化」の進行が懸念されるとする（19～20頁)。鳥取県智頭町では，この空洞化に対抗すべく，集落単位から大字，旧村単位の様々な地域活性化の取り組みが行われている。

まず，「わかとり国体」の開催を契機に，智頭スギの高付加価値化や青少年の育成を目標とする「智頭町活性化プロジェクト集団」が結成された。その後，1997年には「日本1/0村（ゼロブンノイチ）おこし運動」が開始され，参加した集落には「集落振興協議会 」が設置され，地域存続のため行政との連携が図られた。2008年からはこれを拡張したものとして「地区振興協議会」が設置された。後述する芦津財産区のある山形地区にも「地区振興協議会」が設置されている。また，2008年には町長の諮問機関として「百人委員会」が設置され，住民が予算策定過程に加わることが可能になった。

小田切徳美（2009）は，①暮らしの「安全」を守る防災，②暮らしの「楽しさ」を作り出す地域行事，③暮らしの「安心」を支える地域福祉活動，④暮らしの「豊かさ」を実現する経済活動の4つを柱としながら，住民が当事者意識を持って地域の問題に取り組むための組織を「手づくり自治区」と呼んだが（25～29頁），「地区振興協議会」はまさに「手づくり自治区」と言えよう。

以上のような集落単位の取り組みから「手づくり自治区」の形成といった過程において，住民に地域経営の主体としての精神が芽生えはじめ，地域づくりの担い手を育んでいると言える。家中茂（2013）は，財産区は自治機能の高まり，共益の追求，合意形成といった住民による地域経営のうえで重要な役割を果たしているとした（204頁）。その財産区の保有する森林を住民自ら共同作業によって管理する方式に転換する動きが新たに出てきている。いわば共有林管理タイプの集落営林であるが，この転換が「手づくり自治区」の運営にどのような影響をもたらすか明らかにすることは重要である。

(2) 住民による財産区有林の「自伐」的管理

智頭町には古くから用材林業が栄え，樽丸生産を支えるスギ優良大径材の一大産地として有名だったが，木材価格の低迷のもとで産地としての地盤が沈下していた。そこで先述した「百人委員会」では，スギの町智頭を再生させようと「木の宿場プロジェクト」（一般にいう木の駅プロジェクト）の実施を提案した（2010年）。これは，高齢世帯，定年帰農層の自伐への新規参入を主目的としており，副業型自伐林業を育成する動きと捉えられる。

芦津財産区でも財産区議長が「百人委員会」の林業部会及び「木の宿場プロジェクト」のリーダーを務めていたこともあって，財産区有林を財産区メンバーの共同作業によって=「自伐」的に管理しようとする試みが2010年より始まった。芦津地区は総戸数87戸，人口250人で，1,270haの広大な財産区有林がある。「自伐」的管理を開始する以前は，年10回から14回の除伐作業を集落住民総出で行い（総事という），財産区議会で立木を調査し，業者に立木を販売し，除伐・間伐は森林組合に全面的に委託していた。しかし，2009年に区有林内の官行造林地（146ha）を買い戻したことを機に，

表 3-6　芦津財産区有林における間伐実績と収支

単位：ha，m³，1,000 円

区分		2010 年度	2011 年度	2012 年度
間伐	施業面積	20	16	17
	集材材積	360	700	958
財政	国債	1,600	1,600	1,600
	投資信託	2,930	2,930	2,930
	カーボンオフセット	0	2,460	1,217
	自前間伐収益	3,951	421	3,682
	収入計	8,481	7,411	9,429
	総事・間伐研修	1,068	1,068	1,068
	議員報酬	396	396	396
	雑費	800	866	900
	臨時支出	350	1,600	2,680
	支出計	2,614	3,930	5,044
	収入－支出	5,867	3,481	4,384

資料：芦津財産区業務資料より作成（田口新太郎氏作成）。
注：雑費には電気代･電話代･販売所運営費等が含まれる。臨時支出は，2010 年度はサロン改修，2011 年度は駐車場，販売所トイレ，2012 年度はお宮改修，精米所屋根，LED 灯，モアツリーズ看板。

2010 年より「自伐」的管理を 14 人ではじめ，総事は年に 1 回，2014 年現在 6 人のメンバーで間伐材の搬出・出荷を行っている。「自伐」的管理に転換したことには様々な意味合いがあり，手すきの住民の副業的雇用の場として位置づけられているだけでなく，林業後継者の育成の場としても位置づけられている。

表 3-6 によって芦津財産区の収支をみると（2012 年度），メンバーの共同作業による間伐事業収益（間伐材売上金や補助金などから経費を差し引いたもの）が 368 万円（17ha，958m³），国債 160 万円，投資信託 293 万円，カーボンオフセット 122 万円，計 943 万円となっている。「自伐」的管理を始めた 2010 年以前は間伐材売上金やカーボンオフセットの分だけ収入が少なく，例えば 2009 年度は収入計が 453 万円と半分程度となっている。経費は，「自伐」的管理については，共同作業メンバーに 1 人 1 万円の日当を払うが，そうしたものを含めた総事・間伐経費が 107 万円，議員報酬が 40 万円，事務所経費などの雑費が 90 万円，臨時支出 268 万円，収支差 438 万円となっている。ここで注目すべきことは，「自伐」的管理以前は臨時支出は 30 万円

前後で推移していたが，「自伐」的管理後は間伐売上金などの増収もあって100～200万円台に大幅に増加していることである。この臨時支出はお宮改修や駐車場整備，サロン改修，LED化費用などといった住民の新たな公益への支出である。また，財産区有林の収益は財産区運営資金となり，芦津地区の会計を全面的に支えている。芦津地区は，森林セラピーや農村都市交流事業など様々な外部発信力を持った地域であるが，交流施設や宿泊施設といったものを財産区有林の収益で整備している。

このように，「自伐」的管理以前は集落運営にかかる最低限の費用（300万円台）をまかなうだけの収益を国債などの利子収入でまかなっていたが，「自伐」的管理以降は間伐収益の分だけ収入が増大し，住民雇用の場の創出や交流施設の整備といった住民の新たな公益への支出が可能になった。地域の発信力やネットワークの構築，公益の増大といった，社会性や持続性の観点からみても，「自伐」的管理へ移行したことは一定の成果を得ていると言える。

現代において財産区を活かす道を考えたときに，財産区の閉鎖的な性格が都市・山村交流を通した地域社会の発展を阻害している場合がある。しかし，芦津財産区では，幾年もかけて培った地域活性化の精神によって，財産区有林の「自伐」的管理を実現し，住民自治意識の向上に寄与し，山村集落が存続していくための装置として十分機能していると言える(9)。

第2節　林業事業体と林業労働力の基本問題

1　森林・林業基本法下の林業事業体問題

(1) 林業政策の転換と林業構造ビジョン

木材価格が長期にわたって低迷していた1990年代においては林業経営から撤退する森林保有主体も増え，国の政策も森林保有主体に代えて林業事業体を育成する方向へ大きく転換した。すなわち，2001年に林業基本法が37年ぶりに改正されて森林・林業基本法（以下，新基本法）となり，森林法についても森林施業計画制度が大きく改革された。それにより，林業事業体などが受委託契約に基づき森林所有者に代わって森林施業計画の作成主体(「意欲ある担い手」) となることが可能となった。「意欲ある担い手」への森林施業や経営の長期委託を推進し，林業経営の合理化を阻害する森林所有の小規模，分散性を克服しようという政策への転換である。その意味で，2001 年は林業事業体の経営展開の方向に大きな影響を与える年となったと言っても過言ではない。

その「意欲ある担い手」の育成目標を描いたのが，2001 年に林野庁が発表した「望ましい林業構造の方向について」である。これは，新基本法下における林業構造ビジョンと言え，2010 年を目標年として，「効率的かつ安定的な林業経営」を担い得る林家や林業事業体の具体像が描かれている。林業事業体の部分に関して言えば，素材生産 5,000m^3 以上かつ造林・保育 300ha 以上の造林・素材生産総合型 300 事業体，9,000m^3 以上の素材生産主体型 500 事業体，400ha 以上の造林事業主体型 300 事業体，合計 1,100 事業体が 2010 年において素材生産の 6 割，造林・保育の 7 割を担うのが「望ましい林業構造」だとしている（森林・林業基本政策研究会編（2002），222 ～ 239 頁）。

このビジョンが描いた目標年の数値が現実と大きく乖離していることは差し置くとしても（例えば，2010 年の素材生産目標は 2,500 万 m^3 とされたが，現実には 2007 年時点で 1,863m^3 と 2000 年とあまり変わらない水準にとどまっていることなど），このビジョンの問題点は，担い手像の設定基準が素材生産量規模や造林・保育面積規模といった量的な外形基準のみで示されていることである。多様な観点から林業事業体を評価し，多様な担い手像を描く必要がある。すなわち，林業事業体に対する評価基準を検討する際，その近年の動向を踏まえ，事業体は様々な形態で存在し，様々な経営展開をみせていること，事業量規模のみで評価するのではなく事業体の多様性を認めること，規模の面（量的な視点）だけでなく質的な観点からの評価とすることに留意する必要がある。

(2) 林業事業体の生産資本への純化傾向

興梠克久（2011）は 1990 年代以降の林業事業体の経営展開を以下のよう

に概観している（63～68頁）。1990年代以降の林業事業体は，1991年台風災害を契機として高性能機械化が大きく進展し，林野庁と厚生労働省による各種雇用改善施策・労働市場サービス充実化施策によって，雇用の近代化・改善と新たなタイプの新規就業者（都市生活経験者の採用など）の確保も一定程度進んできた。

1990年代後半以降は，国家・自治体財政悪化のもとで，これまでの林野公共事業や機関造林など官製市場に大きく依存した経営体質から大きく転換を求められた時期でもあった。官製市場の縮小が土建業や造園業との競争を激化させ，林業事業体の経営合理化（合併・再編や雇用条件の後退，林業労働組織の切り離し＝請負化など）の動きを促進し，事業量確保のための様々な取り組みがみられた。事業分野拡大による事業量確保＝事業多角化や業務提携のほか，特に2001年に森林・林業基本法，改正森林法によって「意欲ある担い手」への経営の集約化の方向性が政策的に打ち出されてからは，いわゆる「施業集約化」（主たるイメージは長期施業受託契約に基づいた団地化と施業共同化）への取り組みが，森林組合だけでなく民間の林業事業体においても，経営組織管理の効率化の取り組みを伴って全国的な広がりをみせている。

また，大規模林家についても，経営の内製化（立木販売・委託経営から直営生産化）や規模拡大による企業的経営への発展（林地購入でなく長期施業受託と直営林の直営生産化による規模拡大）などの動きがみられはじめ，立木販売を目的とする森林経営から内製化や長期施業受託によって林業生産を行う林業事業体としての性格も帯びるようになってきた。

さらに，1990年代以降の木材価格の長期低落傾向は，この時期の素材生産業に大きな変化をもたらした。リスク回避のため，立木買い取りから請負への移行（生産資本への純化）が進んでいる。また，特に1990年代後半以降は，外材輸入の不安定化要因（為替変動や中国などの需要拡大，ロシアの輸出不安定など）が強まるなかで，国産材が国際競争で勝つためにKD化，高度加工（集成材など），プレカット化を進めつつ，徹底したコストダウンのため，木材加工資本の大型化が進んでいる。これに対応した動きとして，国内資源を囲い込むため流通・加工資本による素材流通の合理化（競りによらない協定取引や直送など）や請負労働組織・事業体の再編・組織化，また近年では大規模木材加工資本による山林所有も各地で報告されている。紙パルプ資本や国公有林などの大規模森林経営においては，経営合理化の一環として傘下請負事業体の競争・再編が広く行われている。

これらの林業事業体の経営展開の方向性（長期施業受託及び素材生産業の生産資本への純化，大型流通・加工資本などによる素材流通合理化と生産資本のインテグレート）は，2006年度から始まった「新生産システム」における林業事業体像に反映されていると言える。2010年代になると主伐の増大が顕著となり，再造林・保育のための造林班の確保，苗木の安定確保が課題となっている。

一方，2000年代中庸から後半にかけて地球温暖化対策（間伐促進）や森林環境税事業などの公的森林整備が増大し，それへの対応として林業事業体において保育作業を担う造林班の確保が課題となり，立木買い素材生産業者の造林請負業者化もみられ，上記の「新生産システム」路線だけでなく，再び官製市場への依存を強化する事業体も出てきた。環境配慮型施業や森林認証，カーボンオフセット，森林バイオマス事業，法令遵守（違法伐採対策など）といった社会性を帯びた取り組みも求められるようになった。

(3) 林業事業体の経営展開方向

以上のような林業事業体の経営展開を総括すると，高性能機械の導入などによる生産性向上や，雇用改善・確保の取り組みが1990年代以降に進展し，事業多角化や長期施業受託など事業量確保（持続性確保）のための様々な取り組みが行われた。2000年代以降は，素材生産業の生産資本への純化や大型流通・加工資本などによる素材流通合理化，生産資本のインテグレートがさらに進展する一方で，森林認証や長期施業受託，環境配慮型施業の取り組みなど，社会性の観点からの取り組みも進みつつある。

特に長期施業受託は，高い生産力を十分に発揮させるための事業規模拡大のツール（受注先の安定確保）という意味では販売先確保・未利用材の価値実現（製材工場への直送や，バイオマス利用推進など）と並んで経営の持続性確保の取り組みと言えるし，団地化・施業集約化と結びつくことで木材供

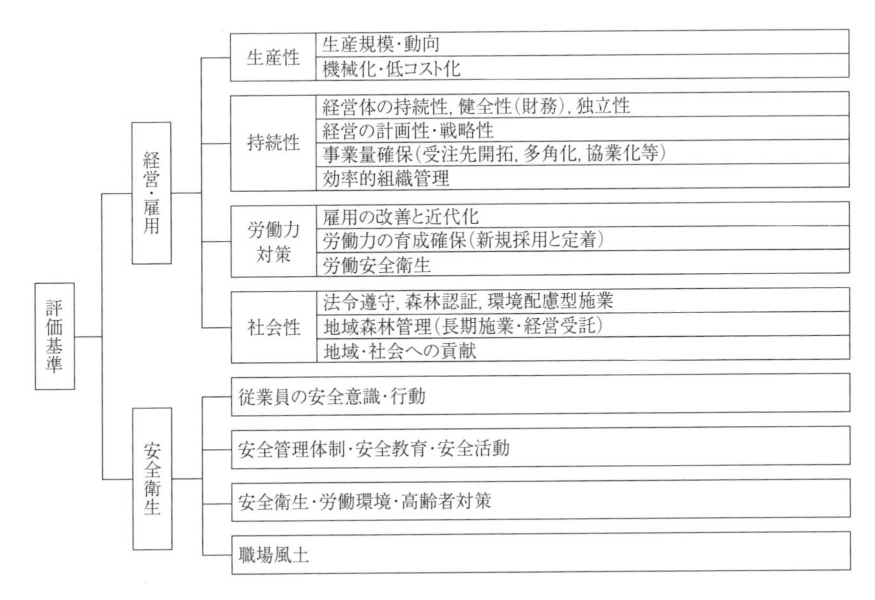

図 3-6　林業事業体の評価基準

資料：全国森林組合連合会・林政総合調査研究所（2009）『平成 20 年度「林業事業体就業環境改善対策」に係る調査報告書』，4 ～ 7 頁
注：筆者が作成したもの（上記資料）に一部修正を加えた。

給ロットを大きくし，生産力の向上に寄与する生産性向上の取り組みとも言えるが，同時に森林所有の枠を超えた生産活動を展開し，地域森林管理の担い手を目指している点で，森林認証，環境配慮型施業などの取り組みと並んで，社会性実現のための取り組みと言える。

このように，林業事業体の経営展開のポイントを踏まえると，単に規模の大きな事業体を担い手として描くのではなく，①生産力の向上（機械化やコスト削減など），②経営の持続性の確保（健全な財務構造や後継者確保など），③労働力対策（新規労働力の確保と育成・定着），④社会性の確保（法令遵守，環境配慮型施業の推進，所有の枠を超えた活動＝長期施業受託の推進など）のほか，従来からの普遍的な価値として⑤安全衛生の推進，といった複数の観点から林業経営体を評価し，多様な担い手像を描く必要があろう（図 3-6）。これらの基準は林業事業体に特有な評価基準ではなく，企業一般にも通じるものと言える。なお，持続性は経営組織体の持続性であり，森林管理の持続性（環境配慮型施業の導入など）は社会性に属する評価項目として整理している。

2　林業労働力の歴史的性格と政策展開

（1）雇用近代化と森林組合作業班の端緒：1950～80年代

小池正雄・菊間満・古川泰（2006）は，戦後から1980年代までの林業労働力の動向を次のようにまとめている（269～305頁）。1950年代前半までは封建的労働組織としての「組頭制」が残存し，半農半労型労働力の活用，単純協業・協業に基づく分業が特徴だった。1950年代後半以降，国有林における増産体制整備や洞爺丸台風などを契機とした機械化の進展（チェーンソー，集材機）を背景として，「組頭制」からフリー，フラットな「組」組織へ変化（近代化）するなかで半農半労から土地持ち労働者主体へ変化し，各種労働・社会保険制度の創設が林業労働力の専業化を一定程度進めた。

奥地正（1974，139～167頁）や船越昭治（1975，23～25頁）によると，土地持ち労働者を主体とした林業労働力の専業化は，民有林において，以下の３点を背景に森林組合作業班の組織化として進められた。

第１の背景は，農民的育林の後退を肩代わりする機関造林の登場である。1950年代までは活発な農民層による拡大造林がみられたが，1960年代以降は薪炭生産の崩壊や工業の発展を背景に山村の過疎化が社会問題化するなかで，山村労働力が工業へ大量に吸引されるとともに活発な活動をみせていた農民的育林も後退局面に入った。そして，農民層による拡大造林に代わるものとして，機関造林，すなわち国や都道府県が出資して設立した旧森林開発公団（現在の森林総合研究所森林整備センター）や都道府県林業（造林）公社による分収造林がその後の拡大造林を担うこととなった。その実行組織として位置づけられたのが森林組合作業班であった。

第２の背景は，製材業の伐出部門の切り離しである。1950～60年代頃から山林地主的経営による伐出過程の把握（一貫生産化）や原木市売市場の新設・展開（特に森林組合系統市場），外材（丸太）輸入の自由化，山村労働力需給の逼迫などが進んだことを条件として，製材業は原木調達戦略を立木買いから素材買いに移行し，伐出部門を切り離すことが可能となった。そして，製材業から切り離された伐出労働組織の受け皿となったのは，多くは森林組合作業班だった。

第3の背景は，森林組合協業路線の推進である。国は1964年の林業基本法制定の前後から既に林産・流通から森林造成事業までの全過程を担う森林組合づくりを推進する施策を展開した。具体的には，1961年の第2次森林組合振興計画や林業基本法で打ち出された森林組合協業の促進路線である。

これらを背景として，土地から切り離された山村農民（土地持ち労働者）＝専業化された労働者と，農林複合経営を営む山村農民の短期就業＝半農半労型労働者からなる林業請負労働組織が1960年代後半以降，広汎に森林組合に組織化されていった。

(2) 林業事業体の雇用戦略の多様化：1990年代以降

1990年代以降，国有林野事業の合理化の一環として施業の請け負わせが進行し，請け負わせ先事業体を育成することが必要になり，1991年台風19号の被災跡地処理を契機として林業機械の大型化・高性能化が進展し，3Kと言われた労働環境に大きな変化をもたらした。

このことと，土地持ち労働者型から農林地を持たない賃金労働者型の新規就業者が増加してきたことを背景に，1990年代以降，林業労働問題を他産業並みの枠組みへ解消すべく，月給化，若年層の新規雇用を象徴的目標とする様々な雇用改善対策や新規就業の促進・定着，作業環境の改善を図る各種施策が展開された。具体的には，林野庁林業労働対策室設置（1991年），林業雇用改善促進事業（旧労働省）及び森林・山村対策（旧自治省・林野庁・旧国土庁）による担い手育成関連基金の設立（1993年以降），労働基準法改正に伴う労働時間法制の林業への完全適用（1996年）などである。

図3-7に示すように，1990年代末から2000年代前半にかけて雇用情勢が悪化するなかで，林業新規就業者は増加している。この時期の新規就業者の特徴と林業事業体による雇用管理の特徴を明らかにするため，大規模な調査が多数実施され，次に掲げるように様々な視点から林業労働問題が論じられている[10]。

まず，山村過剰人口の動態分析の観点からは，農林家の林業賃労働者化，

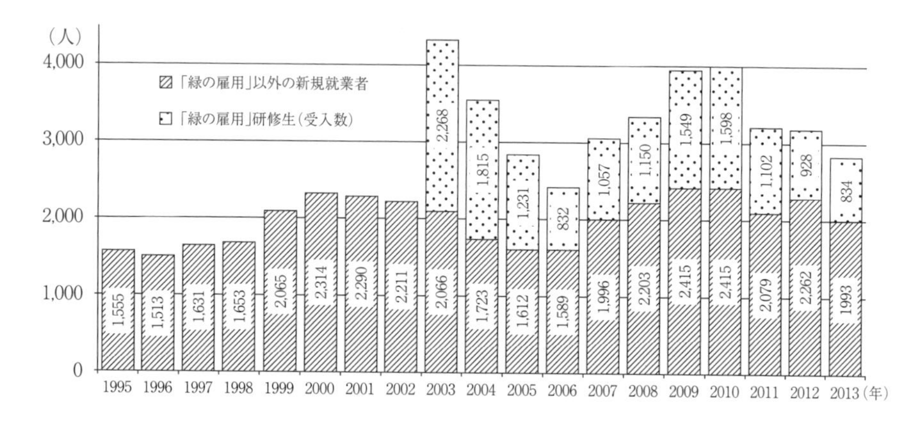

図 3-7　新規林業労働者数の推移（全国）

資料：林野庁業務資料より作成。

産業間労働力移動（建設業などから林業への労働力移動），地元採用の増加といった傾向が全国森林組合連合会（2000）などによって指摘された。このうち，地元志向が高まりつつあるという点には地域性がみられることに注意する必要がある。例えば，地元での林業就業を希望する地元者が少なく，労働力不足を補うためにＩターン者の採用に依存していた地域においては，雇用情勢の悪化のもとで，林業就業への積極的な動機は持たずに林業に就業する地元者が増えていると思われる。逆に，事業体における人材育成のうえで敢えてＩターン者を多く採用していた地域においては，受け入れ容量（定住支援策の展開や事業体における人材充足度など）の限界のため，地元者を採用せざるを得ないケースもみられる。このように，地元志向の「高まり」の内実は多様である。

次に，新しいタイプの林業労働者に関しては，都市生活経験者の就業，意識構造の変化に着目して彼らの生活基盤の脆弱さや定着問題に言及した研究や，自然志向やスローライフ志向の労働力の存在とそれへの事業体の対応，また，現場技術だけでなく，事業体経営にも活用しうる人材や山村地域の活性化に重要な役割を果たす者の登場，山村農林家の後継者育成としての意義が田村早苗（1996）や林業労働力確保支援センター全国推進協議会・全国森林組合連合会（2000），全国森林組合連合会（2003），同（2005）などによって指摘されている。

また，この時期は雇用情勢の悪化や都道府県発注の森林整備における競争入札制度の導入・拡大による林業事業体間・産業間（建設・造園・林業）競争の激化なども加わり，事業体の雇用管理体制も従来の雇用近代化路線（直用化・時短・月給制・社会保険完備を柱とした雇用改善）から多様化する局面にあったと思われる。例えば，極端な価格競争による賃金など就業条件の低下や，直営作業班の外部放出（下請け化），雇用管理コスト削減をねらいとした出来高給への回帰などがみられる一方で，機械化以外の部分での生産性向上をねらいとした出来高給の導入も進展していることなどである。

このような状況のもと，1996年の林業労働力確保促進法，1998年以降の新規就業促進に係る一連の諸事業のように，1990年代後半以降は若い新規就業者をスムーズに採用することができるように募集活動を支援するマッチング施策，いわゆる労働市場サービス施策がとられた。

そして，緊急地域雇用創出特別交付金事業（2001～04年）とリンクした形で2002年度補正予算より「緑の雇用」事業がスタートし，新規に採用した労働者を基本に忠実な技術者として早期に教育し，その後も林業に定着させることが林業労働政策の中心となった。また，2011年から「緑の雇用」は大幅に内容が変わり，就業後1～3年目の初期教育（林業作業士＝フォレストワーカー＝FW）だけでなく，就業後5年目程度の就業者を対象とした現場管理責任者（フォレストリーダー＝FL）研修，10年目程度の就業者を対象とした統括現場管理責任者（フォレストマネージャー＝FM）研修を全国統一のカリキュラムで実施している。

以上をまとめると，林業労働力（特に新規就業者）の性格が半農半労→土地持ち労働者→農林地を保有せず自らの労働で得た賃金で生活する一般の労働者へと中心が移るなかで，1990年代以の林業労働対策は，第1に，林業の雇用条件を改善して人々が職業として林業を選択しやすくすること（1990年代前半），第2に，林業の経験がない若い人を林業に就業させ，林業労働者全体の若返りを図ること（1990年代後半），第3に，確保した新規林業労働者を基本に忠実な技術者として早期に教育し，その後も林業に定着させること（2000年代），第4に，そのようにして確保した就業者のキャリア形成を支援する（2010年代），という課題に取り組んでいる。そして，この第３，第４の課題を解決するために「緑の雇用」事業が生み出され，今では日本の林業労働対策を代表する事業となっている。

(3) 林業労働力の今日的存在形態

以上のような林業労働力の歴史的性格と施策の展開を踏まえると，現在における林業労働力の存在形態は次の３つに大別される。そして，「緑の雇用」事業をはじめとした現在の林業労働対策が主に対象としているのは，以下の３形態のうち３番目の「近代的な雇用労働力」であると言える。

「組」組織の残存：一人親方や森林組合請負作業班などの形で存在しており，特定の森林組合や民間林業事業体の専属組織から完全に独立した組織まで形態は様々である。土地持ち労働者を主体とし，労災保険制度以外の法定福利厚生はほとんどなく，その労働組織において新規就業者の募集と教育が完結している。また，元請けの森林組合・民間林業事業体との関係については，完全な請負関係である場合と，雇用か請負か曖昧な関係にあるものの２種類がある。

請負班系譜の雇用労働力：1990年代以降の雇用改善対策により，請負制から出来高給＋労働・社会保険加入の直接雇用制へ移行したものであり，土地持ち労働者が主体である。しかし，作業班の自主性ないし請負労働組織的性格が一部残存している。すなわち，新規就業者の募集・教育機能が作業班組織に残存していること，他の作業班との技術交流及び人事交流がほとんどみられないこと，人事考課面で一般の雇用労働者と違う扱い（例えば，一般労働者は日給ベースの給料制であるのに対し，彼らは出来高給ベースであることなど）を受けている。

近代的な雇用労働力：彼らこそが1990年代以降の林業労働対策の主要な対象であり，農林地を保有せず自らの労働で得た賃金で生活する一般の労働者を主体としている。森林組合・民間林業事業体との関係として，完全な雇用関係にあること，定額ベースの賃金制（日給，月給）であること，労働・社会保険に完全加入していること，彼らを雇用する森林組合・民間林業事業体による新規就業者の募集・教育が行われていることが特徴である。

第3節 「緑の雇用」事業の展開過程と性格規定

1 「緑の雇用」事業の成り立ちと展開

「緑の雇用」事業は，2003～05年度の第1期対策と，2006～10年度の第2期対策，2011～2015年度の第3期対策，2016年度以降の第4期対策に分けられる。

第1期対策は，国の失業対策（厚労省・緊急地域雇用創出特別交付金事業）で補助対象となった人々を「緑の雇用」事業によって林業に採用し，1年間，林業の基本技術をOJT（On the Job Training，職場内育成研修）とOff-JT（Off the Job Training，集合研修・社外研修）によって学んでもらうというものである。

第2期対策では国の失業対策との関係はなくなり，地球温暖化防止のための森林整備を担う人材育成という目的に変わった。1年目（基本研修）だけでなく，2年目（かかり木処理や風倒木処理のような高度な伐採技術を身につける技術高度化研修），3年目研修（低コスト木材生産システムを学ぶ森林施業効率化研修）も登場した。2009年度からは，求職者を未利用材の搬出や資材運搬，歩道整備などの山林現場作業の補助作業に従事させ，林業への理解を図る3カ月程度の「トライアル雇用」事業もスタートした。

第3～4期対策では，民主党政権下で2009年に策定された森林・林業再生プランを受けて，森林施業プランナーが作成した森林経営計画に基づく施工管理を担う人材を「緑の雇用」事業で育成することとされ，FW（林業作業士）研修だけでなく，FL（現場管理責任者）研修，FM（統括現場管理責任者）も実施し，林業労働者のキャリアアップを支える研修に体系化された。また後述のように，林業の職務構成表（2010年）に基づく全国統一カリキュラムの集合研修を行っていることも特徴である。

林野庁発表によると，2003年から2012年までの10年間で1万3,530人が1年目の研修を終了した。2010年林業センサスによると，林業経営体に雇用されている労働者は4万3,369人となっているので，その3割弱が「緑の雇用」研修の出身者で占められていることが分かる。また，2010年度当初時点での1年目研修生の定着率は3年間平均で72%となっている（林野庁発表)。これを高いとみるか，低いとみるかは意見の分かれるところであろう。少なくとも言えることは，全産業平均（64%）と比較した場合[11]，林業の定着率は特段低いわけではないと言える。

もう1つ重要なことは，年々定着率が向上していることである。最近になればなるほど研修生の定着率が比較的高いことが多方面で報告されている。「緑の雇用」事業が始まった当初は，失業対策の色合いが濃く，必ずしも林業就業に積極的ではない者も多く含まれていたため，雇用情勢が回復すると林業から離脱し，他の雇用条件のよい産業に移動した結果，第1期対策に相当する2003～04年度の研修生の定着率が極端に低いと思われる。年々研修生の定着率が向上しているのは，林業就業に積極的な研修生の占める割合が高くなってきていること以外にも，研修の内容が多様化し，集合研修の標準カリキュラムが策定されるなど，研修の質が向上していることも要因として考えられる。

2 「緑の雇用」事業の効果と課題

第1に，以前は中高年の農林家余剰労働力が中心であったが，労働市場サービスの充実化や「緑の雇用」事業における初期教育支援を背景に，現在では林業の経験がなく，農林家でもない若い人，特に新規学卒を雇う場合が多くなった。藤原三夫（2011）は，労働市場サービスの充実化を職業適性の緩やかな判断機会（林業体験会や会社説明会などの開催）と実践を伴った確認機会（就業前研修や試用期間の設定など）の確保と言っている（359～360頁)。そして，就業後も「緑の雇用」事業という職業適性の強化のための制度が用意されているために，新規学卒などの林業未経験者を雇いやすくなったと理解できよう。

第2に，「緑の雇用」事業は，初期教育から中堅教育を体系的に実施し，就業者のキャリア形成を支援する制度になりつつある。藤原（2011）の言葉を再び借りれば，就業後の技術研修を通じて職業適性の強化を図ること（実践的適用）が重要であることを示している。効率的な現場管理を行い，経営理念と現場作業との関係について説明，実践することが求められ，それを担う人材（経営者と現場監督または作業班長）の資質が問われるなか，「緑の雇用」事業の発展が職業適性の強化に果たす役割は大きい。

一方で，①雇用のミスマッチを防止するために以前にも増して就業希望者への広報を十分に行うとともに，採用する時に本人の林業への適性をどう見抜くことができるか，②研修，特にOJTの効果（技能をどの程度身につけることができたか）をどのようにして客観的に評価できるか，③指導員，特にOJT指導員にふさわしい技能をきちんと取得する，あるいは基本にもう一度立ち返るということだけでなく，若者への技術の教え方，コミュニケーションの取り方を教えていく必要があること，④研修生の悩み相談や職場環境の改善，住宅の用意など，事業体や関係団体による様々な定着支援が引き続き必要であること，などの課題も抱えている。特に③は大きな問題であり，一部の地域（熊本や広島など）で地方独自の取り組みとして行われているのが現状である。

また，「緑の雇用」研修を受けた人々が全員，基幹作業員または幹部候補になることを望んでいるわけではない。ある人は自分の家の農林業経営をやりながら補助作業員として林業労働に従事することを望むだろうし，中堅教育を受けた段階で独立したいという人もいるだろう。就業の動機にも密接に関連しているのであるが，労働者が何を目指しているかという労働者のタイプに応じた研修のあり方も考えることが必要だと思われる。

3 「緑の雇用」事業の性格規定

新規林業労働者の性格が半農半労→土地持ち労働者→農林地を保有せず自らの労働で得た賃金で生活する一般の労働者へと移るなかで，1990年前半には雇用改善施策の前進（就業条件，作業環境の改善など），1990年代後半以降には労働市場サービス（マッチング）支援施策，2000年代以降には「緑の雇用」事業を導入して新規に採用した労働者を体系的教育・キャリア形成支援により定着させることが林業労働対策の中心となった。1990年代後半以降のマッチング問題は「職業適性の緩やかな判断と実践を伴った確認」の問題として，2000年代以降の体系的教育については「職業適性の強化と実践的適用」の問題として捉えることができる。「緑の雇用」事業が新規林業労働者の「職業適性の強化と実践的適用」に果たす役割は大きい。

「緑の雇用」事業は様々な課題を抱えつつも林業労働者のキャリア形成を支援する事業へと発展しつつある。その過程で，林業という職業能力の「見える化」，つまり林業における仕事の明確化（職業能力体系を表す職務構成表の作成）と能力開発の明確化（研修体系）が一定程度進んでいるが，その開発された能力をいかに評価し，待遇に反映させるか（林業における人事考課のあり方）という大きな課題が残されている。

「緑の雇用」事業は，人材教育投資を行うだけの経営体力に乏しい零細企業に対して研修の共同化という形で支援するという意味で産業政策という側面を持つが，同時に，若者が農山村に定住または移住（UIターン）する条件整備という点では地域政策（社会政策）としての側面もあり，さらに，この人材育成によって森林整備の担い手を確保し，森林資源の保続を図るという意味では資源政策的性格を帯びているとも言えよう。

参照文献（第3章）

鈴木尚夫編著（1984）『現代林業経済論：林業経済研究入門』（大学院生向けの林業経済学テキスト）

大日本山林会編（2000）『戦後林政史』（戦後の日本林政の動向をレビュー，特に民有林構造政策の推移についての記述が詳しい）

林業経済学会編（2006）『林業経済研究の論点：50年の歩みから』（林業経済学会設立50周年を記念してまとめられた戦後林政研究のレビュー集で，膨大な文献リストは便利）

注

(1) 佐藤宣子（2014）「山村社会における自営農林家の今日的意義」第125回日本森林学会大会報告資料，http://www.forestry.jp/meeting/files/29yousi.pdf（2015年2月11日参照）

(2) 佐藤（2014）のほか，次の文献にも詳しい。佐藤宣子（2015）「日本の森林再生と林業経営：『自伐林業』の広がりとその意味」『農村と都市をむすぶ』762，8～14頁

(3) 佐藤（2014）の言う「自伐第1世代」が専業だけでなく，兼業も含めて60～70代以降になってから自営農林業への依存度を高めている実態を詳細に分析したものとして，梶原真人・興梠克久・佐藤宣子（2009）「宮崎県耳川流域における林家経営の変化：1994年，2008年調査の比較」『九州森林研究』62，51～54頁

(4) 佐藤・興梠（2006）は1970年代～80年代前半に農林複合経営論が展開した後，1980年代後半～90年代前半に自伐を行う中小林家が登場したことによって担い手論が「再燃」したとす

る。そのため，その次の時期，すなわち2000年代以降，再び自伐林業に関する議論が活発になっていることを指して「再々燃」とした（223～254頁）。

(5) 堺正紘（2002）「長期伐採権制度を考える」『九州森林研究』55，8頁

(6) 静岡県（2000）「21世紀の林業の可能性を求めて：平成11年度地域材安定供給ネットワーク・モデル事業報告書」

(7) 根津基和（2004）「農山村集落における機能的・社会的結合の動向と今日的意味：山梨県小菅村の事例をふまえながら」『林業経済』57（8），1～16頁

(8) 本項は，椙本杏子（2014）「自伐林家グループによる地域森林管理：静岡県を事例に」（2013年度筑波大学生物資源学類卒業論文）を興梠が編集し，大幅に加筆・修正したものである。

(9) 本項は，田口新太郎（2015）「財産区有林の『自伐』的管理を通した地域社会存続への道：鳥取県智頭町芦津財産区を事例に」（2014年度筑波大学生物資源学類卒業論文）を興梠が編集し，大幅に加筆・修正したものである。

(10) 主要な文献を挙げると以下の通りである。田村早苗（1996）「森林組合で働く都市生活経験者の現状：都市生活経験者の林業就業に関する調査結果から」『林業経済』571（23～30頁），全国森林組合連合会（2000）『林業労働者の地域間交流に関する調査』，林業労働力確保支援センター全国推進協議会・全国森林組合連合会（2000）『林業事業体意向等調査報告書』，全国森林組合連合会（2003）『平成14年度 認定事業体・新規就業者等調査報告書』，全国森林組合連合会（2005）『平成16年度「緑の雇用担い手育成対策事業」の社会経済的効果把握のための調査（緑の雇用評価調査）報告書』。

(11) 厚生労働省「新規学校卒業就職者の就職離職状況調査」より，2008年度当初の大卒者の3年間の平均定着率。

参考文献

宇野弘蔵監修（1954）『林業経営と林業労働』農林統計協会
横尾正之（1960）『解説・林業の基本問題と基本対策』農林漁業問題研究会
紙野伸二（1960）『農家林業の経営』地球出版
赤羽武（1970）『山村経済の解体と再編：木炭生産の構造とその展開過程から』日本林業調査会
鈴木尚夫（1971）『林業経済論序説』東京大学出版会
半田良一（1972）『林業経営』地球出版
奥地正（1974）「戦後日本資本主義と林業・山村問題の展開構造」『立命館経済学』22（5）
船越昭治（1975）『森林組合の展開と地域林業』日本林業調査会
黒田迪夫編著（1979）『農山村振興と小規模林業経営』日本林業技術協会
綿谷赳夫（1979）『農民層の分解（綿谷赳夫著作集第1巻）』農林統計協会
森巌夫・熊崎実（1982）『1980年センサスにみる日本の林業』全国農林統計協会連合会
鷲尾良司・奥地正編著（1983）『転換期の林業・山村問題』新評論
鈴木尚夫編著（1984）『現代林業経済論：林業経済研究入門』日本林業調査会
熊崎実編（1987）『林業を担う主体の動向：昭和60年林業動態調査を中心に』全国農林統計協会連合会
有永明人・笠原義人編著（1988）『戦後日本林業の展開過程』筑波書房
熊崎実（1989）『林業経営読本』日本林業調査会
南方康（1991）『機械化・路網・生産システム』日本林業調査会
坂口精吾編著（1996）『林業と森林管理の動向：林業構造動態調査を中心に』全国農林統計協会連合会
堀靖人（1999）『山村の保続と森林・林業』九州大学出版会
船越昭治編著（1999）『森林・林業・山村問題研究入門』地球社
遠藤日雄編著（2000）『スギの新戦略Ⅱ：地域森林管理編』日本林業調査会
餅田治之・志賀和人編著（2001）『2000年林業センサスにみる日本林業の構造と森林管理』全国農林統計協会連合会
森林・林業基本政策研究会編（2002）『新しい森林・林業基本政策について：森林・林業基本法，改正森林法，改正林業経営基盤法の解説』地球社

餅田治之編著（2002）『日本林業の構造的変化と再編過程』農林統計協会
堺正紘編著（2003）『森林資源管理の社会化』九州大学出版会
林業経済学会編（2006）『林業経済研究の論点：50 年の歩みから』日本林業調査会
小田切徳美（2009）『農山村再生「限界集落」問題を超えて（岩波ブックレット No.768）』岩波書店
田中亘（2009）「三重県における大規模林業経営の動向と労働力調達」『林業経済研究』55（1）
佐藤宣子編著（2010）『日本型森林直接支払いに向けて：支援交付金制度の検証』日本林業調査会
志賀和人・藤掛一郎・興梠克久編著（2011）『地域森林管理の主体形成と林業労働問題』日本林業調査会
中島健造編著（2012）『バイオマス材収入からはじめる副業的自伐林業』全国林業改良普及協会
興梠克久編著（2013）『日本林業の構造変化と林業経営体：2010 年林業センサス分析』農林統計協会
小田切徳美・藤山浩編著（2013）『地域再生のフロンティア中国山地から始まるこの国の新しいかたち』農山漁村文化協会
佐藤宣子・興梠克久・家中茂編著（2014）『林業新時代：「自伐」がひらく農林家の未来』農山漁村文化協会
中嶋健造編著（2015）『New 自伐型林業のすすめ』全国林業改良普及協会
興梠克久編著（2015）『「緑の雇用」のすべて』日本林業調査会
泉英二（2015）「吉野林業における自伐化の進展状況とその意味すること」『国民と森林』133
興梠克久（2015）「自伐林家論の再構成と新しい集落営林」『山林』1569，2 ～ 9 頁

第４章　森林の観光レク利用と地域資源管理

第１節　新たな市民的利用としての観光レク利用

1　なぜ，観光レクと森林の関係に注目するのか

本章が対象とするのは，森林地域あるいは山村を舞台として，主に森林資源を基盤に行われる観光レクリエーション（以下，レクと略）利用，及び観光レク利用を前提とした多目的な地域資源管理についてである。本書では，主に木材生産を中心とした森林管理が論じられており，本章は異色の章である。では，なぜ本書のなかで貴重な紙幅を割いて，この章が書かれることになったのか？　この点について，少し説明しておくことが，読者のためには必要だろう。端的に言って，それは，観光レク（以下，特に必要がない限り「観光レク」と略）利用と森林の関わりが，特殊歴史的，つまり，人間の歴史のなかで通史的に見られるのではなく，特定の時期に初めて，または明確に現れるような現象として，具体的には，市場経済がすべての社会に浸透した資本主義社会としての近現代において，初めて一般化した利用と関わりであり，その意味で現代における森林管理の特徴そして課題を最も端的に表出していると考えられるからである。

この観光レクと森林の関わりの特殊歴史性は２つの側面から説明することができる。１つは，観光レクそのものが現代に至って初めて国民に広く普及したという事実に基づく。つまり，いわゆる階級観光，クラスレジャーが通歴史的に存在したのに対し，１国の人口の大部分を占める一般大衆が日常的に観光レクを享受することができるようになったのは，最先端のアメリカ合衆国であっても，たかだか20世紀の第１次世界大戦後であり，日本を含めたその他の国々では第２次世界大戦後のことだった。このような観光レクをマスツーリズムと称するが，資本主義の発展の最終段階における新たな資本

蓄積様式と言えるマスツーリズムの発展拡大こそが，観光レクと森林との関係を一般化し，そして問題化したのであり，そして，その問題に対応した森林管理を必然化したのである。

観光レクの特殊歴史性の説明の２つ目は，歴史上初めて，国民の大多数が森林と直接的に接する機会を持ったことの意味と意義である。周知のように，森林と人間との関係は非常に古いが，日本について言えば，少なくともいわゆる有史時代以降において，奥山の森林にまで多くの人間が入り込むような状況はほとんど生まれなかった（読者は，すぐに入会利用を思い浮かべるだろうが，村の住民が入り会った入会林野の大部分は，集落に近い里山であり，草地であったことに留意）。ところが，観光レクの発展は，林業など日常的に森林に接する機会を持つ人間以外の，つまり山村在住以外の，大多数の国民を森林資源利用者として，森林管理のステイクホルダーに意図せず巻き込んでしまったのである。このことの持つ意味は非常に大きい。森林管理をめぐる問題としての，観光開発問題，自然保護問題は，こうして国民一般の問題となり，多面的利用に配慮した管理，そして市民・住民参加による管理が正当性を持つことになったのである。

この項の最後にもう１つ確認しておくべきことがある。それは「観光レク」という言葉の定義である。観光について，筆者は「日常的な空間から非日常的な空間への移動を伴う，非日常的な体験の機会の提供とその消費。対価の支払いを含む。」と定義する。ここで重要なのは，観光とは「対価の支払い」，つまり経済的関係に限定していることである。このため，対価の支払いのない，非経済的な利用については，「レク」の概念で補うことにした。

さて，それでは，森林管理と観光レクの関わりの分析を始めよう。まず，第１節では，観光レクの本来的意味について考察するとともに，第２次世界大戦後を中心に観光レクの動向を概観する。第２節では，観光レクの日本的展開の特徴である，供給側の観光資本に注目して，その動向をたどり，次いで観光資本に対抗する地域の動向をみる。第３節では，観光レクと公共サービスに関して，社会資本としての森林の整備を自然公園，国有林，森林公園について概観し，その問題点をあげる。第４節では，以上の分析を踏まえて，観光レクの視点から地域資源管理のあり方について考察する。

2　森林管理における観光レクの位置づけ

(1) 登山の歴史

突然，登山の歴史から説明を始めることをお許し願いたい。日本における登山の歴史は，諸国のなかでかなりユニークな形で始まる。日本古来の山岳宗教と仏教が習合した修験道の道場として山岳が認識され，いわゆる霊山では多くの修験者が，修行としての登山を行った。修験道の創始者と言われる役小角（えんのおずぬ）は奈良時代の人なので，その歴史は古く，現在の日本の主だった山岳は，北海道を除いては，ほとんどが修験者による登山の実績があるといわれている。この修験道からも大きな影響を受けて，江戸時代になると一般庶民による参詣登山が一般的となる。富士山，木曽御嶽山，伯耆大山（だいせん），相模大山（おおやま），白山，立山，岩木山等富士山型の秀麗なスロープを持つ火山が多くを占めるが，各地に宗教登山の対象となる山岳が存在し，農民を主体とする庶民は，富士講（浅間講），御嶽講，大山講のような「講」を組織し，集落内で交代で集団登山を行った。この際，「御師」（おし：富士講など），「先達」（せんだつ：御嶽講，大山講など）が，職業的コーディネータとして各講の参詣旅行を差配した。御師が重要な役割を果たした伊勢詣で指摘されているように，こうした参詣旅行は宗教色は持つものの，かなり観光旅行的要素を強く持つものであり，庶民にとっては一生に１度の非常に大きな観光イベントだった。参詣の往き帰りに立ち寄る各地の風物を楽しむための，現代でいうガイドブックやガイドマップが多く出版されたのだが，参詣登山の場合は，登山という苦行を伴うこともあって，遊楽性，観光性はもう少し弱かったようで，登山客の紀行文を読んでも，ほとんど登山途中の風景の記述や感動の記録などがないとの報告（小泉武栄(2001)）がある。

こうした，近世以来の庶民による宗教登山は，日本が国民国家を形成し，近代化に突っ走る明治維新以降も続けられたが，近代登山史は，それまでの伝統的な登山の流れからは，断絶した形で始まる。明治維新以降に大挙来日した欧米人による登山である。明治初年の禁足令が解かれると，多くの欧米人が日本各地を様々な目的で旅行したが，そのなかには山岳部に興味を持つ者もおり，「近代登山の父」「日本アルプス命名者」と言われているウェストンを初めとする多くの人々が日本の山で登山を経験した。神格化されたウェストンについては，その業績について，かなり割り引いて考える必要があるようだが，いずれにせよ，山岳をはじめとする日本の自然環境，それは当然ながら森林地域が主体なのだが，欧米人によって高く評価されたことの意義は大きく，西洋に心酔した者の多かった日本のエリート候補群（帝大を初めとした大学生など）の間に急速に近代アルピニズムが浸透することになった。日本を代表する登山者の組織である日本山岳会の創始者・小島烏水もウェストンとの交遊関係から登山にのめり込むわけで，大学生を中心としたエリート集団による近代登山と庶民による伝統的な宗教登山の併存は，第２次世界大戦までの一般的な形だった。

日本の登山が一気に大衆化するのは，やはり第２次世界大戦後である。戦後の動向については後述するが，何回かの「登山ブーム」を経て，最近では「山ガール」ブームなどもあり，登山は日本の国民にとって一般的な野外レクの１つとして，定着していると言えるだろう。

ここで言いたいのは，登山で代表されるような野外レクは，その時々の社会情勢を反映しつつ連綿と続いており，それに伴って，森林は，日本における野外レクの主要な場として，連綿として国民によって利用されてきたという事実である。しかも，ここで重要なのは，それが戦後になって大衆化したということだった。つまり，市場経済が国内で全面的に浸透し，一方，経済成長のなかで，ほとんどの国民が平等な消費者として立ち現れるような，いわゆる大衆消費社会が成立した戦後の日本社会のなかで，いわゆる市民によるレク利用が日本においても一般化，普遍化するのである。

(2) 観光レクの意味

ここで現代社会における野外レクの意味について，もう一度考えてみたい。取り上げるのは，1932年イギリスで起きたキンダースカウト・マストレスパス（Kinder Scout mass trespass）事件である[(1)]。トレスパスとは不法侵入のことで，マスが付くので，大量不法侵入ということになる。これは現在のピークディストリクト国立公園内にあるキンダースカウトという名の小山に，当時の土地所有者の進入禁止の通告と柵の設置を無視して，マンチェスターの労働者を主とした500人と言われるハイカーが集団で不法侵入し，一部の参加者が警察に逮捕された事件である。この事件が現在まで語り継がれ，公園内には記念碑が立てられているのは，土地所有権を盾に利用を阻止しようとした所有者の妨害を，労働者が実力行使により突破し，市民によるオープンスペースのレク利用権を社会に示威したことにある。労働者にとって，過酷な労働の毎日から解放され，労働力を再（re）創造（create）する場としてのオープンスペースでの野外レクは，このように，労働者を中核とする市民の権利として獲得されたのである。

一方，ドイツ人に愛されているヴァンデリングの歴史を紐解くと，19世紀末から20世紀初頭の時期にかけて盛んになった青年層を中心としたワンダーフォーゲル運動，ほぼ同時期に興った郷土保護運動，第１次世界大戦後にあまり裕福でない階層を中心として「素朴な自然に帰れ」というスローガンのもと，農家で宿泊しながらハイキングなどを楽しむレジャーの広まり，など一連の流行に突き当たる（土屋俊幸（1995））。やがてこれらのナショナリズムを背景に持つ運動はナチズムに回収されていくのだが，ここでも，イギリスとはまったく性格は異なるが，資本主義確立期における市民による運動のなかで野外レクが一般化していくことになる。日本における野外レクには，残念ながら，このような政治性は刻印されていないように思われる。このように，野外レクが，ある国において一般化する経緯はそれぞれ異なるが，それがその国での資本主義の確立に伴った市民による新たな自然資源の利用の形として定着することは同様と言える。

一方，日本においては，後に見るように，大衆観光＝マスツーリズムが，比較的早期に一般化したように思われる。具体的には，第２次世界大戦後，敗戦によって全国が灰燼に帰したにも拘わらず，観光の立ち上がりは早く，例えば，日本における団体旅行の典型である修学旅行は，早くも1947年に復活している。近世の伊勢詣の盛行以来の観光の伝統に加え，戦前期の先行投資を基盤とした私鉄資本による観光開発も，戦後すぐに復活することになった。私鉄資本によって主導された観光開発という世界的に見ても，ほぼ日本だけで顕著に表れた現象についても後述するので，ここでは詳しく述べない。ここで強調したいのは，観光レクと資本主義のもう1つの関係性についてである。ごく手短かに言えば，観光レクは，資本主義の発展の最終段階で，利潤を生み出す対象として意識されるようになり，観光資本を生成することになる。労働者への所得の再分配が進んで労働者が豊かになり，観光レクサービスを購入する消費者として現れるようになって，つまりマスツーリズム＝大衆観光を支える「大衆」として登場するようになって，初めて観光産業は資本主義を支える主要な産業の1つへと昇格し，その生産様式であるマスツーリズムは，現代資本主義を特徴づけるものとなったのである。

以上のことをまとめるならば，観光レクは，資本主義の全面化に伴って必然的に生成され，そして，さらなる資本主義の発展に伴って社会に浸透し，また資本主義を支える主要な産業部門を形成した，ということができる。

(3) 森林管理との関係

ここまで，野外レク，及び森林を場とする観光について，日本の状況を主に欧州諸国との比較を交えて述べてきた。ここでは，視点を変えて，こうした観光レクの場としての森林において，レク利用のための「管理」がどの程度，実際にされてきたのかを検討してみたい。前項のように観光レクと資本主義が関係づけられるならば，日本における観光レクの主要な対象となる森林は，大きな利用の圧力を受けることになり，資源の劣化，減少を防ぐためには，何らかの資源管理が必要となってくるはずである。また，健全な観光レクの場を提供するという観点に立てば，施設の適切な配置，利用目的に見合った適切な資源の配分，さらに多様な来訪者の安全を確保しながら，森林を楽しんでもらう仕組みが必要である。ここでは，それらが実際にどのように行われてきたのかを見てみよう。

結論を先に言えば，第2次世界大戦前は，観光レク利用のための積極的な森林管理はほとんど皆無だったと言って良い。もちろん，例えば，京都の嵐山国有林は，1915年に国有林内の保護林制度の創設時に保護林に指定され，また翌1916年には森林法に基づく風致保安林に指定され，さらに，1927年には史跡名勝天然紀念物保存法による史跡名勝に指定され，禁伐の処置がとられてきたが，1931年からは「嵐山風致施業計画」に基づき，伐採，植栽を含めた本格的な風致施業を導入した森林管理が行われるようになり，現在に至っている（福田淳（2012））。しかし，こうした観光レク上，重要な点的な森林についての特殊な取り扱いを除いては，観光レクのための管理は行われなかったと言って良い。

そこで，ここでは，戦後の全面的な観光開発の展開の先駆となった事例について，森林の側から見ておこう。現在の西武鉄道の前身，箱根土地株式会社が設立されたのは，1920年である。箱根土地は，箱根と軽井沢という当時の日本を代表する避暑地に，中産階級の上部階層であれば購入が可能な安価な別荘地分譲を行い，そこで得た利潤を元に，東京での住宅団地分譲，そして私鉄経営へと事業を拡大していった。ここで箱根土地が別荘地分譲を行った土地の以前の所有者を見ると，軽井沢，箱根ともに町村有林及び旧村の区有林，しかも直営林ではなく，住民が入会利用を行う入会林野が多くを占めていることがわかる。土屋俊幸（1985）によれば，軽井沢の東長倉村沓掛区有林の場合，区有林からの採草に依存する，構成員の３分の２は区有財産の売払いに反対したが，「千ヶ滝遊園地」（遊興施設も含めた別荘分譲地の総称）開発による地域経済への効果に期待する村長をはじめとした区内上層部が押し切った（４頁）。このように，入会林野起源の公有林においては，「コモンズ」として，従来の利用形態が守られる基盤となる場合もあるが，この場合のように，却って大面積の林野がまとまって，新しい利用形態へと一気に転用される契機ともなることを認識する必要がある。

山梨県富士北麓地域の事例は，さらに大規模なものである。ここでも，主な利用形態は別荘地だったが，ここの場合，山梨県が主導して，総合的な観光開発計画である「岳麓開発計画」が策定され，この計画に基づいて，1925年，富士山麓電気鉄道（株）と富士山麓土地（株）（現在の富士急（株））が，いわゆる甲州財閥の出資によって設立されて，開発が始まる。林野は主に山梨県有林が提供され，山中湖畔に大規模な賃貸の別荘分譲地が開発された（内藤嘉昭（2002））。

軽井沢・箱根，富士北麓，何れの開発においても，戦前期は得られた利潤は限られ，戦後の本格的な開発開始に向けての，土地の確保と観光地イメージの形成が大きかったと考えられるが，観光利用を主目的とした計画的林野開発の先例だと捉えることができる。

一方，1931年に国立公園法が制定され，いわゆる地域制自然公園の設立が始まっている。周知のように，自然公園は，貴重な自然景観，希少な自然環境を保護するとともに，健全な観光レク利用を進めることを，その制度の基本的な目的としている。日本の地域制公園は，このうち，かなり観光振興の方に偏った動機から制定されており，例えば，国立公園を最初に作ったアメリカ合衆国のいわゆる営造物公園と比較して，自然公園としての管理運営が脆弱であると言われている。特に法制度的にも人員的にも「安上がり」の公園として，資源が極めて限られていた戦前期については一般に評価が低い。しかし，村串仁三郎（2003）が述べているように，国家が主導する電源開発などから景勝地，自然地を守る意味では，一定の働きをしたということができるだろう。

以上，検討してきたように森林管理の面でも第2次世界大戦前から，観光レク利用を目的とした，偶発的ではない，意識的な特別の森林管理の萌芽が見られた。これが戦後の観光レク利用の爆発的増加のなかで，どのように変化進展していったかを次項以降で見ることにする。

2　観光レクの進展

(1) 第2次大戦後のレジャーブーム

第2次世界大戦後，日本では，森林あるいは森林を含めた自然環境のなかでの観光レク利用が何回か「ブーム」になっている。ここでは，それらの「ブーム」の整理から始めよう。

まず，観光レク利用全体が急激に増加した時期としては，第2次世界大戦が敗戦で終わり，戦後復興から高度成長経済に向かう1950年代後半から1960年代前半の時期の「レジャーブーム」があげられる。池田内閣がいわゆる「所得倍増計画」を発表した1960年の翌年，1961年の経済白書は「レジャーブームの兆し」を指摘したが，すでに1950年代半ばから，休日の海水浴場，山岳，スキー場などの混雑は「殺人的」で，1960年代の「爆発するレジャー」を活写した石川弘義編著（1979）は，「神風レジャー」という言葉で当時の状況を表わした。こうしたブームの背景には，連合国軍総指令部（GHQ）の指導によりレク運動が導入され，フォークダンス，スポーツ，ハイキングなどの新しいレクの普及が奨励されたことも大きい。そもそも，「レジャー」という言葉自体が流行語だったことも指摘しておかなければならない。レジャーは，もともと労働時間及び人間の生存に不可欠な睡眠時間，食事時間などを除いた余暇時間，自由時間を表すが，日本では，戦後に盛んになった上記の野外レクに代表されるような新たな活動的なレクの総称として使われることが多かった。

この間の状況を前述の富士山麓電気鉄道・土地会社の戦後の展開でみると，富士五湖をはじめとした富士北麓地域にも非常に多くの観光客が訪れるようになり，戦前に開発を終えていた山中湖畔の別荘地の販売も好調で，麓鉄の業績は成長に転ずる。そして，会社の名前も富士急行（株）に変え，1961年には現在の富士急ハイランドの前身である富士五湖国際スケートセンターを開業した。この様々な娯楽施設を併設し，鉄道の駅から直結された人工スケート場は，空前の人気を得，若者を中心とした多くの観光客が首都圏から押しかけることになり，富士急は「鉄道資本」から「観光資本」への変態を遂げることになる。来訪客は1961年度の7万人が，いわゆる遊園地としての富士急ハイランドが完成する1965年度には55万人，翌66年度にはさらに倍増以上の120万人に達した。なお，富士山・富士五湖地域（山梨県）への来訪客は1950年の88万人が，55年には214万人，65年には592万人へと膨れあがっている（土屋俊幸（1982））。

一方，新潟県南魚沼市（旧塩沢町）の石打丸山スキー場の状況をみると，このスキー場は1949年（初めてのリフト敷設は1954年），関山区（のちに石打区）の住民たちが開設したいわゆる農村スキー場であり，国有林内にゲレンデ，スキーコースを伸ばしてスキー場として拡大していった。宿泊施設は農家を改造した民宿がほとんどを占め（1950年に3軒で開始），最盛期には約200戸の集落のほとんどが民宿を初めとする観光関係の業種に従事していた。来訪客数は，初年度は9,500人だったが，翌年度には2.3万人に増加し，リフトができた1954年には8.2万人，10年後には25.8万人，20年後の

1969年には42万人に達した（石打丸山観光協会（1982））。

このように，高度経済成長の幕開けと同時に始まった第2次世界大戦後の「レジャーブーム」は，1941年のいわゆる太平洋戦争の勃発以降，観光レクとは無縁で，戦争末期には生死の境をさまよい，戦後も食べ，寝ることに精一杯だった国民が，それまでの鬱屈を一気にはき出した激しさがあった。もともと，世界でも有数の観光好きの国民性が，ようやく復活したとも言えるだろう。そして，上で見たような大量の来訪客の出現は，観光地の様相を一変させ，地域社会，地域の自然資源にも多大な影響を与えることになる。当然，森林資源への影響もたいへん大きなものがあった。森林資源の管理を考える際，この観光レク利用の戦後性に強く留意する必要がある。

(2) 登山ブーム

次に，第2次世界大戦後の登山ブームについてみておこう[(2)]。前述のように登山は，そのレクとしての発達の経緯が観光レクのなかではかなり特異であるが，日本人の野外レクとしては，最も参加人口が多いものの1つであり，その歴史と相まって，日本人に最も親しまれている野外レクと言って良く，ここで取りあげる必要があるだろう。

さて，戦後の第1次登山ブームは，戦後すぐの1956年，海外の登山が解禁されて，マナスルに世界で初めて日本人が登頂に成功したことから始まる。この世界の高峰に世界に先駆けて日本人が登頂に成功したことは，国内で大きなニュースとなった。そして，この敗戦国の国民に誇りを取り戻す出来事をきっかけにブームが起きた。大学や企業には，次々と山岳部やワンダーフォーゲル部が創設され，多くの部員で賑わった。谷川岳など大都市からアクセスが良い高峰では，夜行日帰りで登山をするサラリーマンで溢れた。一方，レジャーブームの流れのなかで，比較的低い標高の山に軽装で登る「レジャー登山」もこの頃から盛んになった。

これに対して，第2次ブームは，1994年からテレビ番組で火が付いたと言われる。1980年代のいわゆるバブル経済期には，登山者は減少したが，バブル崩壊後の不況のなかで復活する。作家深田久弥の著した『日本百名山』が「バイブル」と化し，高度経済成長を支えてきた年齢層が中高年齢域に達し，このブームを主に担った。いわゆる日本百名山ブームである。

さらに，第3次ブームは，2007年頃からマスコミが「格好良く」登山を取り上げ始めて，若い登山者が急激に増えた。きっかけは，アウトドアのアパレルメーカー「モンベル」がファッション性と機能性を兼ね備え，若い女性にも身につけやすい「山スカート」などの販売を開始し，それが爆発的な人気を得たことがきっかけだと言われる。2009年頃からは若い女性の登山者の呼称としての「山ガール」が広がり，男女の若者が山でよく見かけられるようになった。「閉塞感の漂う時代」のなかで，「日頃のストレスを解消するような爽快感や達成感を気軽に味わうことができるため」，「癒しを求める現代人の逃げ場になっている」という指摘もある（小泉武栄（2013），2頁）。

このように，戦後の3回の登山ブームをみると，その担い手や登山の形態がそれぞれ異なることがわかる。このことは登山愛好者は，年代的にも登山の方向性から言っても，中長期的にみれば，非常にバランスが取れた状態で存在しているということができるのではないか。

(3) 観光開発ブーム

これまでは，主に来訪者の側に注目し，その量や質がプラスに急激に変化する局面をブームと呼んできた。これに対して，これから検討するのは，観光レクのサービスを供給する側の「ブーム」である。

第2次世界大戦後に，日本では2回の観光開発ブームが起きている。1つは，高度成長経済の末期，1970年代前半のいわゆる「土地ブーム」である。田中角栄（1972）『日本列島改造論』に象徴される全国的な大規模地域開発熱のなか，中山間地域を中心に，各地で別荘地やゴルフ場などの新規開発を狙った投機的な土地取得が起きた。もう1回は，1980年代半ばから1990年代初頭にかけてのいわゆる「リゾートブーム」で，リゾート法（総合保養地域整備法，1987年）の制定もあり，他業種からも大企業が新規参入し，大規模な海浜・山岳リゾートが全国各地で開発された。これらのブームの過程で，土地の買い占めや地域の自然環境や社会に配慮しない乱開発が問題となった。開発の賛否をめぐる紛争は，地域住民を反対派と促進派に分裂させ，深刻な亀裂を地域に残した。

こうした観光は経済活動として行われ，担うのは広い意味での企業である。企業は，不振で収益が得られなければ，資本として撤退ができる。これに対して，地元の村は撤退できない。村民は打ち捨てられた観光地の廃墟とともに，その場所で生き続けなくてはならない。「企業は去ることができるが，村は去ることができない。」ことを肝に銘じなければならない。

第2次世界大戦後から1980年代ぐらいまでの日本の観光は，典型的なマスツーリズムだった。高度成長経済によって形成された大衆消費社会によく適合し，国民の誰もが観光を楽しめる状況を作り出す一方で，提供する観光の質や，観光開発の負の影響が問題となった。

マスツーリズムの弊害に対して，初めて異なった方向を示したのが，土地開発ブーム終焉後（第1次「石油ショック」後）に本格化した「都市と農村の交流事業」である。村が主導して非商業ベースで農村住民と都市住民の交流を行い，リゾートブームのなかでいったんは衰退したが，バブル崩壊後のアンチ・リゾートとしての政策的なグリーンツーリズム導入時に，成功例として注目された事例の多くは，「都市と農村の交流事業」に起源を持っていた（依光良三・栗栖祐子（1996））。

また，1970年代以降のいわゆる自然志向の高まりによって，農山村に賦存するありのままの自然や農村景観が見直され，そうした環境で滞在することに価値を見いだす人々が着実に増加したことも，観光における変化を後押ししたと言える。こうした流れのなかで，現在のサスティナブル・ツーリズムの推進が提唱されるようになっている。

3　観光レクと公共性

(1) ソーシャルツーリズム

この項で取り上げるのは，これまで見てきた第2次世界大戦後の無秩序と言える観光レクの爆発に対して，それらに秩序を与える社会の動きについてである。それをここでは，「公共性」の発露と捉える。1つは，社会政策的な動きであり，もう1つは社会運動としての対抗，そして最後は政策誘導的な「運動」である。

これまでの行論からすると，第2次世界大戦後の日本では，経済の高度成長のもとで，国民の余暇需要が増大し，自然資源，就中，森林資源を対象に観光レク利用を行う利用者が急激に増大した。そのことは，別の見方で言えば，森林地帯での観光レク利用の急増により，農山村の住民にとって観光レクが所得を生み出す機会として捉えられる可能性が高まったということができる。つまり，観光レクの経済事業化が戦後に進行したということができるだろう。

しかし，一方で，戦後は，日本において政策としての「ソーシャルツーリズム」が明確に進められた初めての時代とも言える。ここで言うソーシャルツーリズムとは，いわゆる社会政策の一環として，比較的低所得者層に観光レクの機会を与えるための一連の施策を言う。具体的には，低価格の宿泊施設の設置や旅行クーポン券の配布が挙げられる[(3)]。間接的には，国民の休日の設定・増加や有給休暇制度の充実などもあげられる。

このうち，日本では主に様々な比較的低価格の宿泊施設の整備が，ソーシャルツーリズムの典型的な事業となるだろう。具体的には，国民宿舎制度の創設，国民休暇村事業の開始，ユースホステル制度の創設，各省庁の補助金による公営宿泊施設の整備などがあげられ，間接的には，各企業・団体・学校などによる保養所などの構成員向け宿泊施設の設置もこの範疇に入れることができる。このうち，国民宿舎制度は，1956年に作られた制度で，国立公園などの自然公園や国民保養温泉地などの自然環境の優れた休養地に建設される宿泊施設として，地方公共団体が建設運営する公営の場合は，財政投融資による特別起債が認められ，民営国民宿舎の場合も，中小企業金融公庫などから公的資金による融資が可能だった。

また，各省庁の補助金によるものとしては，例えば林野庁の林業構造改善事業の場合，1973年度の第2次林業構造改善事業からは，林業従事者の厚生施設といった名目で，事実上の公営宿泊施設が建設された。このような各省庁の補助事業は，おおむね1970年代前半の石油ショック以降に開始されたものが多い（国民宿舎などのこの時期よりも前に開始されたものは，自然公園関連の厚生省（から環境庁）系が多い)。ユースホステルは，ドイツ起源の世界的な運動として始まり，日本には1951年に日本ユースホステル協会が設立されている。1970年代の最盛期には，多くの公営（市町村営）のホステルも建設された。

(2) 自然保護運動の台頭

日本における環境問題がまず公害問題として発現したことはよく知られている。公害反対運動は，被害者を中心として組織され，企業や行政に対しての経済的補償の要求や法的な責任の追及などが主要な活動内容となった。こうした運動の積み重ねにより，1970年代になると，公害関係法の制定をはじめとする制度面での整備が進み，公害問題は徐々に鎮静化に向かう。一方，全国総合開発計画（1962年），新全国総合開発計画（1969年）の制定などを契機とした国土開発の進展による自然破壊は激しさを増し，自然保護運動が活発化する。自然保護運動の場合，公害反対運動とは違い，運動の主な担い手は，問題の発生した地域の住民ではなく，都市住民だった。したがって，運動の内容も，すでに破壊された自然に対する賠償の請求や法的責任の追及ではなく，計画中の開発案に対する阻止闘争が主体となった。

日本の自然保護運動は，水源地のダム開発など大規模な公共事業に対する反対運動として展開されることが多かったが，観光開発も大きな標的であり，1960年代から高度経済成長期を通じて，山岳観光地への観光道路・ロープウェイなどのアクセス手段の開設が貴重な自然を破壊する「元凶」として反対運動の対象となってきた。例えば，大雪縦貫道路開設問題，尾瀬沼道路開設問題，霧ヶ峰ビーナスライン建設計画，南アルプススーパー林道開設問題などがその代表的な例である。また，1980年代のリゾート開発期には，スキー場，ゴルフ場などの大面積開発が多数計画，実施されたことから，各地で地域住民を中心とする草の根の反対運動が頻発することとなった。この事例としては，北海道のトマムリゾート，サホロリゾートなどのスキー場を中心としたリゾートの拡張計画に対する反対運動（土屋俊幸（1996，1997）），猿ヶ京スキー場新設計画への反対運動（群馬県旧新治村），鳥海山麓スキー場新設計画への反対運動，そして，1980年代後半から90年代初頭に，それこそ全国各地に拡がったゴルフ場開発計画反対運動があげられる[(4)]。

また，観光地における無秩序な開発は，既存の市街地や田園地帯の良好な景観を劣化させた。有名温泉地，スキー場の地元集落などでも，乱雑な宿泊施設などの建設は，醜悪な景観を作り出していった。こうした景観の劣化は，前述の自然の破壊とは異なり，日常的な行為の積み重ねのなかから生じるものであることから，反対運動を惹起させることは少なかったが，例えば湯布院町における由布院温泉観光協会を中心とした由布院温泉郊外におけるゴルフ場開発計画反対運動（1970年）は，温泉郊外の田園景観の保全を温泉関係者を中心とする住民に認識させたという意味で，このカテゴリーに入るかも知れない[(5)]。

こうした自然保護運動の存在は，短期的にみれば，観光事業の障害なのだが，中長期的に言えば，持続可能な観光を形成していくために欠かせない。したがって，観光資源管理システムに必要不可欠な運動として存在すると言える。依光良三（1984）が「現代資本主義に欠けていた側面（環境資源の配分）を補足するという重要な役割を果たした」（202頁）と評価したように，こうした運動が第2次世界大戦後の高度経済成長期の観光レク開発に一定の秩序を与えたことを，改めて高く評価する必要があるだろう。

(3) グリーンツーリズム，エコツーリズムの正統性

グリーンツーリズム，エコツーリズムを語る際，マスツーリズムに対するアンチテーゼとして語られることが多い。観光レクは，基本的に労働や日常生活から解放された，非日常の「遊び」の時間・空間であるから，労働を善とする近代的な精神風土のもとでは，その正統性を声高に主張することはなかった。日本のお伊勢参りに代表される近代以前の観光が宗教性を帯びるのも同じ理由と言うこともできるだろう。その意味で，グリーンツーリズム，エコツーリズムは，その正統性を正々堂々と主張する初めての観光形態と言えるかもしれない。

その正統性の根拠を簡単に説明しておけば，グリーンツーリズムは1990年代初めのウルグアイ・ラウンド締結に伴う農産物の関税自由化によって影響を受ける農山村対策の1つとして，農林水産省が提唱した政策から始まっている。モデルは，ドイツ，フランス，イギリスなどで1970年代から盛んに

なりつつあった農家民宿を中心とした農村観光だった。土屋俊幸（1997）で指摘したように肝心の点が模倣されず，また重要な条件が無視されたが，多額の補助金と普及事業の内の生活改善事業を基盤とする指導体制を活用することにより，グリーンツーリズムは急速に農山村に浸透していくことになる。

一方，エコツーリズムは，もともとは，世界的な自然保護 NGO である WWF が提唱した考え方で，発展途上国の保護地域などにおける有効な自然保護策としての地域住民の巻き込み策だった。欧米を主とした世界的な普及の動きを受けて，日本では，これも 1990 年代から，自然保護団体（日本自然保護協会），旅行業者の団体，そして環境庁（現在の環境省）が，それぞれ別個にその導入を図ったが，やがて法律制定を背景とした環境省の補助事業によって，地域ごとにエコツアー業者なども巻き込んだ協議会が組織化され，地域にエコツーリズムが浸透していくことになる（柴崎茂光（2005））。

しかし，グリーンツーリズムについて言えば，基本的にそれは農山村の景観，現代的に言えば里地里山景観を観光資源とし，農山村内の既存の施設，住民の生活のための諸施設を転用して利用し，農林業体験，農村体験などの活動を売りにして来訪客を呼ぼうとする観光なのであって，それ自体に非マスツーリズム的な特性が備わっているわけではない。エコツーリズムも，より希少性，貴重性の高い，原生的な自然を観光資源とし，エコツアーなどの形の少人数でガイドが伴った，つまりより質の高い観光サービスを提供することによって来訪客を呼ぼうとする観光であって，これもそれ自体に自然環境保全に関する思想性が必ず付与されているわけではない。

また，土屋俊幸（2007）が「グリーンツーリズムのジレンマ」と呼ぶような葛藤が生じる。つまり，日本の農山村に普遍的な農村景観を主要な観光資源とすることから，地域間の競争は激しく集客の困難をきたす場合が多いため，経営の低迷からの脱却が決定的な課題となるのだが，いったん，知名度を得ると押し寄せる客への対応から，効率的，画一的な観光，つまりマスツーリズム的な経営手法を取らざるを得なくなり，農山村の旧来からの生活習慣に根づいたサービスの提供という，本来のグリーンツーリズムから逸脱する危険性が生じるのである（151 ～ 152 頁）。また，エコツーリズムについても，伊藤太一（1997）が「エコツーリズムのジレンマ」と呼ぶようなより根本的な正統性への疑念が生じ得る。

つまり，グリーンツーリズム，エコツーリズムは，必ずしもそれ自体が正統性を生来的に付与された特別な存在であるわけではない。さらに，そのよって立つ資源のあり方や経営体のあり方から，大規模な事業にはなりにくく，採算性も決して高くない。しかし一方で，そうであるからこそ，日本で典型的に表れた，現代資本主義社会に適合的なマスツーリズムとは，一線を画した形を作り上げていく可能性も未だに保持していると言える。

第2節　観光資本による観光レク開発の意味

1　鉄道資本による観光開発の展開

日本における観光開発の特徴を考える時，まず第1に挙げなければならないのが，鉄道資本，特に私鉄資本の役割の大きさである。日本の私鉄資本の概略を述べれば，明治の初期から官鉄，つまり国が直営する鉄道と常に競争しながら日本の鉄道網の進展に寄与してきたのであるが，主に軍事上の理由から，日露戦争後の1906年の鉄道国有法により主要幹線の私鉄がほぼ国有化され，私鉄の役割は官鉄を補完し，主に地方レベルの交通需要に応えることに限定されることになった。その後，第1次世界大戦を経て，日本の資本主義が確立し，行政や企業において，テクノクラート層，別の言葉で言えば都市中間層と呼ばれるホワイトカラーの職員層，いわゆるサラリーマンが大量に析出されるようになると，特に大都市においては，サラリーマン層の居住地として都市郊外が認識されるようになり，郊外と大都市中心部を結ぶ交通手段としての私鉄の役割が大きくクローズアップされることになった。

具体的に言えば，現在の大手私鉄の前身として，都市近郊の寺社への参詣鉄道，温泉地へのアクセスの鉄道，都市内の路面電車（市電：電気軌道），既存の都市間の連絡鉄道として設立された小規模な鉄道が，上記需要の急激な増大に併せて急速に成長を遂げ，現在の大手私鉄に繋がる地位を獲得していくことになる。それらの私鉄資本のなかで，小林一三が経営した阪急電鉄

（旧箕面有馬電気鉄道）の経営モデルが，阪急の成功によって，日本の私鉄資本の成功モデルとして確立したことが大きな意味を持った。小林は，休日の温泉客の需要に限られていた小さな鉄道会社の収入増を図るため，沿線での住宅団地の造成，大都市側終点でのデパートの開業，郊外側終点近傍での遊園地の造成，さらには温泉施設での歌劇の公演（少女歌劇団，後の宝塚歌劇団の設立）などの一連の経営策を矢継ぎ早に推進し，経営を軌道に乗せただけではなく，自ら交通需要を作り出す新たな私鉄資本の手法，さらには住宅地造成などによる土地経営の手法も確立することになった。こうした阪急＝小林の私鉄経営モデルは，小林が指導した目黒蒲田電鉄，東京横浜電鉄などの東急グループを通じて首都圏にも伝わり，現在の大手私鉄の前身企業のすべてが昭和初期，1920年代までには採用することになった。

こうした大都市近郊私鉄の経営モデル確立の延長線上に出てきたのが，私鉄による観光地経営だった。典型的には，関西私鉄では阪神，阪急による六甲山，関東では東武による日光が挙げられるが，末端に既存の観光地を持つこれらの私鉄は，1930年代に入ると，観光地への旅客輸送に限らない，観光地経営に乗り出す。具体的には，観光地内交通手段（路面電車，バス，ケーブルカー，湖面船舶など）の吸収合併・新設による掌握，ホテルなどの宿泊施設の新設，各種の観光レク施設（遊園地，動植物園，ゴルフ場，スキー・スケート場）の新設，別荘地の造成・分譲などである。一方，地方中小私鉄にも，こうした大手私鉄による観光地経営をまねた取り組みをするところが現れた。代表的なものとしては，前述の富士急，志賀高原の長野電鉄，菅平高原の上田電鉄などがあげられる。

以上のような私鉄資本による観光開発は，戦争の激化・深刻化によって強制的に中断させられ敗戦を迎えるが，戦時中の交通統制政策による大合併（例えば，東急，京浜急行，小田急，京王，さらには観光関係では，箱根登山鉄道を経営していた小田原電鉄が大東急に合併し，傘下に入った）と，戦後，GHQによる独占禁止政策下での再編を経て，戦後すぐから私鉄による観光地経営，観光開発は再開される。近鉄による伊勢志摩到達と本格的な観光地経営開始に典型的なように，各私鉄で一気に全面展開し，前にみた戦後のレジャーブームを先導することになる。特に戦前と比較すると，別荘地開発などの不動産開発が都市近郊の住宅地開発と並行して本格的に行われており，私鉄資本は，交通需要を基盤としつつも流通部門への本格的進出とも相まって総合的な地域経営の企業への成長していく。また，観光資本としては，鉄道管内から全国化を展望した旅行業，ホテルなどの宿泊業（ホテルチェーン）などの展開によって，観光関連企業グループ化が進展していくことになる。さらに，高度成長後期には，鉄道沿線から遠く離れた各地の観光地経営にも乗りだし，東急による長野県白馬，伊豆半島，北海道などへの進出，南海による四国進出，東武による山形蔵王への進出などに典型的なように，大手私鉄資本による「全国観光地の分割支配」と揶揄される状況が作られることになる（野田・青木・原田・老川編著（1986））。

以上のような私鉄資本が観光開発を主導していく体制は，高度経済成長期を通じて続いたが，先に述べたような，1970年代前半と1980年代後半の2度の観光開発ブームとその間の観光需要の低迷期にどのような変化をしたのだろうか。

1970年に大阪の近郊で開催された大阪万国博覧会は，日本全国から膨大な来訪客を吸引したが，観光客の形態がこの万博を契機として大きく変化する（財団法人日本交通公社（1979），21～22頁）。つまり，それまでの職場などを単位とした団体旅行主体から家族を単位とした家族旅行主体，さらには個人旅行主体へと，1970年代初頭を転換点として旅行形態はドラスティックに変化するのである。1970年の万博終了後に開始された国鉄の個人旅行拡大全国キャンペーン「ディスカバー・ジャパン」なども相まって，いわゆるマスツーリズムの形が崩れ，私鉄資本の優位性が縮小した。

このような傾向が決定的になったのは，いわゆるリゾートブームの時期である。例えば，総合保養地域整備法（リゾート法）に基づく重点整備地域へ進出した，あるいは進出が計画されている企業のリストをみると（野村総合研究所（1989），41頁），日本の経済を支えてきた重化学工業，商社を初めとしたあらゆる産業の大企業が進出していることがわかる。周知のように，この直後のバブル崩壊によって，それらのほとんどの企業は撤退するのだが，私鉄資本主導の体制は戻らなかった。

2　森林・山村への影響

(1) 山村への観光の浸透

山村と観光との関係は，長く深い。観光の歴史の始まりを寺社参詣や湯治に付随した様々なサービスの提供の開始に求めるのならば，それは奈良・平安時代にまで遡ることになる。しかし，観光と農山村との関係が一般化するのは，やはり江戸時代に入り庶民が比較的容易に旅行ができるようになってからだろう。例えば，伊勢神宮に近接して遊興街が形成されたのは元禄年代であるし，大山講が庶民の間で盛んになり相州大山に宿坊が立ち並ぶようになったのも元禄期以降と言われる。また，草津に温泉街が形成されたのも江戸期に入ってからである。

このような従来型の観光地は江戸時代を通じて成長したが，さらに明治に入ると，来日した欧米人によって新たな観光地が生まれていく。従来の観光地との大きな違いは，宗教色がないこと，日本アルプスのような原生的な大景観や軽井沢，奥日光のようなヨーロッパ人の原風景的な景観など，これまで日本人からはほとんど評価されてこなかった景観が注目されたことである。

さらに，スキーなどの野外レクが，特に第２次世界大戦後に盛んになると，スキー場であれば，傾斜があり積雪がある程度見込める場所ならば，今度はどこでも観光地化が可能な状況になった。スキー場についてみると，例えば，石打丸山スキー場（新潟県南魚沼市）は，第２次世界大戦前は入会山や国有林慣行特売による薪炭生産に生計の多くを依存した寒村だったが，戦後すぐに小さなスキー場が開設され，それが急成長し，スキー客を泊める民宿が急増すると，むらの状況は一変することになる。森林は，薪炭生産のための「ボイ山」から，住民の生計の大半を稼ぎ出す重要な観光資源へと変貌したのである（石打丸山観光協会（1982））。

これらの観光地化の過程で，従来の農山村集落は，農林漁業を生業とするかなり自給的要素の強い就業・生活形態から，外部からやってくる来訪客に何らかのサービスを提供して対価を得る形，あるいは来訪客を相手とした観光企業に雇用されて賃金を得る就業形態へ，つまり貨幣を得て市場から生活資材を購買する生活形態へと大きく変化することになる。要するに山村への観光の浸透は，共同体への市場経済の浸透を意味した。

このような山村への観光の浸透は，みてきたように何段階かに渡って進行したが総じて点的であり，浸透の進行も点の数の増加であって面的なものにはならなかった。それが大きく変化したのは，先述の２つの開発ブームの時期である。この２つの時期には，森林（林野）が別荘用地，リゾート用地として投機的投資の対象となった。投機的ということは，これまで利用の実績のない所こそが，投機のうまみが大きくなるわけで，その投資の対象の範囲は，点から面へと移行しやすい。このことから，これまで売買の実績の限られていた山村地域の，住民や入会団体などが所有する大面積の森林が売買されることになり，大きな社会的混乱をもたらした。こうした森林の投機的売買の影響は，ブーム終了後も残存した。例えば「原野商法」で庶民に分譲販売され，登記簿上だけ分筆・細分化された地片が，さらに転売，相続などを経て，もはや，まとまった土地としての開発も保全も不可能な土地となっている事態や，リゾート開発用地として開発企業の所有地となった大面積の土地が，開発中止後転売されたあげく，森林管理に経験・知識のない企業のもとで「塩漬け」された状態で保有されるような事態が全国で見られる。

(2) 山村の自主開発

これまでの行論では，農山村は観光資本，観光客に利用，開発される資源の存在する場，あるいは雇用，就業する労働力の存在する場としてのみ現れた。観光を通じた商品経済の浸透は，山村ないし山村住民にも多かれ少なかれ恩恵を与えているので，当該地域あるいは当該住民を被害者としてのみ捉えることはバランスを欠くと思われるが，その面が強かったことは事実だろう。例えば，外部から観光企業が村に進出して，観光開発を行い観光事業を始めた場合，ある人数の雇用は発生し，また農産物などの販売もあるだろうが，その企業が得た利潤は村外に流出する。また，企業としての利益性や効率性が重視されて，自然環境や地域社会に対する配慮が十分ではない可能性があるだろう。業績が悪くなれば，残される地域のことは考慮せずに撤退してしまうかも知れない。

こうしたことを考えた時，地域の企業や自治体が自ら観光事業を行う自主開発，あるいは内発的開発が対抗策として浮かび上がる。しかし，一方でマスツーリズムが主流の現代においては，開発のための投資額は巨大となり，地域内の主体がそれを担うことは非常に難しくなってきている。広い意味での対抗策としては３つの方策が考えられる。①主に地域内の各主体から出資を募り，補助金，融資などの公的支援も得て，地域内で開発主体を立ちあげる。②地域内でも容易に出資が可能な，マスツーリズムとは一線を画したオルタナティブな観光を立ちあげる。③開発は主に地域外の資本に任せるが，公式・非公式の規制や契約・協定の条件により，開発資本の活動を地域がコントロールする。

例えば，ほぼ第２次世界大戦後に開始され，国民の大きな支持を得て，巨大な産業へと発展するとともに傾斜地という不利な条件を持った多くの農山村に大きな影響を与えたスキー産業についてみると，①の戦略を採った事例としては野沢温泉村（長野県）がある。村は村外資本を排除した自主開発を標榜し，村有林，国有林と財団法人野沢会有林を敷地とし，村営事業としてスキー場経営を始めた。宿泊施設も既存の温泉旅館と地域の共同浴場を活用して新たに開始された住民による民宿が担った。志賀高原スキー場の経営に当たって財団法人和合会が取った戦略も①であり，この場合，リフト会社は和合会の会員の共同出資だった。

一方，石打区（新潟県南魚沼市）の戦略は③だった。石打区は，石打丸山スキー場の経営に当たって，資本投下の必要なリフト部門は外部資本に任せるが，宿泊部門は徹底的に地元住民経営の民宿が独占し，全体のスキー場運営は石打丸山観光協会が担う体制を確立した。石打区がこうした戦略を外部からの進出者に対して強制できた根拠は，入会山起源の国有林の利用に対する地元集落としての発言権だった。長野県白馬村の八方尾根スキー場の場合は，財団法人八方振興会の所有地（八方区，八方口区の入会山起源）を武器として，大手私鉄資本である東急グループと振興会会員である住民が，リフト部門でも宿泊部門でも協定に基づいて棲み分けを行い，戦略としては①と③の中間型を示した（土屋俊幸（1987））。

以上のような①ないし③の戦略が1960年代から始まったのに対して，②

の戦略は，スキー場の盛衰が一回りした1990年代になって現実化した。例えば，戸狩温泉スキー場（長野県飯山市）を経営する戸狩温泉観光協会（民宿を経営する地域住民が組織）が，冬場のスキー客の半減を受けて，夏場の自然体験プログラムを開始するのは1994年であり，現在ではむしろ，夏場の収入が民宿の経営を支える構造ができあがっている（佐藤真弓（2010），125～130頁）。

ここで地域の主体による観光の自主開発の可能性についてまとめれば，ひとまず2点があげられるだろう。1つは，かつてのスキー場がそうだったように技術が確立していないため大きな資本が参入をためらい，かつ小資本での参入が可能だった状況下では，地域が一時期であれ産業全体の主導権を握ることが可能であり，自主開発が成功に至ることが可能になった。第2に，上記であげたような条件下においても，結局，自主開発が可能だったのは，地元地域がスキー場敷地の林野の大部分の所有権あるいは所有権に換わる発言権を保有していた場合に限られるということである。要するに地元地域は，土地所有を武器にしてこそ，外部資本と対抗することができると言える。

第3節　観光レクと公共的サービス

1　社会資本としての観光レク

以上でみてきたように，近代資本主義社会にとって，観光レクは必須のものとしてあった。つまり，資本主義社会にとっては，資本・土地・労働力が自由に流動する形で常に豊富に存在することが必要だが，資本は労働力を自ら生産することができないから，既存の労働力をいかに摩耗しない形で保つかが重要であり，労働力の摩耗劣化を防ぎ，再生させる手段としての観光レクは必須なのである。一方，労働者にとっては，自らの生存を保ち，身体的・精神的に健全な形で自らを労働力として販売していくためには，食料・住居の確保などと並んで，今や観光レクを自由に行える環境の保持も重大な要望事項の1つであり，先述のキンダースカウトの例のような労働者による実力行使が正当化されることになる。このことは，国民国家の側からすれば，社会の安定のためには，自然資源を健全な形で維持し，労働者，あるいは国民が観光レクを満度に行えるような環境を整え保持することは，社会政策としても重要だということを意味する。

しかし，他方で観光レク利用の対象となる自然資源を健全な形で維持していくためには，膨大な資金・労働と十分な知識・技術が必要とされるが，それらを個別の資本が市場経済のなかで調達していくことは不可能である。従って，社会，具体的には国民国家が，社会資本，あるいは社会的共通資本として自然資源の維持培養を担当することが必須となる。

以上のように国民国家にとっては，社会資本として，国民が観光レクを行う場としての自然資源，就中，森林資源を健全に維持し，適切な利用施設を建設管理していくことは，必ず行うべき必須の事業であり，実際に欧米ではそのような対応がされてきた。翻って日本の状況をみると，現在においてもその状況は貧困としか言いようがない状況であり，特に野外レク，自然観光の分野では，社会資本としての蓄積は非常に低いレベルにあると言わざるを得ない。

以下では，社会資本としての観光レクという視点から，森林を主要な資源とする観光レク施設あるいは地域を行政的な区分に沿って概観する。

2　自然公園・国有林・森林公園

(1) 地域制としての自然公園

国立公園を初めとする日本の自然公園制度は，世界的に見ても比較的早い1931年に始まっている。しかし，国立公園の発祥地であるアメリカ合衆国のそれが，連邦の所有する土地に国立公園専用の施設を作り，専門の連邦公務員が管理するといういわゆる営造物公園だったのに対して，土地の所有形態にかかわらず，ある範域を国立公園として指定し，開発の規制と望ましい利用を進めるための「内部制御」（八巻一成（2012），365～367頁）を行うことによって，自然公園の目的である卓越した風景地の保全と利用をはかる，いわゆる地域制自然公園だった。国立公園法（当時）制定の直前に誕生したイタリアの国立公園がモデルだったと言われるが，特にモデルがなくても，当時の日本政府には地域制しか選択肢がなかったとも言える。つまり，軍事費優先の緊縮財政のなかで，公園用地としての土地買収がほとんど不可能だったのは当然として，公園利用施設・公園管理施設への投資も極力控えられた。各公園への管理職員（現在のレンジャー）の配置は，全学国費支弁職員を道県の嘱託として道県庁に配置するという変則的な形になり，結局，国の職員の現場配置は第2次世界大戦後になる（財団法人自然公園財団(2003)，10～16頁)。一方，観光地のブランドとしての国立公園の威力は大きく，指定に向けての各地での誘致運動は熾烈を極めた。このように日本の国立公園は「安上がりの自然公園」として，いわば「ペーパーパーク」として出発することになった。

第2次世界大戦後，GHQの指導もあり自然公園制度が改革され，都道府県立自然公園・国定公園・国立公園という3段階の自然公園制度ができ，レンジャーが公園の現場へ国家公務員として配置されるようになり，さらに公園現地にレンジャー事務所が置かれるようになるなど，管理体制は次第に整っていった。また，戦後に多くの国立公園が新たに指定されたが，この際も戦前と同様に激しい誘致合戦が行われた。第2次世界大戦後の日本は，観光の急成長期を迎えるわけだが，相次ぐ観光開発計画に対する対応に国立公園管理当局は翻弄されることになる。マスツーリズムの本格的開始に対応して，各地の国立公園に観光道路，ロープウェイなどが建設され，大量の観光客が森林地域を訪れることになった。日光国立公園尾瀬地区（現尾瀬国立公園）においては，1960年代初めに尾瀬沼への自動車道路建設計画が掲げられたが，激しい自然保護運動が起き，最終的に尾瀬は守られた。しかし，自然保護のシンボルと化した尾瀬は言わば例外であって，他の国立公園では，例えば富士箱根伊豆国立公園の富士スバルライン，十和田八幡平国立公園の八幡平アスピーテライン，大雪山国立公園の黒岳ロープウェイ・旭岳ロープウェイ，中部山岳国立公園の新穂高ロープウェイのように，現在の「常識」では，自然保護上，景観保全上，開発認可がほぼ困難な地点に相次いで観光目的の交通施設が建設された。

第2次世界大戦後の自然公園管理の特徴は，都道府県が施設整備，公園管理の事実上の主要な担い手となったことだろう。国立公園についてみれば，その名称からして国が責任を持って管理する形が想像されるが，実際には戦前の誕生時の「安上がり」公園としての成立の経緯が災いし，いわば「経路依存」的に戦後の国（厚生省，環境庁）による管理は極めて弱体な状態が継続されたことから，言わば補完的に，また都道府県行政としては非常に重視される観光振興行政上の要請もあり，都道府県が国立公園管理の大きな部分を担うことになった。特に，登山道・遊歩道，キャンプ場，トイレ，駐車場，避難小屋などの基盤的な施設の多くが，国からの補助金が創設されたこともあり，都道府県が直接，間接に関わる形で整備されることになった。因みに，こうした国による施設整備の貧弱を地域制公園であることに帰する議論があるが，同じ地域制であってもイングランド・ウェールズやイタリアの国立公園における施設・人員・制度の充実具合（畠山武道・土屋俊幸・八巻一成編著（2012））をみれば，これは制度の問題ではなく，国の姿勢の問題であることがわかる。

その後，1994年度から公園事業の公共事業化がなり，2000年度をピークとする事業費の拡大期を経験した。しかし，2005年のいわゆる三位一体改革以降，国立公園の管理は国が直営で行うこととなり，補助金・交付金も縮小されたことから，多くの国立公園で，都道府県が管理から急速に撤退しつつある。一方，国の直轄事業部分は一時増加し，その後は減少しつつも維持されているが，全体として公園整備の事業費は減少から横ばいとなっている。小泉政権の行った三位一体改革については，様々な評価があるだろうが，少なくとも自然公園政策については，明らかな失敗である。この失政による自然公園管理の質量両面の低下を最小限に食い止めるため協働型管理運営の導入が進められているが，まだ緒に就いたばかりであり，その効果については現時点では評価できない（土屋俊幸（2014））。

堀繁（1994）によれば，日本の国立公園政策は，戦前期の利用を前提とした風景の保護から，戦後1950年代の個別の保護・利用要素の取り込みに終始した時期を経て，1960年代から1970年代前半までの，利用との対立的概念としての自然保護に至り，さらに1980年代以降の原生的自然，あるいは生態系まるごとの保護を目指す方向へと変遷してきた（193～196頁）。

2000年代以降の時期は，協働型管理運営のもと，観光利用面を重視する地域の意向に配慮する必要から，再び利用にシフトしつつあると言える。さらにいわゆるインバウンドの外国人観光客の来訪の急増に対応した，安倍政権の「観光ビジョン」における国立公園の重点整備策などもあり，第2次世界大戦後のほぼ一貫した保護面の強化の方向性が21世紀に入って逆転するのか，注目する必要がある。

(2) 国有林の位置づけ

国有林が積極的に観光レクに関与する姿勢をみせるようになるのは，第2次世界大戦後である。1960年には奥山への避難小屋の設置を開始し，1966年には国設野営場（キャンプ場）制度が作られ，登山を中心とした野外レク需要の増大に対応するようになった。さらに，戦後，リフトの導入によって急速に大衆化したスキー場におけるスキーの需要に対処する形で，1957年には国設スキー場制度が作られた。しかし，これらの国設施設における「国設」の意味は，民間業者，地元市町村などの事業主体が施設敷を借り受けて事業を行うのに対して，国有林は，例えばスキー場ならば一定の区域を画してスキー場として指定し，ゲレンデや周辺の森林の管理を担うもので，受け身的な対応と言える。

これに対して，1967年に開始された「自然休養林」制度においては，国が自ら区域を指定して自然休養地として保護と開発を図ろうとするもので，国による積極的な野外レク開発が目指された。1972年には，それまでの自然休養林，国設スキー場・野営場は，風景林なども加えた「レクリエーションの森」制度のなかに包含されることになり，保健休養のための施設の設置は原則として「レクリエーションの森」（以下，「レク森」と略）に区分された森林地域内で行うこととされた。ここにおいて，国有林におけるレク利用のための施設の体系が整ったと言える。ただし，注意すべきは，最もレク施設としての整備がされ，管理水準が高かった自然休養林においても，すべての施設を林野庁が直轄で整備し，管理しているということはほとんどなく，多くの場合，地元市町村，場合によっては都道府県が整備主体となり，施設の管理も行っていたことである。つまり，自然公園とは異なり，土地所有は国有林専一だが，施設の整備・管理主体については，自然公園と同様に，民間業者も含めて多様であり，管理運営はモザイク的に行われていたのである。とまれ，第２次世界大戦後の1970年代前半頃までの時期，国有林の経営は概ね順調であり，財政的にも余裕があったこと，また，大々的な野外レク開発を進めていたアメリカ国有林（森林局）の状況もおそらく把握されていたと思われ，この時期，国有林が積極的に自主的なレク開発を実施したことは，高く評価されるべきだろう。

しかし，この「レク森」制度開始の翌年，1973年には，レク用地の使用料の算定方式の変更があり，それまでの「地価方式」，つまり地価に併せて地代を算定徴収する方式から「収益方式」，つまり設備投資額と売上高をもとに索道業，飲食業などの業種別に収益の多寡に併せて徴収額を変化させる徴収方式への変更が行われた。この変更は，それまでの地元施設制度，つまり入会利用の慣行や林業労働力の調達などで関係の深い国有林地元集落あるいは自治体の住民に対する優遇策的色合いが強かった使用料徴収を，国有林野会計の収支改善のための収入源の１つとして扱うことを意味しており，国有林における野外レク施策の流れのなかで，大きな転換点だったと言える（大浦由美（1995））。

1978年の国有林野事業改善特別措置法に基づいて，第１次改善計画が策定され，国有林は先の見えない経営改善の泥沼に入っていくが，70年代中庸までは，上記のようにレク経営をめぐっても，社会資本としてのレク環境を積極的に整備していこうとする動きと，それとは対照的な動きが錯綜して存在したことがわかる。しかし，1980年代以降になると国有林としての能動的な観光レク施策はほぼ皆無となる。

その後，1987年には，総合保養地域整備法（リゾート法）制定に先駆けて「森林空間総合利用整備事業」（ヒューマン・グリーン・プラン）が開始され，大規模なリゾート開発の誘致が目指されたが，1990年代はじめのいわゆるバブル経済の崩壊で頓挫した。なお，受益者負担の考え方から，1986年より自然休養林を主とした「レク森」では，利用者から任意の「協力金」（現在の名称は「森林環境整備推進協力金」）の収受が始まっている。これは「利用者協力金」として，原則高校生以上の利用者から１人200円を徴収しようとするもので，赤沢自然休養林などのモデル箇所で試行を行おうとしたが，地元が利用者の減少などを危惧して実施に反対し，本格的実施は見送られている（森林環境整備協力金としての本格的な収受の開始は1992年）。

一方，国有林財政，地方自治体財政の悪化から，1960，70年代に整備された国有林内レク施設の老朽化が進みつつあることから，2005年，「レク森」リフレッシュ対策として，設定の見直し（合併，廃止などを含む）を行うとともに，「質的向上」に向けて新たな利用区分の導入（レク体験の質によって区分するROS手法），新たな協議会の設置などを行うこととした。しかし，実際には，各森林管理局において管内の施設の改修などが短期的に行われたものの，新たな利用区分の導入は結局実現しなかった。

2003年に十和田八幡平国立公園・奥入瀬渓流の遊歩道沿いで，直径20cm，長さ7ｍのブナの枯れ枝が地上10mから落下し，下で休憩中の観光客を直撃し，女性が半身不随の重傷を負った。女性と夫は，敷地の国有林と遊歩道（国有林から貸与）をそれぞれ管理する国と青森県を相手に損害賠償を求めた。最終的に，2009年，最高裁は国と青森県の上告を退け，国（林野庁：土地の所有者）と青森県（施設の設置者・管理責任者）の敗訴が確定した。国と県は，総額1億9,300万円の損害賠償を支払った。

このいわゆる奥入瀬渓流落枝事故は，国有林の観光レク管理にも大きな影響を与えることになった。事故の起きた場所は国立公園の特別保護地区内であるが，年間50万人の観光客が訪れる観光拠点であったことから，天然に生育している樹木からの自然な形の枝の落下にもかかわらず管理瑕疵が認められたのである。つまり，一般的に言って来訪者の自己責任が問われる，より原生的な自然（森林）について，管理責任が問題とされたわけではない。しかしその後の対応は，事故の起こる可能性のある地区にはなるべく立ち入りを制限し，また歩道の利用についてはなるべく都道府県，市町村などの管理責任が明確な歩道敷地の貸与の形に持って行く傾向が見られる。国有林の野外レクに対する対応は，総じて，非常に消極的になってしまったように思われる。

2015年度現在，「レクリエーションの森」の6区分（1990年再編）ごとの設置数を示せば，自然休養林89，自然観察教育林160，風景林477，森林スポーツ林 56，野外スポーツ地域 187，風致探勝林 106 で，計 1,075 カ所，面積は 38.5 万 ha，国有林全体の 5%に当たる。

なお，国有林においては，これまで述べてきたような観光レクのサービスを提供する制度としての「レク森」制度と，まったく独立した制度として 100 年の歴史を持つ「保護林」制度が存在する。この 2 つの制度に基づいて指定された森林は，基本的に重複しない形で国有林内に存在しており，自然公園のような保護と利用を調和的に管理するような仕組みは存在しない。その是非についてはここでは触れないが，世界的にみても国の環境部局が管轄する自然保護制度からはまったく独立した形で保護のみを目的とした制度を国有林が持つ国は非常にまれである [(6)]。

(3) 森林公園の叢生

日本における森林レクの特徴の 1 つとしては，「森林公園」と呼ばれる施設が全国的に設置されていることがあげられる。この呼び名は，都道府県有林，市町村有林などの公有林におけるレク施設名として一般的に使われているが，上記国有林における国有林「レクの森」のうち，自然休養林や一部の他のカテゴリーの施設も形態的には「森林公園」と括ることができるので，以下では一体としてみることにする。「森林公園」は，「保健休養の場として多面的に利用されている森林とこれと一体として整備された森林レク施設」のうち，「利用目的の違う各種の施設などが総合的に配置されているもの」と定義される。ただし，都市公園や自然公園のように，法律によって規定された概念，制度ではなく，そうした制度に基づく公園と誤解されるおそれがあることから，林野庁はこの用語をいっさい使用していない。逆に言えば，「森林公園」と呼称されるもののなかにも，制度上は都市公園として設置・管理されているものも含まれている。特に市町村の区域を超えた利用を想定した広域公園や都道府県を超えた利用に対応した国営公園には，機能面からは「森林公園」と呼ぶことができる施設が多く存在している。

「森林公園」は，上記定義に基づく 1997 年の調査（農林水産省統計情報部）によれば，全国 2,842 カ所のうち，74%が 1970 年代後半以降に設立されている。こうした傾向は，1971 年の生活環境保全林整備事業開始，1972

年の第2次林業構造改善事業（森林総合利用促進事業）開始と，それ以降の民有林における「森林公園」整備のための主要な国庫補助事業となる公共，非公共事業が1970年代はじめに相次いで開始されたことが大きく影響している。前者によって都市及び都市周辺での「森林公園」整備が進み，後者によって農山村地域（特に林業振興に積極的な地域）における整備が主に行われた。なお，上記のように，国有林においても同時期に整備が本格的に始められている。

1997年調査によると，「森林公園」の立地する森林は，1,761カ所，全体の62%において，公有林，つまり都道府県，市町村が所有する森林であり，さらに「公園」の経営形態としては，都道府県，市町村による公営が78%，第3セクターが8%で，圧倒的に地方自治体あるいは自治体が出資した第3セクター企業が経営するものが多い。ここで注意すべきなのは，前述のように国有林「レクの森」においても，レク施設の多く，特に収益性の低い施設は大部分が地方自治体によって設置・経営されていることである。つまり，「森林公園」の主な経営主体は地方自治体であり，最近の地方財政の逼迫下で，経営の継続，施設の更新などの問題が生じている。なお，「森林公園」に設置されている施設としては，遊歩道（全体の79%に設置），キャンプ場（57%），宿泊施設（36%）などであり，スキー場は全体では8%だが，北海道，東山（長野・山梨）では2割前後の「公園」に設置されている。

(4) 観光レク社会資本整備の貧困

以上，日本の森林地域における観光レクに関連した社会資本整備について概要を述べたが，入手できる客観的なデータが非常に限られており実態は必ずしも明らかではない。しかし，少なくとも以上の検討から言えることは，第2次世界大戦後，国，都道府県，市町村の各レベルで観光レクの社会資本整備が一時期進んだが，国有林では1970年代後半以降，市町村などによる「森林公園」整備では1990年代後半以降，国立公園などの自然公園では2000年代初頭以降，整備が急速に縮小したことである。その結果，例えば欧州や北米，オセアニアの観光レク社会資本の整備状況と比べると，遙かに手前の水準で停滞し，既存施設のメンテナンスにも問題が起きつつあることがわかる。

このような状況を一言で表せば，観光レク社会資本の「貧困」ということができるだろう。ここまでは，主に「整備」つまり新たな施設の新設，あるいは新たな機能を付け加えた増改設について見てきたが，厳しい自然条件のなかに立地する観光レク施設ではメンテナンスが重要である。しかし，基本的にメンテナンスには補助金，交付金などは使用できないから，様々な方法でその費用を捻出し，また実施主体を特定していかなければならない。

ここで山岳観光地の基本的な施設である登山道についてみよう。登山道は登山，ハイキングなどの野外レクにとっては必須の施設だが，極めて過酷な自然条件下にあり，かつ来訪者の利用が季節的・週日的に集中することから，降雨・融雪などによる洗掘や利用者による踏み荒らし，ストックによる崩壊などの様々なインパクトを受けることになり，日常的な維持管理補修が必要とされる。また，高温多湿で植物が繁茂する条件下にあることから，登山道として機能させるためには定期的に樹木や雑草を刈り取る必要があるなど，総じて，登山道の管理には非常に手間暇がかかる。一方，前述のように，財政上の理由及び管理責任を回避するため，国・都道府県・市町村は，登山道管理から撤退しつつある。例えば，以前から登山道管理について共同的な取り組みが行われてきた大雪山国立公園においても，約４割の登山道路線が公的には管理されていない(7)。このことから管理が地元の山岳会や山小屋などによるボランタリーな活動によってかろうじて担われることが増えている。このような状況を「貧困」と言わずして，何が貧困なのだろうか。

第４節　地域資源管理の一環としての多面的森林管理

1　地域資源管理論と多面的森林管理論

(1) 観光レク利用を支える社会資本の貧困

ここまで森林資源利用との１つの形としての観光レクについて，その利用の変遷と利用を取り巻く社会状況，さらに観光レク利用を支える社会資本の状況をみてきた。その状況を一言で言えば，前節（4）でみたように「貧困」

である。ここで言う貧困は，オンサイトレベルの施設面（設置とメンテナンス）での貧困と，様々な観光レク利用をある地域の森林全体のなかでどのように配置し，利用間のバランス良く，かつ生物多様性などにも配慮した持続可能な森林管理にどのように繋げていくかという，いわば計画レベルの貧困との２つがひとまずあるように思われる。ここでは，その内の後者，つまり計画レベルの貧困に対する対策として森林管理のあり方について検討する。

(2) 多面的森林管理論

熊崎実は，林政学者，林業経済学者のなかで，森林レクについて肯定的にかつ建設的に取り上げ評価した数少ない研究者の１人だが，彼の著書（1977）のなかで，クローソンのマトリックスを取り上げている。クローソンは，アメリカの著名な自然資源経済学者で，国有林のような公共性の高い森林において，木材生産，野外レク，野生動物管理，水資源かん養，草地管理，厳正な自然保護（ウィルダネス）などの多面的な利用を実現する際，どのような考え方で，各利用を割り振れば良いかについて，経済学からの基本的な考え方を「マトリックス」で示したのである。当時，アメリカでは，連邦国有林に，多面的な利用を基本的な原則とする計画策定を求めた国有林経営法（NFMA：1975年）が成立する直前の時期であり，まさにアメリカ社会がそのような森林の管理を求めていたわけである。このNFMAをみると，当時から，アメリカ森林局が策定する個別の営林署の森林管理計画においては，いまの言葉で言うと戦略的環境アセスメントが求められていて，その営林署管内の森林で行われる様々な施業によって，国有林外も含めた地域の自然環境，社会環境，歴史文化環境にどのようなプラス・マイナスの影響が出るかを客観的に示すとともに，そうした影響の多寡に配慮した複数（最低５，６，最多で14，15）の計画の代替案を作成し，以上のことが載ったアセスメント書を多様なステイクホルダーにきめ細かく配布して，意見を収集し，その意見（公式な意見は「コメント」という）をもとに大幅な修正を行った修正計画をもう一度，公衆のコメントのプロセスに晒し，最終的な計画を決定するという形になっていた。

レクは，クローソンのマトリックスのなかでも他の利用との競合性が高く，配慮すべき利用として，厳正自然保護とともに中心的に取り上げられている。これは，当時，国有林などの自然地における野外レク需要が急増していたという背景がある。実際，現在も計画上の主要な考え方となっているROS（Recreation Opportunity Spectrum：仮に「レクリエーション体験多様性計画法」と呼んでおこう）（八巻一成ら（2000））も，ほぼ同時期，つまり1960年代後半に研究開発が始まっている。さらに言えば，レク，木材生産など様々な利用を実際にある面積の土地に配分・配置するための技術的手法として，線型計画法を土地利用計画に応用したFORPLANの開発も同時期（1970年代）だった。もう1つ付け加えれば，NFMAに基づく国有林の各営林署での森林管理計画策定過程を見ると，どの地域の国有林においても，国民からの計画に対する意見としては，圧倒的にレクに関するものが多いことがわかる（土屋俊幸（1995））。

もちろん，こうした森林管理計画の策定に当たっては様々な問題があり，また実施の結果についても様々な評価があるのだが，現在においても日本においては，国有林であってもこのような進歩的な計画制度は採用されていないことを，改めてわれわれは認識しなければならない。では，今後どのように日本の森林管理を変えていくかという時に，重要な論点を依光が提出している。依光良三（1999）によれば，いくら例えば，上記のアメリカ国有林のような計画制度が日本に導入されたとしても行政の発言権が非常に強く，市民運動，住民運動の弱い日本の風土においては，ステイクホルダー間での議論検討に基づいて，合意形成が図られ，ある方針が意志決定されて，計画が確定し，実施されるということにならない。従って，既に計画策定プロセスに深く埋め込まれている行政に対抗しうる形で，地域にある自然保護運動ないしは住民運動の積極的な計画策定過程への参加を呼びかけ，それらの団体をシステムに「内部化」することによって，安定的かつ持続的な計画システムを構築すべきだというのである（154～158頁）。

実際，日本では，いわゆる機能別森林区分が，1998年の森林法改正で導入され，レク利用に関わる機能区分として「森林と人との共生林」が設定されたが，地域における議論を踏まえた検討が行われることはほとんどない形での「計画」であったことから批判が強く，2011年の森林法改正で事実上廃止されてしまった。本来は，計画制度が有効に働く方向への改善が図られるべきなのに，制度そのものを廃止するという建設的ではない選択が行われた（「森林・林業再生プラン」での議論に基づく決定であったことに留意）。依光の危惧は，最悪の形で実現してしまったと言える。

なお，中欧で一般的な森林の機能について，その評価を地図に落とし，その機能別評価地図を何層も重ね，その重なり具合で林分別の森林施業の方針を定める森林利用区分の計画法がある。こうした手法はGISの発達によって飛躍的に有効性を高めたのだが，こうした計画法，施業法が機能するためには，各林分の取扱い方について，実際の森林を見ながらきめ細かな施業をすることが可能な人材（フォレスター）が安定的に地域に配置されている必要がある。アメリカ国有林の方法は，中欧と比較して，人員あたりの森林面積が圧倒的に大きい彼の地において，フォレスターの判断の代わりをORがしていると理解すべきだろう。日本における森林管理の状況は，残念ながら中欧よりは北米に近いと著者は判断している。

(3) 地域資源管理論

上記，多面的森林管理論は森林内での利用区分の議論だったのに対して，地域内での森林以外の土地利用も含めた区分・空間配置についての議論を，ここでは地域資源管理論と呼ぼう。地域，例えば市町村の行政区域内，あるいは流域内においては，森林だけでなく，農地，河川・湖沼・海岸，住宅地，商工業地などがモザイク状に配置されていて，それらの個々の土地利用のパッチが相互に影響を与え合いながら，全体として，それなりにバランスの取れた土地利用が行われていると考えられる。

ここで「それなりにバランスの取れた」と書いたが，これは長期的視野で見るとバランスが取れているということであり，中短期的にはそのような「バランス」が保証されているわけではない。というよりは，そうした「バランス」は，不適切な利用に起因する環境の悪化，そして，そうした環境悪化や利益の配分の不公平などの利用者間の利害対立から生じる紛争などの様々な問題が山積するなかで，止むに止まれず行われる調整の努力の結果として，「バランス」が図られるということだった。

地域資源管理がここで課題とされるのは，こうした調整を様々な意味でのコストをできるだけ低くして，また，各利害関係者の利益の総和をできるだけ大きく，また関係者間の利益の格差をできるだけ小さく行うことが公共の利益に適うと判断されるからであった。このような地域資源管理のうち，特に再生可能な自然資源，つまり森林，農地，河川・湖沼・海岸などについて，その持続可能な利用を図っていくのが，自然資源管理である。特に自然資源の管理が特出しされるのは，再生可能とは言え，いったん破壊されると，その再生には非常に長期の時間が必要であり，人間社会に対して長期にわたって大きな影響をもたらす危険性があり，その管理に公益性が見出されるからである。こうした自然資源管理は，日本の場合，完全な縦割り行政の元にあるが，地域という空間的まとまりのなかでは，連続した一体のものとして存在するのであって，地域の持続性を考える際も，一体的に捉え，その利用や保全のあり方を考えていくことが求められている。であるならば，資源別の縦割り（行政だけでなく，学問体系も）を超えて，あるいは横に串刺しして，資源管理を考えていく必要がある。

観光レクは，地域資源管理，あるいは自然資源管理の必要性，重要性を非常に認識しやすい利用形態だと考えられる。例えば，中山間地域において，ゴルフ場の開発計画が地域外の開発資本によって立てられたとする。開発用地には，森林を買収した部分と農地を転用許可の後に買収した部分が含まれる。森林や農地の開発の際は，土壌流出などが起こり，河川が汚染されるかも知れない。一方，ゴルフ場の開設は，地元集落に雇用を生み出すことになるので，地域経済に対しては正の効果があるが，森林や農地が減ることは，将来にわたって農業，林業からの所得機会が減少するわけで，結局，地域経済にプラス・マイナス，どちらなのかを検証する必要がある。さらに言えば，地域において，いくつのゴルフ場をどこにいつまでに開発することを許容するのか，といった具体的な基準も地域の計画として作られることが望ましいが，こうした場合は，ゴルフ場利用者やゴルフ場開発によって廃止される登山道の利用者の意見も聞く必要があるだろう。

要するに，森林資源をゴルフ場という形で利用することの是非を判断する（これは森林管理にとっても重要な問題である）場合，その判断をするために必要な情報や，意見を求めるべき利害関係者（ステイクホルダー）の範囲は，森林に直接関わる範囲を大きく超えてしまうのであり，資源別に限って検討することは合理的ではない。

1980年代後半からアメリカ合衆国で提唱され，連邦有林を管理する森林局，主要な河川の管理に当たる陸軍工兵隊などの連邦の自然資源管理官庁が相次いで採用したエコシステムマネジメントの考え方は，柿澤宏昭（2000）によれば以下のようである。①生態系の持続的管理を基本的な目標とすること。②ランドスケープ・エコロジーなどの諸科学の新しい知見に依拠していること。③人間社会と生態系を統一的に考えることを目指していること。④広範な専門性・価値観を持った人々が議論に参加する市民との協働型の管理を目指していること。⑤不確実性を前提とし，モニタリングを管理のなかに組み入れた順応型管理を導入していること。⑥分権的な意志決定・資源管理のシステムを採用していること（11～16頁）。

実際のエコシステムマネジメントの実践例としては，初期から流域を単位とした事例が取り上げられることが多かったが，木平らは，日本において自然資源管理に市民参加を取り入れていく戦略として流域に注目した。流域は，日本においても広域の自然資源管理の単位として認識されており，木平勇吉編著（2002）の戦略は妥当だったと言えるが，ここで注目すべきは，著者の１人である土屋が，流域管理に至る過程で，住民が「流域」を認識する基礎として「楽しみ」を措定していることである。「楽しみ」はレク活動の結果，もしくは活動に対する期待として醸成されるものであり，自然資源管理と観光レクとの深い関わりを再認識することができる（78～85頁）。

2　自然保護・レク利用と市民的管理

この章の初めで，著者は，なぜ，ここで観光レクと森林との関係に注目せねばならないのか，について理由を述べた。端的に言えば，それは，現代資本主義社会の大きな特徴の１つが観光レクの発現であり，従って，現代における森林管理の課題を捉えるためには，観光レクの視点が不可欠なこと，そして，一般国民が，奥山も含めた森林と直接的に関わるようになったのは，観光レクを通じてが初なのであり，その意味を考える必要があるということだった。さて，この章も最後の項に入っているが，ここまで読んでこられた読者は，日本における観光レクと森林管理の関係について，どのような感想を持たれただろうか。

日本という国土に住む国民としての日本人は，おそらく世界でも希に見る観光レクが大好きな国民である。しかし，一方で世界でも有数の経済的に豊かな国でありながら，これほどストックとしての観光レクに関わる社会資本が不足している国はなく，また，国民に健全な観光レクを提供する政策・施策に，これほど，少なくとも現時点で，後ろ向きな国もない[(8)]。要するに，社会資本の貧困，政策の貧困である。政策の貧困について，端的な例を挙げよう。森林・林業基本法に基づく，新しい「森林・林業基本計画」が，2016年5月に閣議決定された。37頁に及ぶ森林・林業に関する国の最も基本的な中期計画のなかで，レクリエーションという単語は5回，観光という単語は2回しか使われていない。しかもレクの使用例の内，3回は森林が発現する諸機能を列挙した部分で使われており，また，あとの2回は観光と同一箇所で見られるが，森林空間の「利用」の政策の説明で使われており，要するに，森林を観光レクに関わる重要な社会資本として，維持・増強していく視点の記述は非常に限られている。このような貧困さは，例えばアメリカ合衆国において，第2次世界大戦後，1958年，1987年，2011年の少なくとも3回，大統領が主導する特別の大規模な調査委員会が組織され，国民の野外レクの実態とより良いレク機会を国が積極的に整備していく方策をレポートして作成・公表している事実と比較しただけでも一目瞭然である[(9)]。

では，どうしてこのような政策の格差，そして貧困が起こるのだろうか。これは上記のアメリカ大統領のレポートで顕著だが，国が観光レクを推進する政策を進めないと，国民に支持されないことが大きいのではないか。イギリスにおいても，カントリーサイドへのアクセス権の拡大は，労働者・労働組合にとっても重要な要求で，例えば労働党政権は国立公園の機能強化に常に積極的であったと言える。

さらに言えば，依光が指摘しているように保護と利用の両面から地域の景観や望ましいレクのあり方を長期的視野で考え，そして主張していく主体が地域に根ざしてあるべきなのだろう。よく知られているようにアメリカを代表する自然保護団体の１つ，シェラクラブは，もともと登山愛好者の団体であったし，アメリカ東海岸の100年以上の歴史を持つ地域制自然公園であるニューヨーク州立アディロンダック公園の管理運営に大きな発言力を有するアディロンダック・マウンテン・クラブは，名前の通り現在も登山を中心とした野外レク愛好家の立場から公園管理に深く関わり，公園管理の意志決定に大きな影響力を持つと同時に，自ら現場での登山道管理などの公園管理を主導している。また，イギリスを代表する観光地である湖水地方（レイクディストリクト国立公園）で活動する自然保護団体FLD（湖水地方の友）は，自らの立ち位置をパブリックフットパスなどの歩道を利用するレク愛好者と定め，その視点から，景観保全・生物多様性保全などについての厳しい要望意見，レク利用管理のあり方についての提言などを，管理者であるレイクディストリクト国立公園庁に対抗する主体として発信し続けている。

もちろん，このような，自然資源管理における強力なステイクホルダーとして活動する主体は，それぞれ地方団体で数万人，全国組織で数10万人の会員によって支えられており，さらにその背後には，組織には関わらないが，そうした主体の存在を支持する国民が多数おり，全体として国や地方のレクリエーション政策，自然保護政策，自然資源管理政策に大きな影響を与え続けている。こうした構造全体を何と呼べばよいのかは議論がありうるが，ここでは敢えて「市民的管理」と呼ぼう。観光レクという個人的な「楽しみ」の感情，非常に基本的な感情を生み出す活動を基盤とした市民的な一連の活動が，結果として国全体の自然資源管理の有り様を変えていくような形が，日本でも目指されるべきだろう。

参照文献（第４章）

玉村和彦（1980）『レジャー産業成長の構造』（レジャー産業に包括される各産業について，それぞれの歴史と現状を具体的な事実と数字で明らかにした画期的な書。）
依光良三（1984）『日本の森林・緑資源』（林政学のなかに観光開発問題を位置づけた初めての書。自然保護運動についても独自の評価を示した。）
柿澤宏昭（2000）『エコシステムマネジメント』（アメリカ合衆国国有林における

エコシステムマネジメントについて，その思想と実践をコンパクトにまとめた。林政学界外にも広く読まれた。）
畠山武道・土屋俊幸・八巻一成編著（2012）『イギリス国立公園の現状と未来：進化する自然公園制度の確立に向けて』（おそらく世界で初めてイギリス国立公園の実態について総合的に分析した研究書。イギリス以外の主要国の自然公園の制度と歴史についても包括的に記述している。）

注

(1) キンダースカウト大量不法侵入事件については，例えば，Roly Smith（2002）Kinder Scout: Portrait of a Mountain, Derbyshire County Council , Libraries and Heritage Department。
(2) 本稿の記述は，主に下記論稿によった。小泉武栄（2013）「人は，なぜ山に登るのか？」『NTT グループカード WEB マガジン Trace』vol.3，https://www.ntt-card.com/trace/backnumber/vol03/（2015 年 10 月 20 日取得）
(3) 第 2 次世界大戦前の先駆的事例としては，1939 年創設の「スイス旅行公庫協同組合（Reka）」がある。森本慶太（2011）『旅の文化研究所研究報告』21，49 ～ 58 頁を参照。
(4) 高度経済成長期以降の，観光開発による自然破壊とそれに異議を申し立てた自然保護運動については，運動側からの整理として日本自然保護協会（2002），全国自然保護連合（1989），リゾート・ゴルフ場問題全国連絡会（1996,1998），研究者による分析として依光良三（1975, 1984, 1999）を参照。
(5) こうした自然景観の劣化問題に関しては，すぐ近接の領域として町並みあるいは歴史的建造物群の景観問題，保存問題があり，全国で多くの問題が発生し，現在も新たに発生しつつある。保存運動の構造と意味については，ひとまず，堀川三郎（2010）「場所と空間の社会学：都市空間の保存運動は何を意味するのか」『社会学評論』60（4），517 ～ 534 頁を参照のこと。
(6) 林野庁第 3 回「保護林制度等に関する有識者会議」（2014 年 10 月 14 日）配付資料「諸外国の保護林制度について」によれば，日本の「国有林は，環境省が管轄する自然保護制度等とまったく独立して独自の保護林体系を持っている」のに対して，「ほとんどの国々は，自然保護政策系統の制度と何らかの連関を持って」いるとして，日本の制度のユニークさを指摘している。
(7) 環境省環境研究総合推進費「持続的地域社会構築の核としての自然保護地域の評価・計画・管理・合意形成手法の開発」（2014 ～ 2016）が主催した国際シンポジウム（2015 年 11 月 22 日東京農工大学農学部）での，愛甲哲也氏（北海道大学）の報告によれば，大雪山国立公園内で「22 out of 57 trail segments are not officially implemented」とされている。
(8) 現在，国が直接運営に関わる研究機関である国立研究開発法人において，森林だけでなく，農林水産業関連の全ての研究機関において，観光レクの研究をすることは，「緊急かつ必要不可欠な事業」ではないとして，2011 年度から研究課題としては取り組めないことになっている。つまり，少なくとも公式には，国立研究開発法人において，農山漁村を活動の場とする野外レクの研究者は 1 人もいない。一方，合衆国連邦森林局傘下の試験研究機関のみで約 40 人の野外レク研究者が雇用されている。
(9) 例えば，レーガン大統領が設置した委員会の 1987 年レポートは下記の形で公刊されている。President's Commission on Americans Outdoors（1987）Americans Outdoors : The Leagacy, the Challenge, Island Press.

参考文献

林業と自然保護問題研究会（1989）『森林・林業と自然保護：新しい森林の保護管理のあり方』日本林業調査会
依光良三（1975）『森林「開発」の経済分析』日本林業調査会
山村順次（1975）『志賀高原観光開発史』徳川林政史研究所

熊崎実（1977）『森林の利用と環境保全：森林政策の基礎理念』日本林業技術協会
三井田圭右（1979）『山村の人口維持機能』大明堂
財団法人日本交通公社（1979）『観光の現状と課題』同財団
石川弘義編著（1979）『余暇の戦後史 東書選書』東京書籍
玉村和彦（1980）『レジャー産業成長の構造』文真堂
土屋俊幸（1982）「交通資本による観光開発の展開過程：戦後期」『林業経済』407
石打丸山観光協会（1982）『雪に活きる』同協会
依光良三（1984）『日本の森林・緑資源』東洋経済新報社
土屋俊幸（1985）「第1次大戦以降における観光資本の別荘地開発：箱根土地株式会社の経営展開を中心として」,『林業経済』444
野田正穂・青木栄一・原田勝正・老川慶喜編著（1986）『日本の鉄道：成立と展開（鉄道史叢書）』日本経済評論社
白坂蕃（1986）『スキーと山地集落』明玄書房
土屋俊幸（1987）「大規模スキー場の経営形態と土地所有」『日本林学会北海道支部論文集』35
山村順次（1987）『日本の温泉地：その発達・現状とあり方』日本温泉協会
野村総合研究所（1989）「2000年のリゾート産業」野村総合研究所情報開発部
全国自然保護連合（1989）『自然保護事典 ①山と森林』緑風出版
山村順次（1992）『草津温泉観光発達史』草津町
土屋俊幸（1993）「『リゾート開発』ブームの実態と問題点」『林業経済』532
宮林茂幸（1993）『森林レクリエーションとむらおこし・やまづくり』全国林業改良普及協会
堀繁（1994）「わが国の国立公園の計画管理の実態とその変遷に関する研究（II）：利用計画と管理」『東京大学農学部演習林報告』91
大浦由美（1995）「国有林野使用料算定方式の変更に関する一考察」『林業経済研究』127
土屋俊幸（1995）「アメリカ国有林森林計画における市民参加の実態：環境保全への制度的接近」『林業経済』555
土屋俊幸（1995）「日本人は本当に森林が好きなのだろうか？」（鮫島淳一郎・福山研二・土屋俊幸編『森が好きですか？：森と人間の新たな関わりあいを求めて』北方林業叢書第63集,北方林業会,所収）
依光良三・栗栖祐子（1996）『グリーン・ツーリズムの可能性』日本経済評論社
リゾート・ゴルフ場問題全国連絡会編（1996, 1998）『検証・リゾート開発［東日本篇］・［西日本篇］』緑風出版
土屋俊幸（1996）「地域振興と環境保全：リゾート開発をめぐる紛争の事例」（木平勇吉編著『森林環境保全マニュアル』朝倉書店，所収）
松村和則編著（1997）『山村の開発と環境保全：レジャースポーツ化する中山間地域の課題』南窓社
伊藤太一（1997）「エコツーリズムのジレンマ」『森林科学』21
土屋俊幸（1997）「日本におけるグリーン・ツーリズムの現状と将来」『森林科学』20
依光良三（1999）『森と環境の世紀：住民参加型システムを考える』日本経済評論社
八巻一成・広田純一・小野理・土屋俊幸・山口和男（2000）「利用者の多様性を考慮したレクリエーション計画：ROS（Recreation Opportunity Spectrum）概念の意義」『日本林学会誌』82(3)
柿澤宏昭（2000）『エコシステムマネジメント』築地書館
小泉武栄（2001）『登山の誕生 人はなぜ山に登るようになったのか』中公新書
木平勇吉編著（2002）『流域環境の保全』朝倉書店
内藤嘉昭（2002）『富士北麓観光開発史研究』学文社
財団法人日本自然保護協会（2002）『自然保護NGO 半世紀の歩み 日本自然保護協会50年誌 上 1951～1982（新装版）』,同『下 1983～2002』平凡社
Roly Smith（2002）Kinder Scout: Portrait of a Mountain, Derbyshire County Council , Libraries and Heritage Department
財団法人自然公園財団（2003）『レンジャーの先駆者（パイオニア）たち：わが国の黎明期国立公

園レンジャーの軌跡』同財団
高橋千劔破（2004）『名山の日本史』河出書房新社
神崎宣武（2004）『江戸の旅文化』岩波新書
大浦由美（2004）「国有林野における森林レクリエーション事業と地域社会」『名古屋大学森林科学研究』23
村串仁三郎（2005）『国立公園成立史の研究：開発と自然保護の確執を中心に』法政大学出版局
柴崎茂光（2005）「エコツーリズムの定義に関する再検討：エコツーリズムは地域にとって持続可能な観光か？」『林業経済』57（10）
土屋俊幸（2007）「グリーンツーリズム再考：マスツーリズムと「地域力」」（矢口芳生・尾関周二編著『共生社会システム学序説　持続可能な社会へのビジョン』青木書店，所収）
桑原孝史（2010）『日本の農業：あすへの歩み 244 グリーン・ツーリズムの担い手と事業的性格：東日本スキー観光地域の民宿を事例に』農政調査委員会
佐藤真弓（2010）『都市農村交流と学校教育』農林統計出版
福田淳（2012）『社寺と国有林』日本林業調査会
鎌田道隆（2013）『お伊勢参り　江戸庶民の旅と信心』中公新書
川島敏郎（2016）『相州大山信仰の底流』山川出版社
加藤峰夫（2008）『国立公園の法と制度：自然公園シリーズ３』古今書院
小林昭裕・愛甲哲也（2008）『利用者の行動と体験：自然公園シリーズ２』古今書院
村串仁三郎（2011）『自然保護と戦後日本の国立公園：続『国立公園成立史の研究』時潮社
畠山武道・土屋俊幸・八巻一成編著（2012）『イギリス国立公園の現状と未来：進化する自然公園制度の確立に向けて』北海道大学出版会
梶光一・土屋俊幸編著（2014）『野生動物管理システム』東京大学出版会
土屋俊幸（2014）「我々にとって国立公園とは何なのか？：地域制自然公園の意義と可能性」『林業経済研究』60（2）

第５章　森林管理と法制度・政策

第１節　近現代日本林政の基底

1　近現代日本林政へのまなざし

（1）近現代日本林政とは何か

日本林政はその他の日本の諸制度同様に，江戸幕藩体制の瓦解によって近代化の萌芽が生じた。明治10年代から20年代にかけての森林法制定までの論争や山林原野の官民有区分の揺籃期を経て，19世紀末，明治30年代に初期の確立を見る。それから半世紀ほどの第２次世界大戦までが，戦前期林政の爛熟期である。敗戦後，占領政策を色濃く反映して，第３次森林法をはじめ，現代まで続く戦後日本林政の骨格が1950年代に形づくられた。

本章の目的は森林管理と法制度・政策の関係を考えるため，国の法制度・政策を主眼に，近現代日本林政の展開過程を論じることである。過去の文献を紐解くと，近現代日本林政とは何かとの問いに真正面から応えようとした論者の一人として，萩野敏雄を見つけることができる。萩野は明治期から20世紀終盤までの林政を描いた４部作（萩野：1984，1990，1993，1996）をはじめとして，その数多の著作を通して，日本林業問題について考究した。萩野理論の分析基軸は官林政策，森林立法政策，木材資源政策の３軸であり，これら３軸の相互作用のなかに日本近現代林政を捉えようとした。

殊に３つめの軸である木材資源政策に対する萩野の思いは深い。明治初期の殖産興業政策を因とした木材資源欠乏の危機感を端緒に，林政は常にこの問題と格闘してきた。もともと広範な経済政策の内容を持つ木材資源政策を看過してきた挙げ句，「昭和30年代以降，多くの人びとから，声高に『資源政策から産業政策へ』などと無意味な唱道がおこなわれた」（萩野（1984），２頁）と萩野は手厳しく批判する。日本林政にとって資源政策と産業政策はヤヌスの相貌であり，糾える縄のごとく時代の変化のなかで互いに強弱を繰り返す。決して一方向への単純な移行ではない。

一方，半田良一は林政学の体系を論じた教科書冒頭で，林政の正式名称は森林政策か林業政策かというしばしば論じられる問題を取り上げ，その歴史的変遷について次のように考察する。曰く，20世紀初頭には森林資源造成の政策課題を反映し，専ら「森林政策」という呼称が一般的であった。それが全国的な木材市場形成につれて，1930年代後半から意識的に「林業政策」と呼ばれるようになり，その状況は1970年代後半まで続いた。半田の教科書が刊行された1990年時点において，森林の環境効果や文化的役割を重視し，再び「森林政策」への転換の主張が聞かれるようになった。

しかし，すぐその後に半田は本書の序章でも触れた次の言葉を続ける。「『環境』や『文化』の名のもとで語られる森林の諸機能の多くは，まだまだ，社会的価値として定着しそれに見合った技術が生まれつつあるとはいえない。」そして，「森林政策」への転換という主張を明確に退ける。その上で半田は「中立的な言葉」として森林政策や林業政策ではなく，あえて手垢の付いた「林政学」を選択し自らの教科書のタイトルに据えた（半田（1990），iii頁）。萩野の主張する木材資源政策への考え方とは異なるものの，時代のなかで「森林政策」と「林業政策」の間を揺れ動く近代日本林政への目配りがここにはある。

このように考えてくると，戦後暫くの間，標準的テキストであった『林政学概要』に島田錦蔵が記した，「林政学とは，森林及び林業が国家及び国民経済において占めるところの経済的ならびに文化的地位を研究の対象とし，併せて如何にこれを指導し，またこれに干渉すべきかの政策原理を考究する学である」との定義は，非常に包括的な表現と言える。そしてこれに続く一文で島田が，多くの林政学が林産物の経済政策まで言及していることは，「林政学の領域に新たに木材政策を導入したことを意味するのではなくて，従来の学問的内容を政策に表現したことを意味する」（島田（1965），1～2頁）としていることは，萩野の木材資源政策の議論に通じる[(1)]。

化石燃料である石油などの枯渇性資源に対し，非枯渇的であり再生可能な資源である森林資源は，近年の環境問題の深化のなかであらためてその社会的重要性が認識されるようになった。この動きは，3.11後の日本社会において，さらに重みを増している。しかし，時間要素を含む「持続可能性」概念の多義性からも明らかな通り，資源ストックの蓄積に超長期の時間を要する森林資源の持続は多くの困難を抱える。

さらに，超長期にわたる森林としての土地占有は，公益私益の果てしない争論を直ちに惹起し，より問題を複雑にしている。地域あるいは市民といった概念を手がかりに，解決の糸口を見出そうという模索は続く。近年ではコモンズ論，ガバナンス論などからのアプローチも散見されるが，有効な処方箋とするにはまだしばらく時間を要しそうだ。近現代日本林政を考察するにあたり，３人の論者が問題としたところの森林と社会経済との関係は，現在を生きる私たちにとっても今なお大きな問題であることが分かる。

こうした問題を考えるために本章では，近現代日本林政について次のように定義して，思考の根底に据えたい。すなわち近現代日本林政とは，森林をめぐって様々に異なる時間を紡ぐ，自然環境，人間社会，貨幣システムを統御するために，そのアポリアと繰り返し対峙してきた人びとの歴史である。その歴史を後追いで断罪することは容易いことだが，それは愚かな行為だろう。これからも果てしなく続く険しい道程にわずかばかりの支えとなるように，過去からの声に耳を傾けながらこのあとの考察を進めよう[(2)]。

(2) 近現代日本林政の６視点

本章では近現代日本林政の史的展開について，①国土保全政策，②資源政策，③国有林政策，④産業政策，⑤社会政策，⑥環境政策の６視点からの叙述を試みる。見慣れない枠組みと思うが，その意図は次のようなものである。

前項でも述べたように，林業基本法を境として日本林政は資源政策から産業政策へ移行したという認識は今なお根強いが，著者はそうした考えをとらない。そうではなく，産業政策は戦前から繰り返し林政のなかにもあったと本章では捉える。ただし，それらを木材資源政策として一括する萩野の枠組みは選ばず，資源政策と産業政策の２つを別々の政策と考える。資源政策は森林資源ストックの増加を意図する政策，それに対して産業政策は森林資源フローと生産要素に関する経済政策を意味するもの，というように経済学概念を援用することは理解の一助となろう。

資源政策，産業政策からはみ出す，治山，山村，労働，レクリエーション，環境といった問題群も，林政にとって重要である。したがって，それらについて資源政策，産業政策と同種のメタ概念の用語で並列に並べることは，近現代日本林政を見る新たな切り口を提供すると考えた。それらが国土保全政策，社会政策，環境政策である。

さらに言えば，こうしたメタ概念による林政理解は，資源政策から産業政策への神話をいくぶんか解毒する効果を持つとともに，本章では十分に展開できなかったが，国土交通省，経済産業省，厚生労働省などの他行政と林政とのつながりを意識することにもつながるのではないかと考えた。国有林政策は当初一視点としては立てず，残り５視点に入れ込むことも考えたが，日本林政を大きく規定してきた国有林経営の重要性に鑑み，国有林政策を別立てとした。

序章２節と本章の関係を少しだけ述べよう。表序-4の志賀の時期区分に合わせ，本章に登場する各項目を６視点に基づいて整理したのが表5-1である。国有林管理と民有林行政の関係を中心に日本林政を記述した序章２節に対して，本章はそれらを６視点のなかに再構成し，各視点から詳述したものと位置づけられる。６視点の大まかな類型を記せば，国土保全政策（治山，保安林），資源政策（造林，林道，森林組合，公有林），国有林政策（国有林経営全般），産業政策（林産業，流通，貿易），社会政策（山村，労働），環境政策（国立公園，レク，公害，地球環境）となる。

もちろん，それぞれの項目を取り出してみれば，１つの視点だけに収まりきるものはそれほど多くない。記憶に新しいところで森林・林業再生プランを例として挙げれば，産業政策的色彩が濃いものの，資源政策，社会政策，そして国有林政策の側面さえ併せ持つ。こうした点については，年表のなかで一番関連の深い視点に各項目を整理し，１つの視点をまたがる政策の複相については，文章に表現するよう努めた。表5-1を見る際に，志賀の時期区分のなかに書かれた６軸各項目のズレも重要な知見である。

序章第２節でも触れた「経路依存性」は，本章を記述する際にも，その根

表 5-1　近現代日本林政年表

時期区分		年代	国土保全	資源	国有林	産業	社会	環境
近代林政形成期	官民有区分期	1873 ～ 1885	内務・農商務省分離(81)		官林無制限払下政策転換(73) 山林原野官民有区分(76) 山林局(79) 宮内省御料局(81) 東京山林学校(82)	海軍省・地理寮官行伐採事業(70)		
	整備期	1886 ～ 1897	河川法・砂防法(96)	市制町村制(88) 第1次森林法(97)	大小林区署制(86) 北海道国有林道庁移管(86)	東海道線全通(89)		狩猟法(95) 足尾銅山事件(97)
官林経営展開期	経営着手期	1898 ～ 1923	第1期治水事業(11)	第2次森林法(07) 部落有林野統一方針(10)	国有林野関連3法(99) 国有林野特別経営事業(99) 国有林施業案規程(14) 公有林野官行造林法(20)	『吉野林業全書』(98) 官行製材所(06) 植樹奨励費(07) 官行伐採躍進(09) 鴨緑江製材無限公司(15) 樺太マツカレハ大虫害(19) 木材関税無関税化(20) 関東大震災(23)		保護林制度(15) 狩猟法抜本改正(18) 史蹟名勝天然記念物保存法(19)
	経営拡大期	1924 ～ 1944	第2期治水事業(36)	造林促進ニ関スル事業予算(29) 施業案監督主義徹底(39)	営林局制(24) 天然更新作業の汎行(29) 臨時植伐案(41)	農林・商工省分離(25) 木材関税改正(29) 樺太林政改革(32) 王子製紙・富士製紙・樺太工業合併(33) 木材統制法(41) 民有林官行斫伐事業(44)	拓務省(29) 農山漁村経済更正運動(32) 満州林業移民(36)	国立公園法(31)
戦後林政期	戦後再編期	1945 ～ 1956	治山公共事業(47) 第1次治山5ヶ年計画(48) 保安林整備臨時措置法(54)	造林・林道公共事業(47) 地方自治法(47) 第3次森林法(51) 町村合併促進法(53) 森林開発公団(56) 累積造林地解消(56)	林政統一(47) 国有林野経営規定(48) 第2次国有林野法(51) 国有林野整備臨時措置法(51) 洞爺丸台風(54) 行政監察庁増伐勧告(56) 公有林野等官行造林法(56)	日本林業会法(46) 三白景気(50) 木材・薪炭統制全廃(50) 第2次関税定率法(51) アラスカパルプ(株)(53) ソ連材商業輸入(55)	農林省開拓局(45) 国土総合開発計画(50) 全国ダム対策町村連盟(54)	国立公園施業制限事項(51) 日本自然保護協会(51) 国設スキー場(55)
	「生産力増強」期	1957 ～ 1963	治山治水緊急措置法(60) 林野庁治山行政・建設省砂防行政和解(63)	分収造林特別措置法(58) 対馬林業公社(59) 伐採規制全廃(62) 林業信用基金(63)	国有林生産力増強計画(57) 国有林木材増産計画(61)	国民所得倍増計画(60) 林業基本問題答申(60) 木材価格安定緊急対策(61) 新規増設輸入チップ義務化(63)	全国総合開発計画(62)	自然公園法(57) 鳥獣保護狩猟法(63)
	基本法林政期	1964 ～ 2000	水源税創設運動(85)	スーパー林道(65) 入会林野近代化法(66) 団地造林制度(67) 森林施業計画(68) 森林組合法(78) 森林総合整備事業(79) 間伐促進対策事業(81) 森林整備計画制度(83) 拡大造林政策転換(86)	国有林野活用法(71) 新たな森林施業(73) 国有林野事業改善特別措置法(78) 森林生態系保護地域制度(87) ヒューマングリーンプラン(87) 国有林野事業の抜本的改革(97) 森林官林局署制(99)	林業基本法(64) 第1次林業構造改善事業(64) 変動相場制移行(71) 第2次林業構造改善事業(72) 第1次石油危機(73) 第2次石油危機(79) 地域林業政策(81) MOSS協議(85) 流域管理システム政策(90)	山村振興法(65) 白蝋病認定(66) 新全国総合開発計画(69) 過疎地域対策緊急措置法(70) 第3次全国総合開発計画(77) 新4次全国総合開発計画(87) リゾート法(87) 林業労確法(96)	自然休養林制度(67) 環境庁(71) 国連人間環境会議(72) レクリエーションの森制度(72) 林業と自然保護に関する検討委員会(87) 地球サミット(92) COP3(97)
	基本政策期	2001 ～ 2015	保安林臨措法・治山治水緊措法廃止(03) 森林環境税(03)	緑資源機構談合事件(07) 森林経営計画(11)	行財政改革推進法(06) 国有林野事業一般会計化(13)	森林・林業基本法(01) 新流通・新生産システム(04,06) FIT(12)	緑の雇用事業(03)	新鳥獣保護狩猟法(03)

注:(　)は各項目の西暦年を示す。

底に横たわる歴史の捉え方である。アメリカの政治学者ポール・ピアソンは，近年の社会科学の質的研究の理論化に寄与した著作中で，社会科学における歴史，時間の重要性を論じた[3]。その著書でピアソンは，ノーベル経済学者ダグラス・ノース[4]らが重視した経済学の収穫逓増，経路依存概念を政治学に拡張し，政治過程における経路依存性が自己強化と正のフィードバックのメカニズムによって引き起こされることを精緻に論じた。

本章で後述するように，日本近現代林政に照らせば，山林局，林野庁が戦前から一般林野行政とともに抱え込む国有林経営と，戦後の林野予算の大宗を占め，その権力の源泉であった治山，造林，林道の公共事業予算に，自己強化と正のフィードバックを林野行政にもたらす経路依存性を見出すことができる。近現代日本林政の基底をタイトルとする本節に国土保全政策，資源政策を置き，次節で論じる国有林政策を伏流化と形容する所以である。国有林政策は高度経済成長期以降，一見林政の表舞台から退いたように見えるが，その実，伏流化して今なお民有林を併せた日本林政全体の動向を大きく左右し続ける。

一方，流転を主題とする第３節では，産業政策，社会政策，環境政策の３政策を論じる。これらの政策は，時々の時代の要請に応えて，日本資本制経済展開の荒波をかぶりつつ流転し変転し続ける。国土保全政策，資源政策，国有林政策が揺るぎない財政基盤と技術官僚制度を背景に日本林政の基底を形成するのに対し，残り３政策は林野行政以外の他の行政との関係に左右されながら，基底の３政策にも引き摺られる。日本林政の理解を分かりづらくしているのは，こうした複数の政策ベクトルを合成した矢印の指し示す先の不安定さでもある。

序章に宣言された森林管理制度論の壮大な枠組みに対して，法制度・政策を扱う本章の不足は多い。特に重要な点をあらかじめ挙げて，今後の課題としたい。

第１点は，本章が専ら山林局，林野庁を主とした国の政策を対象としていることである。都道府県，市町村といった地域行政は国全体の方針に押し流されながらも，国とはまた違う独自の動きが時々に見られた[5]。地域に主軸を置く林政にあって，このことは看過できない。本章ではこうした地域林政をほとんど描くことができなかった。

第2点は，地域社会，市場経済と法制度・政策の関係を鮮明に描き出せなかった点である。このことは本書全体の課題でもあるが，5章だけを取り出しても，法制度・政策が地域社会や市場経済との関係のなかから立ち上がり，相互影響を受けつつ変容していく様を捉えることは，森林管理制度論にとって重要である(6)。

第3点は，序章第2節に述べられている萩野敏雄のいう「日本林政」の「虚構」性に関わる（萩野（1990），19～21頁）。戦前期の「日本林政」は山林局管轄の内地府県林政に加え，全く性格の異なる，いわゆる外地（台湾，樺太，関東州，朝鮮，南洋委託統治領）林政や内務省北海道庁，宮内省帝室林野局の林政を包含した。北海道，樺太の紙パルプを中心とした産業扶助的施策と市場経済との関連の緊密性，台湾や朝鮮の植民行政に紐付けられた植民地林政と地域社会との相互影響など，前段の第2の問題でも言及した地域社会，市場経済と法制度・政策の関係に照準する森林管理制度論にとって，この点は重要である。しかしながら，本章では外地林政への言及は若干に留まり，十分な展開はできなかった。

第4点は，移行期の連続と断絶についてである。江戸から明治への移行期にあっても，当然ながら同じ人々が生き続けており，一方，森林のなかでは樹木が少しずつ年輪を重ねている。概念的に近世，近現代と分けてみるわけだが，新時代を迎えたからといって，人も森林もすべてをゼロから真新しく刷新されるわけでない。ではすべて同じかと言えばそうではなく，移行期の制度変化によって，20年も経つ頃には，地域社会はかつてとは全く違う姿を見せている。このことは第2次世界大戦を挟む前後の時期の関係についても同様だ。本章で十分に描出できなかったこの移行期における連続と断絶の問題は，近現代日本林政の道程を見渡す際に留意すべき点であり，本章に関わる森林管理制度論の課題である(7)。

2　森林法の変遷

(1)　森林法の世界史的展開

近代以降の森林法の歴史は7月革命前夜の1827年に制定されたフランス森林法典に遡る。それ以前にも，ドイツ領邦国家の森林条例やフランス財務総監コルベール制定の森林関係大勅令などが見られるが，近代国家による森林法はこの時を画期とすることが通説である。その後の半世紀にバーデン，バイエルン，オーストリア，スイス，イタリア，ヴュルテンベルクなど，欧州中心に森林法が相次いで制定された。表序-3に具体的な制定年，改正年の表を掲げたので，再度参照いただきたい。

これら各国法は，産業革命期に高まる木材需要による森林の乱開発に対処するため，私有林まで含む森林全体を，国家によって厳格に監督する点を特徴とする。模式的に述べれば次のようになる（石井寛（1996））。土地の私的所有を前提とした初期の近代森林法は，造林や林道建設といった基盤整備面は私的領域に委ね，専ら森林施業規制，警察法としての役割を担った。しかしながら，資本制経済の深化とともに森林に対する所有権より利用権の重視が進み，20世紀初頭には森林法は森林造成・林業振興法へと重心を移す。第2次大戦後，戦後復興のなかで森林法はこうした森林資源の助長的側面を一層拡大した。

風向きが変わるのは，1960年代に入り，先進諸国で経済成長の負の側面である環境問題が深刻化し，こうした事態を新たに台頭してきた市民が自然保護問題として捉えたことによる。自然保護運動の問題提起に応え，1970年代になると森林法は開発規制法，環境法の新たな衣を纏った。

1990年代以降，地球環境問題の発見とグローバリズムの席捲という新たな時代の潮流のなかに森林法もまたある。現在，1970年代以降の環境法をより強化する動きと，グローバリズムに対応して20世紀の森林法の特徴であった政府主導の助成策を規制緩和する動きが併存し，21世紀の新たな森林法が形づくられつつある。

(2) 日本における森林法の黎明と展開

日本では江戸時代の諸藩に欧州の森林条例と似た制度が散見されるが，禁伐を共通項とするほかは，地域ごとに制度は様々異なっていた。明治政府は森林に関しても早くから近代法制定を企図し，フランスやプロイセンなどの影響を受けた森林法草案が幾度か起草された。

19 世紀末すなわち明治 20 年代までは，日本全体が近代国家の建設期にあった。政治システムだけを見ても，1885 年内閣制度創立，内閣法制局設置，1888 年市制・町村制制定，1890 年大日本帝国憲法施行，府県制・郡制制定，第１回通常議会開会といった具合に数年の間に近代国家運営に関わる主要な制度が整えられていった。

同様にこの間，林政の諸制度もまた試行錯誤のなかで新たな枠組みが模索された。森林法の源流は欧州視察から戻った大久保利通による，1875 年の仮山林規則の建議に遡る。このような明治期の早い段階で森林関連法規の整備が議題に上ったのは，当時の殖産興業政策推進のうえで森林資源が欠くべからざるものであったためである。

その後，1882 年，1885 年に仏国法を骨子とした草案が参事院に提出されるものの，森林法の成案を見ることはなかった。法制定の議論が喧しくなるのは，帝国憲法施行後の明治 20 年代後半のことである。盗伐などの森林刑法を重視するドイツ諸邦の森林法に範をとった森林法案が，1894 年の第８回通常議会に提出されたことを皮切りに，官民挙げての議論が戦わされた。２度の廃案の後，1897 年（明治 30 年）に第１次森林法が成立する。大久保建議から 22 年の月日を経て，日本の近代森林法は産声を上げげた。

第１次森林法は，①総則，②営林の監督，③保安林，④森林警察，⑤罰則，⑥雑則の６章 58 条から構成され，民有林に特化した内容であった。その特徴として，国土保全と公安維持，官治主義，公有林・社寺有林主対象の

表 5-2　森林法の変遷

1897 年（明治 30 年）	1907 年（明治 40 年）	1951 年（昭和 26 年）
第１章　総則	第１章　総則	第１章　総則
第２章　営林ノ監督	第２章　営林ノ監督	第２章　営林の助長及び監督
第３章　保安林	第３章　保安林	第３章　保安施設
第４章　森林警察	第４章　土地ノ使用及収用	第４章　土地の使用
第５章　罰則	第５章　森林組合	第５章　森林審議会
第６章　雑則	第６章　森林警察	第６章　森林組合及び森林組合連合会
	第７章　罰則	第７章　雑則
	第８章　附則	第８章　罰則

営林監督，内地中心といった諸点が挙げられる。森林法に関してはこのほかに同時期に成立した河川法，砂防法と併せて治水三法と呼ばれること，また，国有林関連法規が審議の過程で別法になったことの２点が重要だが，それらは本節２の（3）及び次節で改めて述べる。

第１次森林法制定からわずか10年で大改正が行われ，1907年に第２次森林法が制定された。本法は第１次法に土地の使用及び収用，森林組合の２章を新たに付加し，８章112条から構成される。旧法の監督・取締中心から林業発展を目標とした保護奨励へと性格を変え，①公有林・社寺有林の事前監督・施業案主義徹底，②林産物搬出円滑化，③造林・施業・保護・土工の４種組合に関する規定が新たに付与された。こうした森林法の性格の変化は，この間に勃発した日清・日露戦争を経た日本資本主義の発達によって，木材資源に対する需要が激増したことが大きく影響している。「『森林法林政』は，実質的にはこの時点にはじまった」（萩野（1996），357頁）。

国家総動員法体制下の1939年には，第２次森林法の部分改正という形ではあったが，営林の監督，森林組合の条項を中心に非常に野心的な変更が行われた。具体的には施業案監督主義を徹底し，私有林を含むすべての民有林について施業案編成を義務づけ知事認可とした。加えて施業案監督主義の受け皿として施業直営組合，施業調整組合の２系統で森林組合整備を進め，それまでの任意設立・強制加入から町村ごとの強制設立・強制加入とした。

このような国家による木材資源の量的把握を意図した法改正は，1941年の木材統制法制定を経て戦時体制に組み込まれていった。林材統合の掛け声のもと，森林組合は木材需要の急増に対処する植伐計画の策定者と位置づけられた。本節４（1）でも触れるが，施業案作成者である森林所有者の意思を尊重した，「民主的森林法」を目指した政策担当者の意志は時代の波に翻弄された(8)。伐採規制の守護者としての森林法の影は瞬く間に薄れ，やがて敗戦を迎える。

(3) 森林法の現在

戦後の乱伐による森林荒廃と占領政策を背景として，1951年に従来の森林法を廃し新たな森林法が制定された。森林組合改組に関する共同声明，日本の針葉樹林の経営に関する勧告，日本の林業と治水に関する勧告のGHQの発した3勧告の結実と本改正を評することもできよう。

新法では旧法の施業案制度に代わり森林計画制度が導入された。さらに森林計画制度を円滑に運用するため，旧法では私有林，社寺有林，公有林の3区分であった国有林以外の森林を，民有林として1区分にまとめた。また，加入・脱退を自由とする協同組合組織としての森林組合制度に再編された。以来森林法は時代の要請に応じ，伐採許可制度の廃止など成立時から幾度かの一部修正を繰り返してきたが，すでに半世紀をとうに過ぎるが全体の骨格は変わっていない。現行法は8章から構成され，森林計画，営林の助長・監督，保安林，土地の使用，森林審議会などを主な内容とする。なお，法第6章は1978（昭和53）年の森林組合法制定時に削除された。

法の目的として第1条に，「森林計画，保安林その他の森林に関する基本的事項を定めて，森林の保続培養と森林生産力の増進とを図り，もつて国土の保全と国民経済の発展とに資すること」を謳う。産業政策的側面を兼ね備えつつも，資源政策的側面を基軸とする点が，条文の目的に林業を明示する森林・林業基本法とは異なる。

地球サミットを大きな契機として，1990年代以降の環境政策の興隆に影響を受け，特に欧米各国で森林法改正が相次ぐ。しかし，日本の森林法は高度経済成長以前の枠組みを現在もなお保持しており，先進諸国である欧米林政との大きなズレを見せている。こうした溝を今後どのように埋めていくかは，これからの日本林政にとって喫緊の大きな課題である。

3　国土保全政策のなかの森林

(1) 戦前の保安林制度・治山事業

保安林制度について述べた現行森林法第25条には，その達成されるべき目的が掲げられるのみで全体を包括する定義は明示されない。未だ若干冗長な感は否めないが本書では島田の定義に倣い，「公共の危害防止，福祉増進あるいは他産業の利益の保護を目的として特定の制限を課せられる森林」（島田（1965），146頁）に関する制度と定義しよう。

現行法に明示される達成目的は，①水源かん養，②土砂流出防備，③土砂崩壊防備，④飛砂防備，⑤風害・水害・潮害・干害・雪害・霧害防備，⑥なだれ・落石危険防止，⑦火災防備，⑧魚つき，⑨航行目標保存，⑩公衆保健，⑪名所・旧跡風致保存の1号から11号まであり，公益を目的として農林水産大臣または都道府県知事が私的所有権を制限することができる。

日本各地には水目林，田林といった保安林と類似の制度が古来より数多く見られた。そうした森林の主目的は治山治水であったが，明治以降の保安林制度においても同様に当該森林面積の大部分は治山治水に関わるものが占めた。明治初期にはオランダからヨハニス・デ・レーケをはじめとした土木技術者が招聘され，低水工事による重要河川の改修と水源地帯の砂防工事が進められた。

しかし，1885年，1889年の淀川，利根川，木曽川などでの水害を契機として，日本の治水事業はオーストリア式の高水工事へと転換していく。さらに1896年の全国的な大洪水の頻発によって，河川法，砂防法が成立する。このことは洪水氾濫を前提とした低水工事から，洪水防御を旨とする高水工事への方向を決定づけた。翌1897年制定の第1次森林法全条文の半分近くが保安林に関する記載であるのも，こうした歴史のめぐり合わせである。同時期に成立した河川法，砂防法，森林法を併せて治水三法と呼称する。

明治40年代は大水害が頻発した。特に関東地方を中心に襲来した1910年

表5–3　第1期治水事業（山林局分）の当初予算と期末実績

単位：1,000円

	当初計画（1911年）	実績（1935年）
荒廃林地復旧	4,000	10,010
公有林野造林	5,635	4,140
森林組合設立	138	131
開墾地復旧	931	305
入会整理および部落　有林野統一費補助	–	419
公有林野整理吏員補助	2,268	3,118
調査費	600	7,117
森林測候所設立	2,488	497
標柱建設	283	127
計	16,343	25,865

資料：日本治山治水協会（1973）『治山事業60年史』，41頁，表2–1を改変。

水害は，明治年間を通して最も被害が甚だしく，これを契機として治水事業費特別会計法による第1期治水事業が開始された。本事業予算は内務省所管が大部分だが山林局を擁する農商務省も参画し，ここに森林における治水事業も同時に始まることとなった。

森林治水事業は具体的には，①民有林荒廃地の地盤保護のための植樹，工事を行う荒廃地復旧補助，②当時，水害の元凶とされた公有林野と部落有林野整備を目的とした公有林野造林奨励事業，③水害の因となっている既墾地を森林の状態に復旧，保安林編入し，被る損失を所有者へと補償する既墾地復旧補償，④入会整理及び部落有林野統一費補助，⑤森林測候所設置，⑥森林組合設立助成，⑦国有林野砂防，を内容とした。

事業開始当初に立てられた18カ年計画は，政治経済の動静に左右されて予算増減を繰り返し，結果的に1935年までの25年間にわたる大事業となった。事業内容からも分かるとおり，第1期治水事業は入会林野公権論に立脚した公有林野対策に力点を置いた。しかしながら，本事業によっても公有林野，部落有林野の整理は遅々として進まず，最終年度までの実績では荒廃地復旧事業補助が全決算額ベースで4割を占めることとなった。

1881年の内務省・農商務省分離以来，砂防事業（内務省土木）と治水事業（山林局）はたびたび対立し，特に事業期間に長期を要する森林治水事業で表面化することとなった。森林造成・維持を目的とした山林局の荒廃地地盤保護工事と，山腹・渓間を対象とした砂防工事の実際の現場では近接しており，その不分明による混乱が両者の対立の主因であった。この問題は内務省土木局と農商務省の間で1913年に一応の行政的決着をみたが，その後も火種はくすぶり続けた。

第1期事業の後継として第2期森林治水事業が，第1期事業終了の翌1936年から25年間を計画期間として始まった。第2期事業では，①荒廃地復旧事業に関して，補助事業に加え，政府直轄事業としても行うこと，②森林測候所を治水試験所及び試験地への拡張，が新たに付け加わったことが主な点である。水害防備林や遊水林の造成奨励という森林の特長を活かそうとする事業案も企画されたが，山林局と内務省の調整の難しさから実現しなかった。第2期事業開始から数年後に日本社会は戦時体制へと傾斜し，治水事業は経費節減と年次繰り延べが続くなかで停滞した。治水事業の目的とは正反対の戦時伐採が強行され，焦土の都市と荒廃した山野河川が敗戦国である日本に残された[9]。

(2) 公共事業と戦後の保安林制度・治山事業

連合軍総司令部GHQは日本政府に対し，一般会計に対する公共事業費60億円の一括計上を1946年に指令した。公共事業費は発足当初，失業救済を主目的としたが次第に国土保全などの長期建設事業へシフトし，1950年代後半からは経済成長を支える社会資本整備へと性格を変えていった。林業関連では発足当初に国有林斫伐まで含んだものを整理し，1947年度以降は治山治水を中心に造林，林道を加えて公共事業とした。

戦後しばらくの治山事業をめぐる動きは目まぐるしい。第1次治山5カ年計画が1948年から開始されるが，その翌1949年には新たに立案された経済5カ年計画に即応して第2次治山5カ年計画に切り換えられた。特に戦時中に生じた荒廃林地で多発する自然災害を背景として，1950年にGHQは皆伐中止，流域研究重視を内容とする「日本の林業と治水にかんする勧告（クレーベル勧告)」を発する。本勧告によって戦後治山施策の基本線が決まった。

第3次森林法では保安林制度全体に大きな変更は見られなかったが，保安林施設地区制度導入と治山事業に法的根拠が与えられたことは重要である。森林法の森林計画制度創設によって，1951年からは同法を根拠法とした治山10カ年計画が始まる。1953年の筑後川水害をはじめとした西日本中心の大水害多発に対し，政府は治山治水基本対策要綱を決定，さらに翌1954年には対策要綱の重点項目である水源地帯の保安林整備拡充策のため，保安林整備臨時措置法が10カ年の時限立法として制定された。本法は森林施業，治山事業，国による民有林買入れに関して保安林整備計画を策定し，国土保全に資することを目的とした。また，この年は北海道に未曾有の被害をもたらした洞爺丸台風災害の年としても記憶される。

伊勢湾台風を筆頭に1959年は1953年以来6年ぶりの大水害の年であった。新安保協定を控えた岸内閣は社会不安払拭のため，1960年に治山事業10カ年計画を決定するとともに，農林・建設両省共同提案で治山治水緊急措置法が制定された。本法によって，治山事業が初めて法律上定義され，また，民有林治山に対する国有林事業推進のため治山勘定が創設された。以後2003年廃止まで治山治水緊急措置法が治山事業に関する基盤法となった。

法体系の整備が進むなか，1962年に林野庁治山・建設省砂防両課長の交換人事が実現，1963年に「治山砂防行政事務と治山行政事務の連絡調整について」を林野庁長官，河川局長連名で知事，営林局長宛に通達し，行政機構の調整も進展する。明治以来の治山砂防の対立に終止符が打たれた。

保安林整備臨時措置法は1964年に10年延長が決定された。同法は治山治水緊急措置法とともに2003年に廃止されるが，それまで10年ごとに5期延長が繰り返される。次の第1節の4（1）で述べるように，1962年森林法改正によって伐採規制が全面撤廃された後，臨時措置法にも関わらず本法が唯一の森林保全制度を担保することとなった。

保安林整備臨時措置法各期の特徴は次の通りである。第1期（1954～63年）は山地災害防止中心だが，それが第2期（1964～73年）には水源かん養保安林重点へと軸足が移る。この期には408万haから697万haへと保

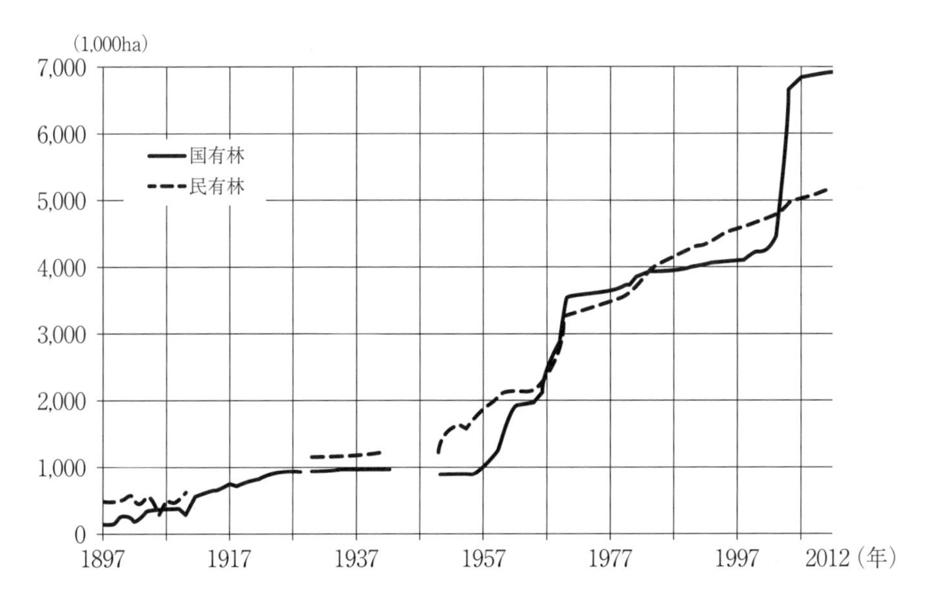

図5-1　保安林面積の推移（国有林・民有林：1897～2012）
資料：日本治山治水協会（1997）『保安林制度100年史』林業統計要覧各年版より作成。

安林面積が急増し，国有林保安林が全体の過半を占めることとなった。第3期（1974～83年）には保健保安林が拡大整備されるが，国有林経営悪化のため一般会計予算による民有林買い入れへと切り替えられた。第4期（1984～1993年）には林業活動低下による機能低下に対し，所期の目的達成のため特定保安林制度が創設された。最終期の第5期（1994～2003年）には，地球環境時代に即応した多様な保安林整備が謳われた。

この間，水源税問題は大きな出来事であった。1970年代以降，水源立地県による森林の応益費用分担化の動きは，1985年前後に水源税創設運動として加速した。その後，建設省と一体となった森林・河川緊急整備税構想へと展開したものの，国税としては実現しなかった。2003年の高知県を皮切りに，都道府県レベルの地方独自課税である森林環境税が各地に拡がりを見せるようになった。森林環境税は国税としての水源税構想の潰えたあとに地方税として生まれたが，これは1999年の地方分権一括法施行によって，地方独自課税に対する規制が緩和されたことが直接の理由であった。

国土交通省所管の社会資本整備の長期計画を見直し，住宅を除く9つの長期計画を一本化する社会資本整備重点計画法が2003年に制定された。このため治水事業も社会資本整備重点計画に統合され，治山治水緊急措置法は一旦治水事業を外した治山緊急措置法を経て，最終的に廃止された。根拠法をなくした治山事業は森林法第4条に基づく森林整備事業に統合され，森林整備保全事業計画のなかで実施されることとなった。

4　資源政策の展開

(1) 営林の監督と森林計画制度

営林の監督は森林荒廃防止と保続的生産を図るため，国が国以外の所有者に対し，森林利用制限，造林命令などの規制を行うことをいう。1897年に成立した第1次森林法において，営林の監督は第1章総則に続く第2章の地位を与えられ，保安林，森林警察とともに制度の骨格をなした。本法における政府による営林方法の指定は，公有林，社寺有林が経済の保続を損し，または荒廃の虞のあるとき，私有林は荒廃の虞のあるときに限定された。

1907年の第2次森林法では公有林，社寺有林に対しては，国有林経営に定着した施業案編成の指導，私有林については任意設立の4種組合の1つに施業組合が設けられた。だが施業組合設立は多くなく，営林の監督の主たる対象は公有林，社寺有林に限られた。

営林の監督が私有林を含む民有林全体にまで広く及ぶのは，1939年森林法改正によってである。この改正では戦時色の濃くなるなか，前年の国家総動員法成立を受け，全民有林に施業案監督主義が徹底された。施業案編成のため，50町歩未満の私有林所有者は，市町村ごとに全国山村にくまなく設置された森林組合へ強制加入が義務づけられることとなった。また，施業案が計画通りに実施されない場合，行政庁は監督処分命令あるいは代執行を行えることとした。このように制度的には国家による計画的管理を全森林に及ぼすものであった。しかし，1941年木材統制法成立以降，戦時下における林材統合論の掛け声が高まるなか，木材増伐の動きばかりが加速した。1939年森林法の営林の監督は大した実行も挙げず，日本は敗戦を迎えた。

1950年の連合軍総司令部GHQ経済科学局，天然資源局による「森林組合に関する共同声明」によって，中央政府の責任による林業（森林）計画編成が明示された。同年の森林生産の保続原則確立のため伐採量を成長量以下に止めることを要請するカーチャー・デクスター勧告を経て，これらのGHQ方針のもと，1951年第3次森林法が成立した（松下・田口（1999））。

「森林の保続培養と森林生産力の増進とを図り，もつて国土の保全と国民経済の発展とに資すること」を冒頭第1条の目的に掲げた新生森林法は，施業案監督主義に代わり森林計画制度をその根幹に据えた。発足当初，森林計画制度は森林基本計画，森林区施業計画，森林区実施計画の3計画から構成され，造林計画，伐採の数量的限度，林道計画，保安林計画，保安施設（治山事業）計画，各施業上の基準を主内容とした。

より計画経済的制度を求めるGHQ天然資源局に対し，最終的にでき上がった制度は国による指導計画の性格を帯びたものであった。森林計画樹立に関する法定事務は地方自治法によって都道府県知事に対する国の機関委任事務と定められ，計画樹立のための経費は新たに設けられた林業経営指導員などの職員給与も含め1/2補助となった。全民有林を対象に，森林簿，森林計画図の作成が開始されるなど，日本林政において初めて私有林全体が政策の視野に収められた。

第3次森林法成立時の金看板は，カーチャー・デクスター勧告の際にも強く要請された伐採許可制度の創設であった。民有林は制限林，普通林，特用林，自家用林の4種に区分され，制限林全立木と普通林幼壮齢木は伐採許可制，その他の伐採は事前届出制とされた。普通林幼壮齢木の伐採制限では，所有者への補償措置として伐採調整資金融資制度が創設された。本制度では農林漁業資金融通法に基づき，農林漁業資金融通特別会計から農林中央金庫を通じた森林組合への融通を原則とし，森林組合はこれを所有者に対し転貸した。

立木伐採の許容限度に対する許可申請数量の割合は，当初強調された伐採量と成長量の不均衡が顕現するには至らなかった。その理由として課税回避のための過少申告説（藤澤（2000），59頁），森林資源危機そのものの虚構説（萩野（1996），240頁）など様々である。ともあれ薪炭需要減少に起因する広葉樹伐採量減少は規制を形骸化し，拡大造林施策の始まる1957年改正森林法によって，普通林広葉樹幼壮齢木伐採が許可制から事前届出制に変更された。

1960年農林業基本問題調査会答申「林業の基本問題と基本対策」における森林計画制度改正の議論を引き金に，1962年森林法改正では普通林針葉樹幼壮齢木伐採も許可制から事前届出制に変更され，伐採規制は全廃された。本改正ではまた需要充足に重きを置く答申の方針を受け，農林大臣による林産物の需給等に関する長期の見通しとその達成のための全国森林計画樹立，全国計画に即した都道府県知事による地域森林計画樹立に森林計画の枠組みを変更した。ここに至り森林計画は，強制を伴わない森林経営への公的要請，指導規範に再編された。

1964年林業基本法成立後，林政は林業構造改善事業をはじめ産業政策推進のための準備に追われていた。一方，伐採規制と森林区実施計画を失った森林計画制度は，行政上のアクションを伴わない単なる指針となっていた。こうしたなかで1968年森林法改正による森林施業計画制度創設は，政策推進の両輪である森林法と林業基本法をつなぐ車軸として，森林計画制度に行政的意義を再度付与することを意図したものであった。制度創設に尽力した政策担当者は，「宙に浮いたような」森林計画制度を「地に下ろす」ことを目論んだとのちに述懐している[(10)]。

森林施業計画制度では，森林所有者が森林計画のガイドラインに即して５年１期の森林施業計画を自発的に作成，知事が認定する。計画を遵守して施業する者には税制優遇，造林補助金・融資の特典が与えられた。さらに1974年森林法改正によって団地共同施業計画制度が設けられた。属人施業計画樹立の基盤を持たない小規模所有者について，１団地30ha以上の共同属地計画を可能とする本制度は，造林や間伐の団地化推進のなかで森林組合を受託者として急速に拡大した。

この時期のもう１つのトピックとして，1974年改正森林法によって創設された林地開発許可制度にも触れておかなければならない。本制度は１haを越える民有林の開発行為を都道府県知事の許可制とした。同年には国土利用計画法も新たに制定されたが，1970年前半の列島改造ブームでゴルフ場，別荘地など森林の乱開発が社会問題化したことが理由である。1990年前後のリゾート開発ブーム期に再度適用件数が増加したが，その後減少傾向にあった。2010年代に入り，再生可能エネルギー普及促進策の１つである太陽光発電施設の増加によって，新たな林地開発問題が各地で浮上しつつある。

1980年代の地域林業施策の際，1983年森林法改正によって新たに導入された森林整備計画制度は，保育や間伐などの整備不良の森林を抱える市町村を知事が認定するという限定付きではあったが，はじめて市町村に対して森林計画の権限を委ねるものであった。その後1991年森林法改正による流域管理システム施策推進のため，森林整備計画制度拡充とともに，複層林，長伐期施業促進のための特定森林施業計画制度が創設された。さらに1995年地方分権推進法制定に始まる地方分権改革を受け，1998年森林法改正では全市町村が森林整備計画を樹立することとしたうえで計画事項を拡充，森林施業計画の権限が知事から市町村長へ委譲された。

2001年に林業基本法改正によって成立した森林・林業基本法では，地方公共団体は「区域の自然的経済的社会的諸条件に応じた施策を策定し，及び実施する責務を有する」主体と明確に位置づけられた。本法ではまた森林施業計画の対象を概ね30ha以上の属地的まとまりとし，森林所有者以外の計画作成を認めた。2009年民主党への政権交代による森林・林業再生プランを受けた2011年森林法改正では森林施業計画を森林経営計画と改訂し，属地的まとまりを持つ計画として一層性格が強化された。しかし，2012年末の自民党政権復帰後，徐々に要件は緩和されつつある。

精緻化してきたように見える森林計画制度だが，地域と環境の時代に即したどれだけの内実があるかは甚だ心許ない。確かに市町村への権限委譲は進んだが，それを支える人的，財政的基盤は弱く，多くの市町村は増え続ける業務に手を拱くばかりである。新しい革袋に酒を注ぐことを期待される森林経営計画制度だが，森林施業計画制度発足当初から抱える地域林業組織化の困難を突破する手立てはまだ見えない。

(2) 森林資源の助長

森林資源の助長的政策は規制的政策よりも多くの国で遅れて始まる。日本では明治末1911年に森林治水事業が開始され，民有林行政の本格的な幕開けを迎えるが，大正期に入って暫く大きな動きはなかった。変化の兆しは大正期後半，第1次世界大戦後の外材輸入激増への対抗策として，木材関税改正に連動した国内林業保護の動きによってもたらされた。そうした動きの1つである，1926年林業共同施設奨励費による林道補助予算計上は，資源助長施策の嚆矢であった。

1929年には「民有林其他造林促進ニ関スル事業予算」が成立した。本予算はそれまでの林業奨励，林業共同施設奨励，水源かん養造林補助を総合化し，特に事業の中核である造林助成について，私有林まで対象を拡げるものであった。今日の林野公共事業の骨格がここに整った。この間の大きな出来事として，1920年の分離・五分五乗課税実現も特記される。この森林所有者優遇税制は戦時下の1944年に一旦廃止されるが，1954年に復活し現在に至る。

農業恐慌打開のため，1932年に始まった農山漁村経済更生運動では，造林事業，林道事業が農山村救済事業として位置づけられた。1937年森林火災保険法，1939年林業種苗法といった森林資源を助長する法律の成立を見るが，その後日本は戦時経済へと突入し，木材統制法など国家総動員法体制下，森林資源の荒廃が進んだ。戦争末期1945年4月に戦時森林資源造成法が制定されるものの，具体的施策は講ぜないまま敗戦を迎える。

第1節の4（1）で述べたように，連合軍総司令部GHQ指令によって始まった公共事業は，1950年以降，朝鮮戦争による材価高騰によって治山，造林，林道の3本を軸足とした。国の公共事業全体に占める林業予算の割合は河川，農業に比べるとごくわずかであったが，それでも林業財政だけを見れば公共事業のウェイトは大きく，戦後の資源政策に大きな位置を占め続けた。

造林事業はこの時期，これら公共事業と証券造林を公的助成の原資とした推進が企図された。証券造林とは，農林中央金庫発行の造林費相当額の造林証券を造林者が額面の半額で購入，造林認定後に額面額を受け取る制度で実質の半額補助を実現する制度である。戦時中の過伐，乱伐に加え，造林不振は造林未済地を増加させた。1945年末現在，146万町歩が要造林と見なされており，喫緊には国土保全上また将来的には森林資源確保のうえからも問題視されていた。

しかしながら，敗戦直後の混乱，具体的には食糧増産優先による労働力や苗木の不足，不透明な土地制度改革への山林所有者の動揺，物価高騰による補助効果の低減などのため，十分な成果を上げるには至らなかった。こうした情勢を背景に1950年には未済地に対する造林強制規定を盛り込んだ造林臨時措置法が施行され，また国土緑化推進委員会が結成されて，造林が国民運動として推進されることとなった。

1952年に対日講和条約が発効すると同時にGHQが廃止となり，日本林政は新たな段階を迎えた。一方でGHQの置き土産とも言える第3次森林法，公共事業がその後の森林資源政策の基調を大きく決め続けることとなる。もう1つの重要な柱となる制度金融は，1953年の農林漁業金融公庫発足によって足場が固まる。

第3次森林法において森林組合は協同組合的組織へ改組され，議決権平等，加入脱退自由，出資配当制限等のある組織に生まれ変わった。しかし，1939年の第2次森林法で強制設立された旧森林組合を解散せず，一連の手続きで新組合へと移行可能とした点，林道開設，維持に土地組合的性格を設

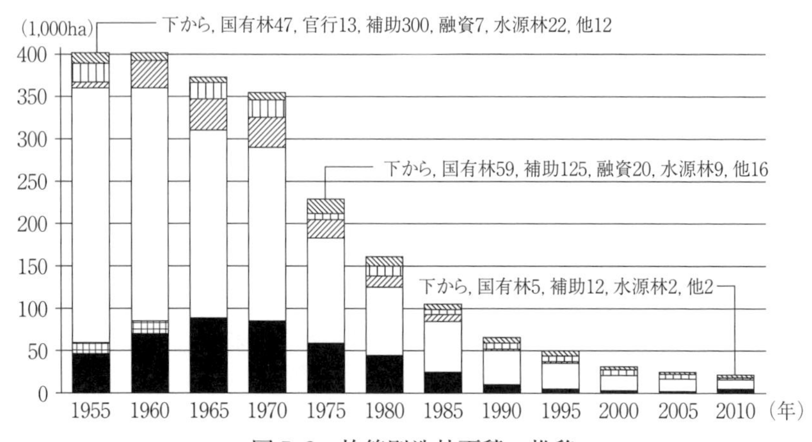

図 5-2　施策別造林面積の推移

資料：林業統計要覧各年版より作成。
注：国有林造林は新植面積，官行造林は含まない。補助，融資，水源林，他の民有林造林は樹下植栽を含まない。

けた点など，今日まで問題とされる性格の不透明さを残した。

政府は1956年度末に戦後造林未済地の造林完了を表明し，翌年度から林力増強を目標に，広葉樹林から針葉樹林への林種転換と原野造林を内容とする，いわゆる拡大造林施策を推進した。1920年制定の公有林野官行造林法がそれまでの公有林に加え部落有林，水源地域私有林まで対象を拡げ，1956年公有林野等官行造林法に改正された。もう1つの施策は1958年分収造林特別措置法である。本法律はそれまで行われていた分収林業に民間資金導入を可能とした点に特徴があり，産業備林造成を急ぐ紙パルプ産業の思惑とも一致するものであった。

1955年ワシントンで開かれた米国余剰農産物受け入れに関する第2次日米協定交渉において，見返り円資金の一部を奥地林開発のための林道事業に充てることが河野一郎農林大臣によって構想された。その推進機関として，熊野川流域，剣山周辺地域を対象として，1956年に設立されたのが森林開発公団である。ここに後年に続く先行投資方式の林道事業の基盤ができた。

1959年長崎県の対馬林業公社を嚆矢としその後の国の指導もあり，1960年代を中心に多くの府県で造林（林業）公社が設立された。公社造林施策では分収林方式が採用されたが，これは薪炭材需要急減による薪炭林から針葉樹人工林への林種転換について，低下傾向にあった民間造林投資を補うことを期待するものであった。森林開発公団造林が水源林造成に限定されるなか，公社造林は公的機関造林拡大に寄与した。一方，公共事業補助金のほか，農林漁業金融公庫と地方公共団体からの借入金に大きく依存した公社の資金調達構造は，その後の材価低迷によって社会問題化することとなる。森林組合は機関造林の担い手として事業を拡大するとともに，公的資金依存を強めていくこととなった。1967年には団地造林事業が発足した。要件を満たせば，査定係数を一般造林事業の120に対し団地造林事業170とし，実質補助率を48%から68%へと引き上げることとした。

林業金融は大きく前進し，1963年に林業信用基金が設立された。さらに農林業近代化促進のため農林漁業金融公庫融資の仕組みが1964年度以降大幅に改善された。一方，1960年の行政管理庁による廃止勧告によって，再造林補助対象は1964年以降，次第に幅が狭められ，ついに1971年には病虫害等被害復旧造林，災害復旧造林，保安林，自然公園特別地域内再造林に限定された。このような再造林補助金削減の圧力に対し，1973年補助制度改正によって，再造林，拡大造林の区分を廃止し，森林施業計画に基づく場合，普通林も補助対象とすることで林野行政による巻き返しが図られた。

1960年代に入ると，林道開設目的は既存奥地林開発から林業生産基盤充実へと変化を見せる。特に，農林漁業基本問題調査会答申で必要性が特記された峰越林道が1963年度予算で基幹林道として実現したことは，その後の広域林道化への転換点であった。1965年森林開発公団法改正によって，特定森林地域開発林道（通称，スーパー林道）開設が森林開発公団の新たな事業として加わる。スーパー林道は林業振興だけでなく，観光などの地域開発促進を目的の1つに掲げた。

1971年ニクソン・ショック，1973年第1次オイルショックを契機に日本経済は低成長期へと移行する。1970年代以降，税収減などから軒並み公共投資水準を下げる他の先進諸国をよそに，国債大量増発などに支えられ日本は高い公共投資水準を保ち続けた。

造林施策が保育へと軸足を移す転機は，1973年造林補助事業実施要領大幅改正の際，保安林などの下刈り，雪起こしを新たに補助対象とした点に求められる。同年には大規模林業圏開発林道（通称，大規模林道）事業も始まった。この事業は森林開発公団主体の最後の政策展開であった。全国7カ所の低位利用の大規模広葉樹林地域開発のため2車線舗装の高規格林道網開設を主軸とする大規模林道開発は，自然保護運動の高まりのなか，スーパー林道とともに社会問題化した。1974年以降，環境アセスメント手法が林道開設にも導入されることとなった。

1978年に森林組合法が成立し，保育，間伐補助事業の採択条件に森林組合への作業委託が含まれたことは，その後の森林組合の性格を規定した。1979年森林総合整備事業，1981年間伐促進対策において，地域林業組織化をキーワードとして森林組合を主軸に保育，間伐への補助対象の拡大が進められた。1983年には分収造林特別措置法が分収林特別措置法へと改正され，分収育林制度が導入されるが，ここでも作業主体は森林組合であった。

国産材市場と地域労働市場の縮小が続くなか，公的資金に支えられた機関造林・育林と森林組合のセットによる森林整備の構図が固定化した。一方でこの時期には，作業請負化，立木処分への切り替えを行う国有林野と同様に，大規模所有者や公有林でも直雇労働の切り離しが進む。戦後日本における林業近代化路線は隘路に行きあたった。1986年林政審議会答申は拡大造林施策の転換を打ち出し，翌年の造林補助体系では1954年から続いた拡大造林への重点的助成はついに打ち切られた。

1990年から2000年代初頭にかけての流域管理システム施策，森林・林業基本法制定へと続く政策展開のなかで，国内林業生産のいつ終わるとも知れぬ不振が続く一方，造林保育と林道敷設の公共事業は国民生活のための森林整備としての地歩を固める。1997年京都で開催された気候変動枠組条約第3回締約国会議（COP3）は温暖化ガス抑制策の1つに森林吸収源対策を採択し，その対策のための森林の間伐等の実施の促進に関する特別措置法によって，森林整備の目的として地球環境問題が新たに付加された。

2007年の林道事業をめぐる緑資源機構談合事件は，林業界に大きな衝撃を与える。2009年民主党への政権交代による森林・林業再生プランの形成過程では，補助金体系など戦後の林業助長の仕組みの変革を迫る議論も見られたものの森林整備の枠組みは大きくは変化しなかった。

戦後長期にわたり林野庁一般会計予算の8割以上を占めてきた公共事業予

算は，2009年以降5割近くへと激減した。しかし，この数字のマジックは，非公共事業である基金方式の森林整備加速化・林業再生事業新設によって，多くの森林整備事業が都道府県基金のなかに埋没した結果と考えられる。予算項目が変わっただけで，戦後長期にわたり造林，林道というハード面での公共事業が基底を支えてきた林政の枠組みは，今なお変わらずに強固だ。

(3) 公有林野施策

公有林野の現状は一様でない。その多くは都道府県，市町村，また市町村の一部である財産区などが占める。このうち都道府県所有については，歴史的経緯から大面積を持つ北海道や山梨県を除くと，いずれの都道府県もさほど大きくない。また，戦前は社寺有林も公有林に分類された。公有林野施策は地方自治政策と林政の間の綱引きで，時代時代の影響を受けながら複雑な展開を遂げてきた。

一部の木材資源調達のための森林を除き，明治以前より地域の林野の多くは農業肥料，生活資材，燃料などの供給源として，入会によって村落自治機構が管理してきた。明治初期の官民有区分の際，これらの村持林野は旧村村有地になったほか官有地とされたものも多く，のちに紛争の火種を残した。また官有地化を避けるため一部の村持林野では個人分割，代表者名義，記名共有などに分割したものも見られたが，個人分割地を除けば，林野利用自体は旧来の入会慣行が続いた。

1888年の内務行政による市制，町村制の施行は，公有林野管理に大きな影響を及ぼした。両法律は明治憲法下の地方自治に関する基本法だが，法人格を得た町村による法的所有と旧来からの村持山利用形態である共同体的所有とが，同一林野上で分離し矛盾を胚胎することとなった。

本制度の基本的な考え方は，市町村の基本財産造成による自立した地方自治の確立である。市町村有林野は重要な町村基本財産として自ずと市町村有林野形成の圧力が高まる。しかし，市制，町村制実施が町村合併を伴い行われたため，旧村は村持山が新市町村有になり自らの管理が及ばなくなることを忌避し各地で紛争が生じた。この結果，市制，町村制において旧村を単位とする大字，区に法人格を与え，これら村持山を区有林として認めざるを得なくなった。

明治から昭和前期の公有林野に対する林政は，これまで述べた内務省の地方自治行政に強く規定されて進展する。第1次，第2次森林法はいずれも入会採取から林業生産への転換を目的としたが，第1次では公有林濫伐防止の消極的事後主義だったものが，10年後の第2次には公有林の施業案編成を義務づけた積極的事前主義に転じた。

山林局のこのような林業近代化施策は，内務省の市町村財産造成の意図と重なり，1910年には内務・農商務両次官の共同通牒として部落有林野統一による公有林野整理開発の指導方針を打ち出す。これは蚕糸業発達改善，外国貿易助長，不正競争取締，主要穀物増収改良と並ぶ日露戦後の産業構造変化に対応した喫緊5課題の1つであったが，翌1911年に提出された入会整理法案が不成立に終わり，森林治水事業下の公有林野造林奨励規則による造林補助助成策へと収斂した。また，同時期に制定された第2次森林法では森林組合の規定を新たに設け，①荒廃防止及び復旧，②協同施業，③協同土工事業，④協同保護の4つを目的として，主に部落有林野管理のための協同組織設立への法整備を図った。

1920年には特別経営事業と並び，戦前期林政の2大事業と言われる公有林野官行造林法が施行された。本法律は国と市町村または組合の収益分収契約に基づき，国有林が公有林野に造林を行うものである。本法律は内務省の入会林野公権論とも整合し，明治以来の部落有林野整理統一事業推進策であった。加えて山林局の思惑としては，翌1921年に終了する国有林野特別経営事業の組織，人員を本事業に吸収することも企図されていた。事業推進のため公有林野官行造林署が新設されたが，1924年の行政整理対象となり小林区署とともに営林署へと改組された。

部落有林野管理組織として誕生した森林組合は，大正期の輸入米材席捲下での国内林業保護施策の誕生によって新たなステージを迎える。1926年制定の林業共同施設奨励規則では，木材生産費縮減を目的として森林組合の林産物搬出のための林道・索道・貯木場に対する補助を盛り込んだ。これが森林組合への政府補助の嚆矢である。また1929年の民有林其他造林促進ニ関スル事業予算は事業対象を私有林全般にまで拡げ，公有林野の特殊性は薄れた。

戦後の公有林野に対して最初に大きな転換を迫ったのは，1947 年に成立した地方自治法である。戦前期の町村制では不要公課町村の理念のもと，財産収入主，税収従の基本方針であった。地方自治法では従来の方針を転換し，税収を財政収入の中心に位置づけた。地方自治法制定によって基本財産造成対象としての公有林野の意義は根底から覆された。さらにマッカーサー指令による町内会，部落会などの廃止も公有林野の存在意義の形骸化に拍車をかけた。一方で戦後民主化政策において公有林が大きく寄与したのが，教育基本法，学校教育法などによる公的経費負担である。財政逼迫の解決策の１つとして，公有林処分によって学校建設経費を捻出した自治体も多い。

1951 年に成立した第３次森林法では公有林，社寺有林，私有林という所有区分は廃止され，国有林とそれ以外の民有林という２区分となった。実体経済や現場行政のなかではまだ公有林には一定の役割が与えられていたものの，この改正で法文のなかからは消し去られた。

一方で公有林に対する行政の関心はその後も継続した。1951 年国有林野整備臨時措置法，1953 年町村合併促進法では合併町村への国有林野売払の特別措置が講じられたが，これは戦前期の内務省・山林局提携と同じベクトルを持つ施策であった。1957 年の拡大造林施策の始まりとともに，公有林野も資源造成の対象としてクローズアップされる。同年の森林法改正では市町村有林経営計画樹立に対する助成が明記され，翌 1958 年施行の分収造林特別措置法は造林対象地として市町村有林を最優先とした。

1920 年施行の公有林野官行造林法は戦後まで存続するが，1956 年に造林対象地を水源林まで拡げる改正を経て 1961 年に廃止されることとなった。森林開発公団法改正によって，森林開発公団業務に水源林造成が追加されたことが廃止理由である。官行造林の目的は公有林造成から水源林造成へとシフトし，公有林造成は分収造林によって以後担われる。公有林野に対する林政の関心が法的にも，また行政的にも大きく離れていく画期であった。

林業基本法施行後の 1966 年に制定された入会林野等に関わる権利関係の近代化の助長に関する法律（入会林野近代化法）は，部落有林野の権利関係の整序を主目的としており，地方自治体強化，林業生産力増大，国土保全という戦前から戦後にかけての公有林野施策の延長線上に位置するものではない。法律の主目的は基本法林政下，1971年施行の国有林野の活用に関する法律（国有林野活用法）と併せ，明治初期からの所有権利関係の輻輳を少しでも解消しようという試みであった。

1960年代以降，それまで日本林政が向けてきた公有林野への関心は著しく薄れた。一方で1970年代後半の地域林業施策以降，その公共財産としての性格への着目が見られる。こうした流れはその後，2000年代以降の里山運動やコモンズ論へと引き継がれる。とはいえ，本章冒頭で引用した文化や環境などの森林諸機能の社会への定着への半田の厳しい見立ては，今もなお当て嵌まりそうである。経済的価値の低下から放置されてきた公有林野が近年の森林資源需要の高まりのなか，その面的まとまりの利便性から再び伐採対象に取り上げられることが多くなった。公有林野管理について経済財と公共財の微妙な舵取りが迫られるなか，私たちは満足のいく手段をまだ手に入れていない。

第2節　伏流化する国有林政策

1　国有林の確立

(1) 官民有区分と行政機構の発達

国有林は日本の森林面積の3割を占める。同一の森林行政部局が私有林，公有林の一般林政と国有林経営の両方を担う組織構造は，日本近現代林政のあり方を大きく規定し続けてきた。明治以来の国有林の歴史から見えてくるのは，公益性を担う行政と私経済にも踏み込む経営のバランスを取った舵取りの困難性であり，特に超長期を要し公益私益の間に揺蕩う森林であれば尚更であった[(11)]。

明治初期の井上馨による官林無制限払下施策が，欧州外遊後の大久保利通によって官林経営の方針に転じる。この方針転換を受けて1876年から政府は官林調査の整備を進める一方，青森，秋田，木曽，静岡門桁山での官行直営伐採事業に乗り出したが，林業生産基盤が未熟なため1880年にはわずか

5年で直営伐採は中止となった。

明治初期の数度の行政機構の改変の後，1879年に内務省地理局から内務省山林局が独立した。その2年後の1881年の農商務省設置によって山林局が内務省から農商務省へ移管され，これを機に国有林に関する行政機構，管理制度の整備が進んだ。国有林行政を担う官吏養成のため，国内最初の林業技術者養成機関として，1882年農商務省東京山林学校が東京都豊島郡西ヶ原村の山林局樹木試験場内に設置された[12]。

1876年に開始され，1881年に一応の完了をみた地租改正作業の一環である山林原野の官民有区分によって膨大な官林，官有林が生まれ，1886年に設置された大小林区署がその管理を担う方針が決まった。それと同時に官制勅令によって施業案が初めて法定された。三大美林を抱える青森，秋田，長野・岐阜の4県を皮切りに，1878年から開始された国による直轄化が，北海道，沖縄を除く全府県で完了するのは1889年である。

写真5-1　明治期の林務官

資料：農林省山林局（1931）『國有林 下巻』大日本山林會，363頁

注：前列右から6人目の金線三条制帽が大林区署長。二重ボタン制服着用のうち，金線二条制帽は大林区署員，一条制帽は小林区署長（1891年制定の制服）。

当初は現実的な実務遂行のため仮施業按編成とし，木材資源把握を第一義の目的として，簡易一斉調査が1890年に開始された。翌1891年には志賀泰山が保続目的で山林原野調査事業を実施し(13)，試験的編成ながら施業案の出発点となった。この時期はその後に続く様々な制度が整えられた。1889年に初めて制定された会計法は官有林野処分の根拠法となり，市場価逆算方式が導入された。1892年に秋田大林区署は独自の立木尺〆表を採用した。最初の立木幹材積表である。

当時の林分は官民ともに細分化しており，1895年の時点で官林ですら1ha未満が6割ほどあったため（萩野（1990），63頁），官有山林原野の存置，不要存置の処分といった施策が進められた。この間，旧慣利用を主張する地元農民，社寺との紛争が各地で頻発し，政府は緩和措置として社寺保管林，委託林，部分林の制度を設けた。一方，1886年の北海道庁開設に伴い，北海道の山林事務は農商務省から北海道庁へと移管された。また，1885年設立の宮内省御料局は1890年帝国議会開設によって予想される自由民権派からの抵抗を回避するために皇室財産の形成を急ぎ，その重要な資産の1つとして1888年以降，木曽，静岡など内地官林90万町歩，北海道官林200万町歩が御料林へと編入された。

(2) 国有林野法の成立

1897年に官民有区分未着手の沖縄を除き，すべての官有林野が大林区署所管となり，以後官林と併せて国有林と呼称されるようになった。この年は，第1節の2 (2) で述べた森林法制定の年でもあるが，その審議過程でここまで述べた国有林の位置づけが大きな論争点の1つであった。1896年法案の帝国議会の冒頭質問が田中正造であったことに象徴的だが，自由民権運動を背景として国有林経営の地方分権化，下げ戻し運動，公有林・社寺林・民林に対する官治主義，森林警察規定の厳格性などが争われた結果，政府原案3分割の修正決議をみた。この際，官林を林業組合に含めるか否かが大きな論点であったことは興味深い。

森林法案審議過程で問題となった国有林については別に法律制定が必要となり，国有林野関連三法が1899年に相次いで誕生した。1つ目の国有土地

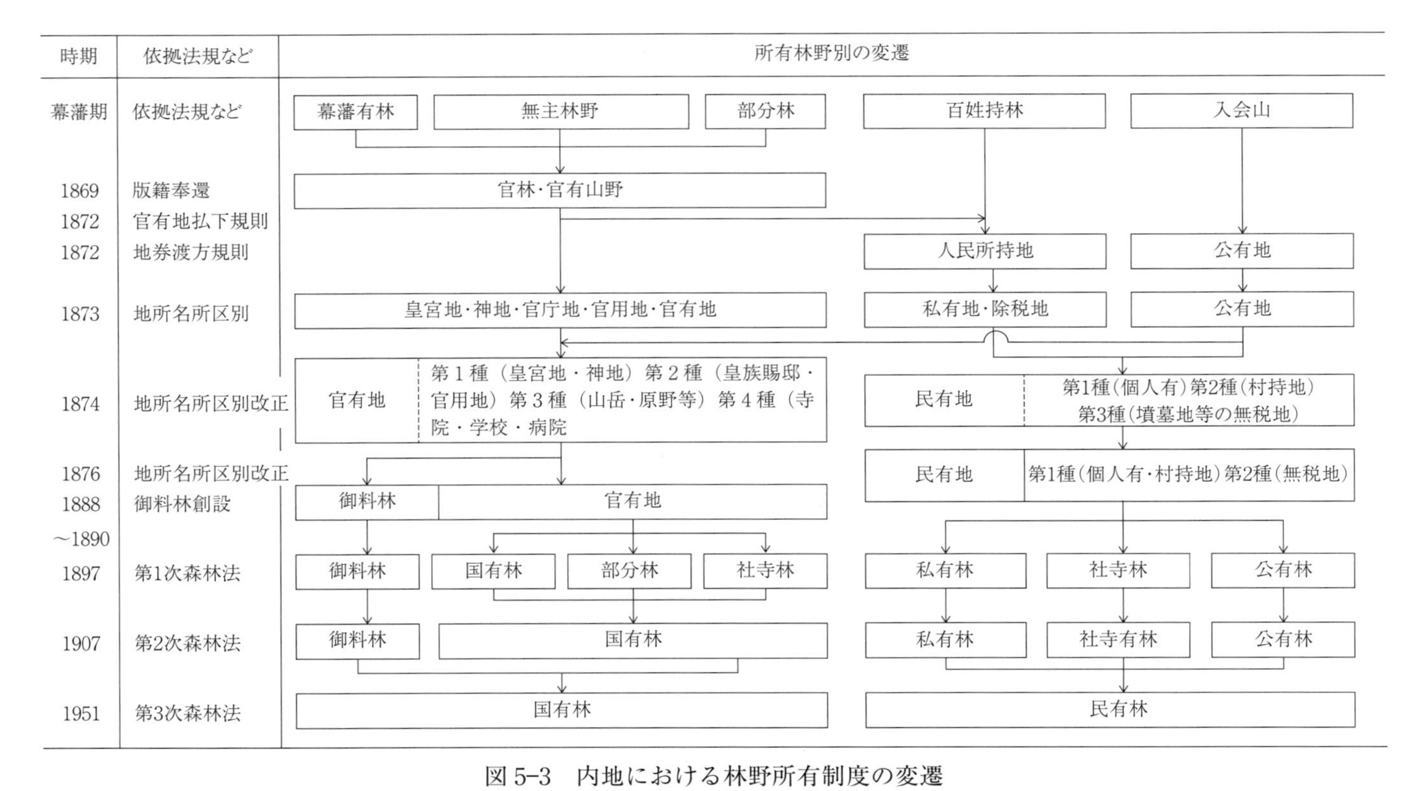

図5-3　内地における林野所有制度の変遷

資料：半田(1990) 57頁，鷲尾良司(1979)「林業発展形態の地域性に関する研究」（宇都宮大農学部学術報告特輯34号）12頁を修正。

森林原野下戻法は官民有区分で多く生じた紛争について，国有林野の民間払い下げによって解決を図ろうとするものである。もう１つは国有林野の経営，管理全般を扱う国有林野法で，名称などを変えながら現在まで国有林野に関する基盤法の役割を果たしている。３つ目は森林資金特別会計法で国有林野特別経営事業の根拠法となった。

これら３法が成立するにあたり，一番の難問は地域社会経済との関係であった。山林原野の官民有区分によって，ひとまずの境界を画定したとはいえ，江戸期までの複雑な林野の権利利用関係を掬い取るにはあまりに不十分であった。今回の法制定はそれらを修正する側面も有していた。国有土地森林原野下戻法は農業生産や生活資材供給において，地域住民の諸権利と直接関係した。最終的に法の対象からは除外されたが，衆議院審議過程では御料林下戻問題にも多くの時間が費やされ，山林局は宮内省との調整に苦慮した。国有林野法では，同法に基づく勅令によって，社寺保管林規則，国有林野委託規則，国有林野部分林規則が制定され，旧慣土地制度の近代化が図られた。

2　国有林経営の展開

(1) 国有林野特別経営事業

1899年から1921年まで23年間にわたり実施された国有林野特別経営事業は，戦前における国有林経営の礎を築き上げた。本事業を理論的に支えたのは村田重治（1887）『日本森林経済論』であった。この論文は国有林黎明期の中心的技術者であった村田が，東京農林学校卒業後まもなく執筆し，経済学協会懸賞論文として１等を獲得したものである。事業は不要存置官有林野売却収入を原資として，国有林経営基盤整備による木材供給増大と保続生産を目論む，戦前期日本林政の中核を成す壮大な計画であった(14)。

23年間の主な事業内容として，以下の５点が挙げられる。①計画初期の国有林野面積の１割に当たる不要存置官有林野78万haの整理，売却処分，②要存置国有林野の境界査定，周囲測量，③要存置国有林野411万haの施業案編成，④人工造林30万ha，天然更新５万ha実施，官営苗圃設置などの造林事業，⑤森林鉄道，車道などの林道開設を中心とした森林土木事業である。

当初計画にあった施業林9万 ha，保安林5万 ha の買上げは，買上げ交渉の難航などの理由によって，捗々しい成果は得られなかった。一方で，計画を上回る事業収入の好調は，当初計画になかった林業試験場や欧米先進国出張予算の充実にも向けられるなど，大正期に大きく開花する国有林施業技術の発展にも寄与した。

特別経営事業は当初，閣議提出の計画案への奈良県吉野の大山林地主，土倉庄三郎の反対意見が象徴するように，在野の林業家からの在来林業技術を根拠とした強い批判が見られた。その論点は施業案編成偏重の形式主義に対するものだったが，特別経営事業における造林事業，林道事業のウェイト増加，大正期以降の豪農経営の後退のなかで，批判は次第に弱まっていった。1914 年には国有林施業案規程が定まり，内地国有林は名実ともに保続経営を本格化させ，国有林は日本林業の指導的位置を占めるに至った。第3節の1（1）で詳述するように，それまで散発的だった官行斫伐事業が特別経営事業を契機として本格化し，短命ながら官行製材事業も開始された。

国有林関連三法のほかに，1920 年には，戦前期のもう1つの重要国有林関連法案である公有林野官行造林法が制定された。本法律は前節で述べたように，部落有林野整理統一事業を補助から国直轄へ切り替えるもので，国費

表 5-4　国有林野特別経営事業当初計画及び実行結果

単位：1,000 円

区分＼数量	数量		経費	
	当初計画	実行量	当初計画	実行額
整理処分	741,576 町	1,053,246 町	2,427	3,169
施業案編成	2,112,000 町	4,106,501 町	2,355	2,526
造林　人工植栽	90,000 町	301,993 町	2,975	10,953
造林　天然生育	50,000 町	53,667 町	1,041	246
土木　林道	216,000 間	7,690,648 間	1,081	12,991
土木　河川疎通	32,000 立坪	78,538 立坪	194	189
施業林買上	140,000 町	2,430 町	5,620	77
その他	−	−	7,329	28,273
計	−	−	23,022	58,424

資料：松波秀実（1924）『明治林業史要後輯』大日本山林会，163 ～ 164 頁

で造林し，その収入を国と当該公共団体で分収する制度である。加えて近く終了が予定される国有林野特別経営事業の組織，人員を本事業に吸収することも企図された。

(2) 昭和前期の国有林

大正末期，関東大震災後の1924年に行財政改革の一環で大林区署制から営林局署制に移行するとともに，山林局組織は整理縮小された。翌1925年には農商務省が農林省と商工省に分離し，戦争末期の一時期を除き現在まで続く農林省という行政組織が確立した。

行財政改革後の新たな管理機構拡大を目指す山林局は，特別経営事業施業案の成果をもとに，欧州の新潮流である天然更新作業ノ汎行を目指した。1929年に天然更新作業予算を獲得し，集約施業目的のために営林署を増設し，択伐施業を増やした。一方，この時期は官行斫伐が加速し，事業の進展とともに牛馬道，森林鉄道，索道などの搬路が急増した。国有林野事業に牽引され，木材搬出手段は河川から陸送へと次第に変わっていった。

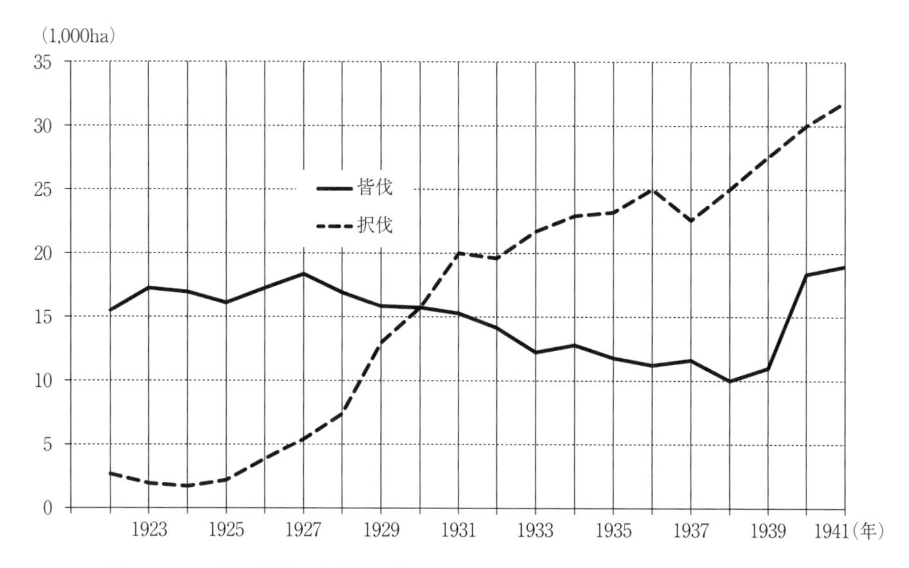

図5-4　天然更新汎行期の内地国有林伐採面積推移（1922 ～ 1941）

資料：山林局『国有林野一班』第14回～21次，1931 ～ 1941，各年版より作成。

戦前期の国による森林管理の大きな特色として，農商務省山林局，内務省北海道庁・樺太庁，宮内省帝室林野局，台湾総督府，朝鮮総督府，関東都督府，拓務省南洋庁といった，植民地まで広く跨る地域に複数の管理主体が並立した。「内地は，近代林政をつらぬきえた唯一の地域」（萩野（1990），21頁）といった評価のある通り，その他の地域では，開発型の拓殖林政，植民地統治林政が実施された。沖縄県に国有林野法が施行となったのは1908年である。戦前から北海道国有林，御料林と内地国有林との統一問題は度々取り沙汰されたものの，実現には至らなかった。

昭和前期，戦争の色が濃くなるとともに，国有林に対する増伐圧力は強まった。1937年に日中戦争が始まると，軍需用材を筆頭に坑木，鉄道枕木，車両船舶用材，土木建築用材の需要が増加した。これに対応するため，内地国有林では国有林臨時斫伐作業が開始される。1940年には収穫事業臨時要綱制定によって，国有林大増伐方針が決定し，さらに，翌1941年にはそれまでの施業案に代えて，臨時植伐案が編成された。平時の国有林施業案規程は実質棚上げされ，施業計画上も戦時体制の確立をみた。1944年にはついに国有林決戦収穫案が作成されるとともに，民有林官行斫伐事業が始まり過伐が強行された。

3　戦後復興，高度経済成長と国有林

(1) 林政統一と特別会計制度の発足

荒廃した国土と圧倒的に食糧，資材が不足するなか，戦後の農林行政は出発した。経済復興のために戦時に引き続き数年間，国有林増伐体制，民有林官行斫伐事業が継続された。高知局，秋田局を先陣に昭和初期からの択伐方針は破棄され，皆伐植栽へと変更された。引き揚げ者のため農林省は1945年に開拓局を設置，1946年自作農創設特別措置法によって開拓財産への国有林所属替えが行われた。

1947年に戦前から多くの山林局技術官僚が切望した林政統一が実施され，農林省山林局，内務省北海道国有林，宮内省御料林を統合した森林部門の巨大現業官庁が誕生した[(15)]。官庁名は山林局から林野局を経て林野庁となっ

た。同年には日本国憲法も施行され，憲法の宗教法人による国有財産使用禁止規定を直接の契機として，国有林の社寺保管林が廃止された。

林政統一と併せ山林局のもう1つの戦前来の宿願であった国有林野事業特別会計法も同じ年に導入される。これは戦後の激しいインフレ下で国有林収入を当て込んだ大蔵省のシナリオであり，山林局，GHQ，大蔵省の3ヵ月折衝で案はまとめ上げられた。制度発足当初，特別会計は赤字に苦しむが，朝鮮戦争特需によって，1951年に93億円の黒字を計上した。

この巨額の黒字計上を契機に，それまで一般会計だった官行造林，治山事業，1954年制定の保安林整備臨時措置法による民有林買い上げが特別会計負担とされた。以後，木材価格高騰を背景とした国有林事業会計剰余金は増加の一途を辿った。1958年分収造林特別措置法成立時の国会附帯決議を受け，林政協力事業と称する一般会計の様々な民有林施策へ剰余金は流用され，国有林経営へはわずかしか還流されなかった。戦前の特別経営事業の栄華を再び夢見た林野庁技術官僚らの当初の目論見は大きく外れ，やがて訪れる赤字常態化の要因となった。

1914年以降，改正されないまま戦後を迎えた国有林施業案規程の抜本的改正が行われ，1948年に国有林野経営規程が制定される。本改正の特徴は，①法正林の保続を目的とした技術主義から国民の福祉増進を図る経済主義への転換，②制限の強弱による林地区分から普通林野，公益林野，共用林野という利用中心の区分への再編の2点であった。

第3次森林法制定と同年の1951年に，参議院議員立法で第2次国有林野法と国有林野整備臨時措置法が成立する。国有林野法は1899年に第1次法が成立して以来，半世紀ぶりの大改正であった。両法が議員立法であった理由は主に後者の整備法にある。当時，東北地方の国有林野解放運動が活発化しており，それを戦後の農地改革・地方自治拡大の潮流が後押しする形で，国有林野の民間への一定の譲渡を必要とする情勢であった。同法が失効する1955年まで国有林経営上からみた不要林野売払，交換，買い入れが行われた。本事業は法失効後に町村合併促進法に引き継がれ，大所有者層の林地流動化促進要因となった。

(2) 林増計画と木増計画

1954年の洞爺丸台風は道内平均伐採量3.5年分という風害木を大量発生させ，木材市場の圧迫要因となった。風害木搬出のために，①労働力調達機構整備，②夏山生産，③機械化促進，④民間伐出組織育成，⑤内地への直営輸送販売などに対する緊急対策が求められたが，これらの措置は北海道の林業構造に大変化をもたらすとともに，その後に続く国有林経営合理化の引き金となった。

1956年7月公表の『経済白書』が「もはや「戦後」ではない」と記述した1955年神武景気のさなか，うなぎ登りの木材需要に対して国有林伐り惜しみ論が喧伝された。行政管理庁はこうした世論に敏感に反応し，国有林野特別会計事業に対して，伐期齢引き下げ増伐を勧告する。これに対して林野庁は大幅な外材輸入が期待できない一般動向を踏まえ，この勧告を容認する。時代は高度経済成長のトバ口にあった。

1957年の国有林生産力増強計画（林増計画）は，このような時代の要請を受けた経営合理化作業から発展したもので，制定から10年経った国有林野経営規程改訂の基軸であった。戦前の特別経営事業が新規用材林地造成を主としたのに対し，林増計画では林木育種，科学的調査法導入など林業技術近代化による発展を目指した。

林増計画をめぐって技術官僚，学者の間で起きた森林経理学論争は，当時

表5-5　国有林生産力増強計画と国有林木材増産計画における収穫量，造林面積見通しの比較

単位：1,000m^3，ha

区分	年度	1961～65	1966～70	1971～80	1981～90	1991～2000
収穫量	林力増強計画（A）	18,844	18,856	19,373	20,608	21,755
	木材増産計画（B）	22,270	22,720	23,862	24,780	26,444
	B／A × 100	118	120	123	120	122
造林面積	林力増強計画（A）	76,230	73,885	72,056	70,875	67,875
	木材増産計画（B）	77,485	77,811	77,740	79,828	91,588
	B／A × 100	102	105	108	113	135

資料：林野庁（1961）『国有林における木材増産計画』，4～5頁，萩野（1996），647頁より作成。
注：数字は各期間の平均である。

の一大事件であった。しかし，当時の計画立案者は「論争の波紋の大きさに驚くとともに，そのわりに，実りの少ない論争であったと反省している」とのちに述懐し，そのうえで，過度の人工林造成，皆伐偏重による択伐軽視，新たな経営計画区に責任を有す統括営林署構想の見送り，成長量先食いの会計的処理の未整備，画一的施業の弊害といった点を林増計画の反省点として挙げた[(16)]。

科学技術へ揺るぎない信頼を置いた1950年代という時代に，その結晶とも言える林増計画であったが，そのわずか4年後の1961年には政治主導で国有林木材増産計画（木増計画）へと組み替えられた。この措置は止まるところを知らない高度経済成長へ対処するための非常手段であった。林増計画が科学主義に基づくのに対し，木増計画は政治的判断のもとに，それまでの保続経営原則を大きく逸脱することとなった。

河野一郎農林大臣の国営造林構想を受け，戦前からの公有林野官行造林法を1956年に公有林野等官行造林法に改正する。本改正では官行造林の対象に関して従来の市町村有林，財産区有林に加え，部落有林，私有水源林にまで拡大した。さらに1961年には公有林野等官行造林法を廃止し，設立時の目的であった紀伊半島熊野川地域と徳島県剣山地域の2林道開設終了後の森林開発公団法改正によって，本法に新たに水源林造成の役割を担わせることとなった。

増え続ける生産量を支えるため，この時期，国有林労働者数は激増する。一方で，作業員の雇用安定化，白蝋病と呼ばれる，チェーンソー使用による振動病対策が重要課題となり，1953年結成の全林野労働組合を中心に各地で労働争議が激化した[(17)]。

4　国有林と現代社会

(1) 自然保護運動の高まりと経営改善の動き

高度経済成長が終焉を迎えた1973年という年は，国有林野事業にとっても大きな節目の年であった。自然保護運動の高まりに対して，国有林における「新たな森林施業」が1973年に通達される。その内容は，皆伐施業地の大幅縮小と択伐林施業地，禁伐林の増大を基本として，皆伐面積伐区の縮小，分散化，保護樹帯設置，亜高山帯の皆伐新植禁止などを内容とした。これは国有林が1957年の林増計画以来の生産力主義を，少なくとも表看板からは外したことを意味した。

第3節の2（2）で詳述するが，1987年には知床伐採問題などの解決を図るため，「林業と自然保護に関する検討委員会」を林野庁は設置し，旧保護林制度を改めて，森林生態系保護地域制度を設けた。1991年には第2次国有林経営規程以来用いられてきた林地区分（第1種〜第3種）を，機能を軸とした4区分（国土保全，自然維持，森林空間利用，木材生産）に変更した。

この時期の国有林を理解するためのもう1つのキーワードは経営改善である。1975年度から国有林野事業は完全な赤字体質へと転落し，翌1976年度から長期借入金へ依存せざるを得なくなる。1978年の国有林野事業改善特別措置法施行を受けた改善計画では，官行伐採事業の作業請負化と立木処分への切り替えを行い，大幅な組織縮小による収支均衡が目指されたが，事態は一向に好転しなかった[(18)]。

1981年に発足した第2次臨時行政調査会とその後継である臨時行革推進審議会は，国有林経営の抜本的見直しを繰り返し提言した。そうした世論を受けて1984年改善計画では職員及び組織縮減の具体化，土地林野売り払いが，1987年改善計画ではさらなる負債軽減策として天然林施業の加速，ヒ

表5–6「新たな森林施業」着手前後における森林資源に関する基本計画の施業方法別面積

単位：1,000ha，％

区分＼基本計画		1966年基本計画		1973年基本計画		面積比 1973年/1966年
		面積	構成比	面積	構成比	
皆伐施業対象地	人工林	3,300	44	2,770	36	84
	天然林	770	10	240	3	31
	計	4,070	54	3,010	39	74
漸伐施業対象地		−	−	120	2	−
択伐施業対象地		2,180	29	2,630	35	121
禁伐等の施業対象地		740	10	1,310	17	177
その他		570	7	550	7	97
合計		7,560	100	7,020	100	101

資料：林野庁（1973）『国有林野における新たな森林施業』，47林野計432号別冊，16〜17頁より作成。

ユーマングリーンプラン（森林空間利用）など3次産業への積極的参入が提言された。

（2）一般会計化へ

1990年臨時行革審最終答申で掲げられた国土・環境政策との連携の要請に応え，流域管理システム施策が登場する。1991年制定の第4次国有林野経営規程において公益機能重視を打ち出した国有林は，その担い手の1つとして一般会計導入の正当化を図った。

この一般会計導入のための公益的管理という姿勢は，1997年国有林野事業の抜本的改革の閣議決定を受けて制定された1998年国有林野事業の改革のための特別措置法にも引き継がれ，本法のもとで国民の参加による「国民の森林」づくりが推進された。1999年国有林野事業の組織改編によって大正期末からの営林局－営林署体制を森林管理局－森林管理署体制へ再編するとともに，引き続き人員削減が進められた。

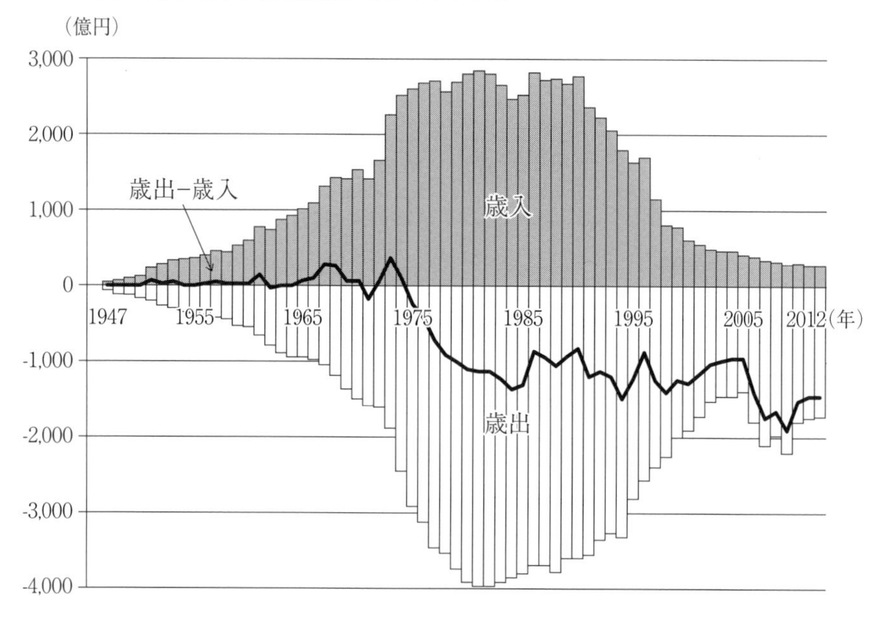

図5-5　国有林野事業収支の推移（1947～2012年）

資料：国有林野事業統計書各年版より作成。

注：歳入は国有林野事業収入（含，業務収入，林野売払代，雑収入），歳出は他会計への繰入を除く国有林野事業費である。

小泉政権下の2006年に成立した行政改革推進法において，国有林野事業の一般会計化，一部独法化の検討が求められる。2007年に起こった林道をめぐる官製談合事件はこの動きを加速し，緑資源機構廃止とともに国有林野事業一般会計化，一部独法化の前倒しが決定された。しかし，2007年参院選での民主党大勝は，この流れを大きく変えることとなる。

2008年の独立行政法人緑資源機構法を廃止する法律案の国会審議の際，自由民主党，民主党・無所属クラブ，公明党及び社会民主党・市民連合の四派共同提案による付帯決議において，「国自ら一般会計において管理運営を行うこと及びその実施時期を前倒ししないことも含め，山村全体への対応など幅広い観点から，慎重に検討すること」とされた。こうした流れを受けて，2009年に誕生した民主党政権は国有林野事業特別会計の一般会計化への統合へと方針を転換する。2012年に国有林野の有する公益的機能の維持増進を図るための国有林野の管理経営に関する法律等の一部を改正する等の法律（国有林野法案）が国会で可決され，この法律によって，2013年に国有林野事業の特別会計は廃止され一般会計となった。戦後の国有林経営の基盤であった特別会計事業の一時代が幕を閉じた。

第3節　流転する日本林政

1　生成期の産業政策

(1)　日本資本制勃興と産業政策の生成

明治期の日本資本制経済の勃興にとって森林は重要な資源であった。殖産興業政策下，他の各産業分野と同様にその初動は国家主導で推進された。

明治初期の林政において海軍用材の安定確保は最重要の課題であり，そのため1870年代には軍需用材確保のための東京近県禁伐，静岡県天城の海軍省直営伐採などの施策が実施された。その後，軍艦建造材料に鉄鋼が多用されるようになり，木材利用も米マツ中心へと変化するなかで次第に国産材利用圧は低下した。国産材の軍艦への利用が再度注目されるのは，日露戦争後に軍器独立論が盛んに言われるようになってのことである。海軍用材以外の木材需要も次第に増加し，それをまかなうため，1870年代の数年間に青森，木曽，天竜，秋田で内務省地理寮による官行直営伐採事業が行われた。

こうした国家主導による産業政策の方針が大きく転換するのは，1881年政変後の松方財政下においてである。大隈重信，井上毅の下野の動きに連座する形で，官行直営事業を推進した桜井勉が失政の責を負い山林局長の座を追われた。代わって実権を握った武井守正によって官林伐採の動きは減速し，大林区署官制発布など，資源保護策が強化された。武井は内務省から新設の農商務省に移管された山林局の初代局長に就任した。

1892年の『大日本山林会報』に本邦初の全国規模での木材需給調査額調査実施の記録がある（萩野（1990），42頁）。日清，日露の両戦争に勝利した日本は，台湾，樺太，朝鮮，関東州の植民地経営，大陸進出を進め，19世紀末期に資本制経済の確立期を迎えた。工業用材としての木材利用も量的拡大と利用の多様化が進んだ。1905年に山林局はクス（樟脳），ケヤキ（戦艦材），クルミ・カシ（軍需用）を対象に，大林区署に対し工芸樹種植栽通達を出した。さらに翌々年の1907年には民有林の工芸的樹種対象の植樹奨励費を設けるが，これは山林局として初めての民有林施策であった。

一方で，特別経営事業以降，国有林の収益増加や市場条件の好転を契機として，一時停滞していた官行伐採事業は勢いを盛り返した。官行伐採事業は当初，東北地方を中心に展開し，やがて四国・九州へと拡大した。開始から10年後の1909年には国有林の全伐採量に占める官行事業の割合は過半を超えるまでになる。まさに森林開発の先兵であった。また，伐採のみならず，官行製材事業も実施された。1906年，青森大林区署貯木場内の製材所操業を皮切りに，数年間で製材所13，木工所1の官行事業所が操業した。そのなかで最大のものは320馬力，年間素材消費量13.2万石の秋田県代野製材所である。しかしながら，官行製材事業には当初から民業圧迫とする反対意見も強く，山元の小規模簡易製材という逃げ道を残し，大正年間に全廃した。

自由民権運動の世相を背景として，製材事業に限らず林業事業全般について国家直営に対する批判は数多くあった。代表的なものとして，奈良県吉野の大林業家である土倉庄三郎と林学者で当時衆議院員であった中村弥六が

表5-7　明治期における木材輸出目的の海外市場調査一覧

調査期間	復命書	調査地域
1898年11月～89年4月	清国木材調査報告	北清・南清
1902年5月～10月	韓国木材視察復命書	平安道・咸鏡道
1902年5月～03年4月	清韓両国森林視察復命書	平安道・咸鏡道・安東県・北清・南清
1902年12月～03年3月	清国視察復命書	南清
1903年10月～04年3月	清国及比律賓群島森林視察復命書	南清・フィリピン
1904年9月～05年3月	清国林業及木材商況視察復命書	北清
1907年	韓国木材ノ商況及需用調査書	仁川港
1907年	清韓木材ノ商況及需用調査書	大連・釜山
1907年～08年	清韓両国及台湾各地市場木材商況調査書	清韓（含満州）主要市場
1908年	南満州木材商況調査書	大連・営口
1908年4月～11年3月	南米森林視察復命書（伯剌西爾共和国之部）	ブラジル
1911年11月～12年3月	南洋諸島林況視察復命書	ジャワ・ボルネオ・スマトラ
1911年11月～12年3月	濠州視察復命書	オーストラリア

資料：萩野敏雄（1971）「木材資源論ノート（4）戦前における海外木材資源調査について」『林業経済』24（12），35頁
注：日本政府復命書が対象。台湾、韓国については，植民地化後の調査は含まない。

1899年に著した『林政意見』がある。土倉と中村は本書で造林推進のためには国有林縮小，民有林生産力発展が重要であると述べた。土倉校閲の『吉野林業全書』が1898年に，そして本多静六らの『森林家必携』が1904年に出版されるなど，20世紀の幕開けとともに民間林業家が全国各地に簇生しつつあった。

この頃，マッチ，製材，パルプ，輸出製函，合板といった木材工業も近代化の助走期間を終えて離陸しつつあった。このうち内地材を利用するのは製材業だけで，その他の4業種は専ら北海道材を利用した。そしてパルプ産業は大正期になると新領土の樺太材を原料とするようになった。製材工場は日露戦争後に増勢が強まる。それを官行製材所設立が後押しする形で製材工場数はさらに増え続け，1912年には1,318工場と日本の工業分野の一角を占めるまでになった。こうした動きの背景には，1889年の東海道線全通から明治末期までの約20年間に東北，奥羽，中央などの鉄道各路線が開通し，木材集荷コストが激減した影響は見逃せない。影響は様々な形で現れ，天然秋田杉価格を指標とする東京市場が形成され，また鉄道建設のための枕木需要

が急増するなどした。

日本の木材貿易は明治初期から第1次世界大戦終結の1920年まで，おおむね輸出超過が続いた。主要輸出先は中国大陸であったが，貿易の担い手は初期の外国商中心から大倉商会・三井物産・松昌洋行といった国内商へと移行した。また，輸出商品の主力も初期の茶箱から枕木，マッチ，木材へと変遷した。日清戦争以降，山林局は木材輸出の市場調査を目的として清国をはじめとして海外調査を盛んに実施した。木材のほか活発化する輸出入に対応するため，関税法が制定されるのは1899年のことである。

(2) 戦前期産業政策の成熟

日露戦争が終結すると，戦時に膨張していた日本の海運供給は船腹過剰となり，その余剰が木材輸出へと向かった。輸出材の中心は内地材からナラなどの北海道材へと次第に移行した。輸出相手先はほとんどの年で清国が5割を超したが，清国市場における競争相手は米材であり，船舶運送コストの低下は北海道材の対米材競争力増加に大きく寄与した。一方，大倉組は日露戦争時の軍需用材の現地製材を担うため，鴨緑江河口に製材所を建設した。これが1915年には鴨緑江製材無限公司へと発展する。

第1次世界大戦による大戦景気は，1915年下半期から1920年3月の戦後恐慌まで続いた。1918年の米騒動によって退陣した寺内内閣に代わり登場した原敬内閣は，中産階級への社会政策に傾注し，住宅・都市問題解決のために建築基準法の前身である市街地建物法，旧都市計画法を1919年に成立させた。この間，高騰した木材価格は住宅問題の重要政策課題となった。経済全体の沈静化を目的とした各種品目の関税率改正審議の結果，然したる議論もないままに木材関税の無関税化が1920年に決定する。

当初，山林局行政担当者でさえ，木材関税撤廃の影響をあまり重要視していなかった。しかし，戦後恐慌に入った1920年夏に施行された木材関税率改正によって，予想に反して米マツを中心に米材輸入が激増，大都市はおろか地方にまで浸透する。さらに1923年の関東大震災後の復興需要は米材の日本市場席捲を決定づけた。この時点を画期として明治初期からの貿易構造は輸出超過から輸入超過へと反転した。1919年には樺太南部でカラフトマツカレハによる大虫害が発生し，1922 年になると大量の被害木が内地に流入したことも市場の混乱に拍車をかけた。

米材輸入問題について，国内林業保護を主張する国内林業団体・国産材企業と市場経済優先の外材資本の対立の構図が生じた。国内林業保護派は運動促進のため，大日本山林会，朝鮮，台湾を含む道府県等の山林会を結集し，全国山林組合聯合会を設立した。同聯合会は，①木材関税復活，②立木伐採税，木材川下税などの山林・林業地方税撤廃，③造林費国庫補助新設，④山林所得税軽減，を会の運動目標に据えた。その最初の成果が 1926 年の五分五乗法による山林所得税軽減である。しかしながら，山林地主にとって直接の恩恵が少ない木材保護関税化は，他の目標に比べて当初軽視された。

普通選挙法，治安維持法が成立し，農商務省が農林・商工両省に分離された 1925 年 3 月閉会の第 50 通常議会において，木材関税率改正の最初の山林局案は一般関税審議の遅れのため未提出に終わった。その後も繰り返し山林局案は提出されたものの，関税率の単独改正案は不成立であった。

1929 年，議論の末に第 56 通常議会において，木材関税は改正される。山林局案は従来の関税改正の単独方針を転換し，法案の賛成を得やすいように第 1 節の 4 （2）で述べた私有林助成と絡めたものであった。新関税は外材輸入実態と内地林業への影響を重視し，それまでの材種，特定用途のみの 4 区分から，樹種，材種，用途による 14 区分へと複雑化するが，米スギ，米ツガを明確に標的とし，またロシア沿海州林業株式会社・鴨緑江採木公司といった海外進出企業保護を目的としていた。こうして保護主義へと転換した林政は，世界恐慌対策として国際協調路線を模索する国際連盟などの方向とは逆に，その後も関税障壁の一層の強化を図り，数年の内に沿海州材，米マツ，南洋材の関税引き上げが行われた。

米材に対する再関税化を果たした 1929 年の内地材自給率は 55.6％だった。山林局は長期見通しのため，木材自給計画を同年に策定する。その実行施策が私有林助成及び再関税化であり，日本近代林政においてはじめての林業構造施策とも言えるものがここに実現した。

この時期の施策として興味深いもう 1 つの事項は，国産材愛用運動の開始である。これは 1927 年の政府による国産品愛用の行政指導を契機とするが，林業業界団体の後押しを受け，山林局が木材恐慌況対策の1つとして1930年に決定した。実際，内地材自給率はその後順調に上昇し，1938年には100％を超えるが，それは国内資源に頼らざるを得なくなった戦時経済深化の結果であった。

1919年に始まった樺太南部のカラフトマツカレハ大虫害は大正末までにには収束するが，代わって大正後期から約10年間ヤツバキクイムシ大虫害が樺太中部を襲った。膨大な被害木発生とその内地への移出は，それまでの島内パルプ産業を基軸とした樺太林業構造に多大な混乱をもたらした。森林資源開発に大きく財政を依存する樺太庁は対策に腐心する。1929年拓務省創設後，樺太庁がその傘下に組み込まれたことを契機に，綱紀粛正，国有林立木の不正払下の取り締まりといった樺太問題対策が活発化した。

1932年になると島外移輸出量統制を主内容とした林政改革声明書が樺太庁より発せられた。樺太材を重要な資金源とする政友会は当初これを無視するが，同年の5・15事件の発生による政党政治終焉によって抵抗勢力は弱体化し，結果的に改革が進展した。内地パルプ工場に占める樺太材のウェイトは1915年以降漸増し，1927年から全量を占めるに至る。また包装用，建築用を主用途とする内地北洋材製材に関しても，北海道材，沿海州材を抜き1923年以降のほとんどの年で8割を超えていたが，樺太林政改革は樺太材の内地流入を一気に止めることとなった。以後，内地木材産業は内地材時代へ完全に回帰する。1936年に内地パルプ工場は内地マツ原料へ転換し，戦後しばらくの間もその枠組みは維持された。また，この時期，北洋材製材の多くも内地材へと転換していった。

(3) 戦時経済下の産業政策

1927年の金融恐慌を引き金に日本経済は悪化の度を深め，世界経済全体もまた1929年の大恐慌によってブロック化が進行した。日本は軍部の台頭が目立ち始め，林政の産業政策は戦時統制経済へと突き進んだ。

幕末開港以来，関税政策による間接輸入規制手段しか持たなかった日本だが，1933年外国為替管理法施行によって，新たに為替政策による直接輸入規制の道が開ける。日中戦争勃発の契機となる盧溝橋事件直後の国際収支均衡，戦争物資確保，不要不急物資輸入規制を第一義とする輸出入品等臨時措置法の施行が最後の一押しとなって関税政策は後退し，輸出入許可制度と為替管理制度が木材貿易を左右するようになる。こうした物資統制の一方で，1938年施行の国家総動員法に基づく暴利取締令の強化，価格等統制令（9.18ストップ令）公布によって，輸入材，国産材ともに公定価格制度による価格統制が進められた。

商工省は1925年の農林省との分離以来，木材行政への関与は皆無であったが，日中戦争が勃発すると米材，南洋材の輸入制限，配給統制，販売取締，公定価格などの貿易統制政策を相次いで打ち出した。一方，閣議決定のパルプ増産5カ年計画を受け，農林省もパルプ材，坑木材を主眼とした民有林間伐材販売斡旋事業を開始した。当初，両省の主導権争いは輸入材，国産材で棲み分けられたが，統制経済の進行につれ様々な局面で対立が生じた。

国産材の大陸向け輸出は1931年の満州国建国によって伸張したが，1937年に日中戦争が起きるとそれから数年間にさらに大量の木材輸出が生じた。円ブロックの貿易体制のなか，木材輸出額の8～9割は満州国，関東州，中国向けで占められた。特に日中戦争勃発直後の1939年には木材輸出額は戦前最大を記録するが，その構成はそれまでの北海道雑木を主とする広葉樹材や合板から内地材のスギ，マツへと変化した。大正後期に関税を撤廃したあと輸入超過であった木材貿易額は，ここにきて輸出超過へと反転した。輸出ブームによって引き起こされた木材価格暴騰に対処するため，農林省は輸出入品等臨時措置法に基づいて，用材生産統制規則，用材配給統制規則を新たに施行した。1940年に山林局木材統制課が誕生する。

山林局と軍部，特に陸軍との共作ともいえる木材統制法が日米開戦の半年前，1941年7月に施行された。本法は国家総動員体制を支える数多くの経済立法の1つであり，ナチス政権下の類似法に倣い，木材供給の円滑化のため国家権力をもって，川上と川下の連携を促す林材統合論を理論的支柱とした。木材統制法は，①中央と地方に統制機関としての日本木材会社，地方木材会社設置，②木材業・製材業の許可制の2点が具体的な実行内容であった。

戦局が悪化し，労働力，資材，エネルギーのすべてが不足するなか，喫緊の課題は軍需の木造船用材，航空機用材の増産であった。木材統制法による様々な用材供給増加策が実施されたが，地域ごとに異なる木材需給事情のため実際の成果は乏しいものであった。1944 年には国家総動員法に基づく木材薪炭令が公布され，明治以来の施業案制度も有名無実化する。戦時体制下とはいえ，濫伐方針としか呼べないものを政府は容認した。しかし，強大な陸軍の権力をもってしても，林業と木材産業の円滑な木材需給のシステム化は困難を極め，「＜林材統合＞幻想に踊らされた，失敗の連続」（萩野(1993)，355 頁）の果てに日本は敗戦を迎えた。

敗戦直後の木材需要に関する重要な政策課題は，民需転換措置と占領軍需要対応の２つであった。前者は戦時中の最優先課題であった木造船・軍用機の軍需から，建築資材をはじめとした民需への転換を図るものであり，復興に欠かせない施策であった。また，後者の対象は占領軍建物建築資材をはじめ，包装，車両，家具各用材など多岐にわたった。戦前に比し面積にして４割，蓄積で換算すると３割の森林資源量を喪った戦後日本林政の出立であった。

資源の多くを依存し，多数の工場も立地した植民地を喪失したパルプ工業は，軍需転換，南方移設や戦災によって，残された内地・北海道工場の設備能力についても大きく低下させていた。新たな原料である内地アカマツは坑木需要との競合に晒されており，大規模パルプ備林造成を長期対策として，また国有林を中心とした奥地ブナ林開発を短期対策として，パルプ業界は今後の原料確保方針を決定した。こうしたパルプ業界の動きに応え，林野庁は国有林材の計画枠外供給量の増加を実施した。

朝鮮戦争特需によるいわゆる三白景気によって経済は活況を呈し，1950 年にはパルプ需要が坑木需要を抜いた。同時期には石炭から石油への転換によって坑木需要が減少に転じ，家庭燃料の主役であった薪炭が化石燃料へと転換した。こうして産業，民生両面のエネルギー革命が木材需要構造を激変させた。資本面で製材・合板工業に対して大きく勝るパルプ産業は，1955 年には木材需要者として，他を寄せ付けない圧倒的地位を確立した。

戦時下の木材統制を支えた木材統制法，国家総動員法，輸出入品等臨時措置法は敗戦直後いずれも廃止された。戦後の混乱期，統制経済は引き続き継続されたが，その対処に木材統制法に換わり日本林業会法が1946年に施行され，民間団体による自治統制が実施された。また，国家総動員法に基づく価格等統制令，物資統制令に換え，ポツダム命令として物価統制令が施行された。しかし，日本林業会も1947年独占禁止法に抵触し短命に終わり，1948年施行の臨時物資緊急措置法による統制がその後の占領期を引き継ぐこととなった。また，木材貿易は他の諸産業同様にGHQによる管理貿易が行われたが，輸出入は少量に留まった。

2　基本法林政の時代

(1) 高度経済成長と木材産業・貿易施策

1952年に対日講和条約が締結され，戦後日本は独立を果たす。その前年の1951年に，GHQ主導で低率の従価税率中心の第2次関税定率法が施行された。この施行によって1929年改正による木材関税の従量税率中心の保護関税的性格は拭い去られ，その後の米材による市場席捲を準備した。木材統制，薪炭統制が1950年に全廃されたあと，貿易についても政府貿易から民間貿易に切り替わる。1937年以来の輸入為替許可制が復活し，木材外貨割当制によって運用された。

木材産業の戦後展開について最初の歯車を回したのは，同年勃発の朝鮮戦争による特需であった。神武景気，岩戸景気と続く高度経済成長前期，木材需要は1952年の3,510万m^{3}から1961年には6,070万m^{3}に急増した。1952年から米材輸入が軌道に乗り，戦前に勝る大規模な米材時代が再度到来した。さらに1958年以降に南洋材輸入も急増したものの，この段階では日本国内の需要のほとんどは国産材によって賄われた。木材価格は独歩高の様相を呈し，その対策のために農林・通産両省と申し合わせた経済企画庁報告の木材価格対策が1961年2月に閣議了解された。このことは昭和農村恐慌期の1929年以来の木材自給路線の放棄を意味した。

さらに1961年夏に2度目の農林大臣の椅子に座った河野一郎のもと，木材価格安定緊急対策が閣議決定された。これは国有林増伐，民有林増伐指導，木材輸入増大という一連の措置によって，一般物価に対し独歩高を続ける木材価格の沈静化を狙うものであった。しかし，岩戸景気収束によって木材市況はすぐに軟化，国産材供給量は国有林を除き計画を大幅に下回る一方，木材輸入は大幅に増加した。

一度開放された米材輸入を中軸とした外材輸入の門戸は拡大を続け，雪崩を打つように日本は外材時代へと突き進んでいく。1952年に続く戦後米材進出の第2波が1965年末以降襲い，それまでの米ツガ小角に加え数樹種混合のSPF輸入が開始された。総合商社のすべてが米材を取り扱うようになり，1960年から61年の1年間で，米材輸入港が11港から42港に4倍に増加，輸入量も55万m^3から223万m^3へとやはり4倍に飛躍した。

輸出及び鉄鋼，石油，石炭に続く産業関連港湾としての建設省による木材貿易港整備，1950年施行の植物防疫法に基づく植物防疫港拡充，小倉港製材団地を嚆矢とした臨海型木材団地造成ラッシュといった外材輸入基盤整備も進捗した。その一方で，昭和30年代を通じた外材に対する認識は行政，業界ともに，足らず米論や国内森林休養説など，国内森林資源の成熟のために補完的に外材輸入を捉えるものであり，その後長きにわたる外材支配時代の始まりという認識は薄かった。

同時期，敗戦によって樺太，朝鮮，満州のアカマツを中心とする膨大な木材資源を失った紙・パルプ産業は，広葉樹資源利用のため旧来の亜硫酸法（SP），砕木法（GP）から雑広葉樹利用の晒クラフト法（BKP）への技術転換を図り，1952年に成功した。この技術転換によって，紙・パルプ産業は林種転換で皆伐される広葉樹資源を利用しつつ，広く全国展開を進めることが可能となった。拡大造林の重要な立役者となった紙・パルプ産業だが，一方で環境汚染の社会問題化，不安定な国内資源供給問題を常に不安材料として抱えていた。海外資源獲得のため，1953年の戦後初の海外工場である日米合弁のアラスカパルプ株式会社が設立され，また1955年よりソ連材商業輸入，1963年ソロモン諸島をさきがけに南洋材開発輸入が始まった。

1963年の通産省通達は新規設備増設の際に輸入チップ使用を義務づけ，さらに1967年には多くの海外工場進出計画，臨海設備更新が公表されたものの，この時点ではパルプ産業の関心はまだ国内資源にも注がれていた。業界要望に応えて林野庁は，国有林において森林資源充実特別事業を実施するとともに，民有林においても里山開発事業を新規に興し，パルプ用材の増伐に努めた。後者の里山開発事業は自立経営農家育成から集団化・協業化に重点を移す総合農政に，林政として歩調を揃えた事業である。明治以来の地元住民のための薪炭林施策は放棄され，産業用パルプ原木の低質林開発へとすり替わっていった。

一方，パルプ産業は上記の林野庁の両事業を受け，荷受，配材組織として共同パルプ原料株式会社を1970年に設立した。しかし，国産チップ価格上昇と集材難によって両事業ともに3カ年で終了し，これ以降パルプ産業は急速に国産材への関心を失っていった。パルプ用材自給率は1973年に半数を割り，国内生産量も1971年の1,664万m^3をピークにその後激減した。

製材用材，パルプ用材を合わせた国産材供給のピークは1967年の5,274万m^3である。木材自由化以降，減少を続ける木材自給率は1969年に5割を割り込む。製材用材市場は米ツガ主体の米材輸入が主軸を形成し，国産材生産は縮小の一途を辿った。そうした情勢のなか発生した1972年下期から翌73年の国産材価格暴騰は，それまで根強くあった木材関税引き上げ，外材課徴金と行った外材輸入規制論の根拠を奪うものであった。暴騰の一番の要因は国産材供給量が72年夏以降の列島改造論や金融緩和に刺激された住宅建設需要急増に対して追いつかなかったことである。すでに国有林も1961年の木材増産計画の時のような木材供給力は喪失していた。1971年のニクソン・ショック後，日本は変動相場制に移行し，その後の円高進行によって米材の優位は決定的となった。

(2) 林業基本法と林業構造施策

農山村社会もまた，高度経済成長のなかで大きく変容しつつあった。それまで農山村経済を支えた稼得の多くは伸び悩み，都市部への労働力流出は止まることを知らなかった。1960年の農林漁業基本問題調査会答申を経て1964年林業基本法成立に結実する生産施策，構造施策は，このような社会背景のもとで推進される。日本林政は2つの民有林に関する基礎法を擁し，それまでの森林法を基盤とする資源政策に加え，林業基本法を根拠とする「産業政策」が展開されることとなった。以下，その展開過程を見よう。

昭和 30 年代に入ると，戦後 10 年の成果として食糧増産も一段落し，農業の曲がり角というフレーズが盛んに言われるようになった。1955 年の西ドイツ農業基本法の影響を受け，日本でも農業団体中心に基本法制定の動きが活発化する。政府は 1959 年に農林漁業基本問題調査会を設置し，農業中心ではあるものの農林水産業横断的な課題設定を行う。折しも 1960 年から始まる国民所得倍増計画に代表される世相を反映し，農林漁業の近代化のため，それまでの増産を目標とした生産対策から所得向上を目指す経営対策への転換が謳われた。

この時，林業もまた農業同様に大きな曲がり角にいた。林野庁は戦後の重要課題であった累積要造林地の解消を 1956 年に宣言し，林業の産業化のキャッチフレーズのもと，供給中心から需要中心への政策軸の転換を目標に据えた。基本問題調査会は 1960 年に林業の基本問題と基本対策を答申するが，その論理は半年ほど前に答申された農業の基本問題と基本対策とほぼ重なるものであった。林業基本問題答申の最大の論点は，農業基本問題答申が近代化の中核を担う所得向上施策の標的を自立農家に設定するのとパラレルに，家族経営的林業をその近代化の担い手に措定した点にある。この家族経営的林業概念に対しては，特に中央経済団体，大規模森林所有者を中心とした反対意見が強かった。

国有林経営問題も絡む議論の混迷の果てに，基本問題答申から３年半後の 1964 年に「この種のものとしては世界唯一の立法」（島田（1965），５頁）である林業基本法はようやく成立した。この成立には折しも活発化していた国有林野解放運動が結果的に後押しした面もある。難産の末に成立した林業基本法であったが，担い手問題の焦点はぼやけ，家族経営的林業に代えて「小規模林業経営」の文言が据えられたことが象徴するように，本法の性格は「総合的折衷的」[(19)] なものとなった。さらに何よりの問題点は基本問題答申と林業基本法の３年半の懸隔に木材貿易自由化の波が押し寄せ，林業基本法のよって立つ基盤自体が法成立の時点ですでに掘り崩されつつあることであった。

林業基本法では，①生産，②構造，③流通，④従事者の４つの対策が柱となり，関連して国有林野事業のあり方が示された。特に法第３条で「林業経

表 5-8　林業基本法下の林業構造改善事業の変遷

単位：億円

事業＼項目	施策目標	指定期間 （事業期間）	計画主体	計画実施地域数	総事業費	１地域 標準事業費
第１次 林業構造改善事業	経営規模の拡大等を通ずる林業総生産の増大、林業生産性の向上及び林業従事者の所得の向上	1964 ～ 71 （1965 ～ 74）	市町村	986 市町村	765	0.7
第２次 林業構造改善事業	属地的協議の促進を通ずる林業総生産の増大、林業生産性の向上及び林業従事者の所得の向上	1972 ～ 79 （1973 ～ 85）	市町村	891 地域	2,270	1.8 ～ 2.4
新 林業構造改善事業	地域林業の組織化を通じた総合的な林産物の供給体制づくりと魅力ある山村社会の形成	1980 ～ 89 （1980 ～ 1994）	市町村 都道府県等	山村林構　670 地域 地区林構　670 地域 広域林構　670 地域	4,683	2 ～ 6
林業山村活性化 林業構造改善事業	地域の森林資源の成熟度、特色を活かした林業・山村の活性化	1990 ～ 95 （1990 ～ 01）	市町村 都道府県等	総合型　438 地域 産地形成型　64 地域 資源活用型　120 地域 地域活性化型　100 地域	補助 3,236 融資 856	補助 0.5 ～ 5 融資 0.5 ～ 10
経営基盤強化 林業構造改善事業	森林の流通管理システムの推進のもとで、林業の経営基盤を強化し、林業を地域産業として維持・発展	1996 ～ 99 （1996 ～ 02）	市町村 都道府県等	担い手育成型　92 地域 木材供給圏確立型　22 地域 森林活用型　29 地域	補助 987 融資 539.5	補助 3 ～ 10 融資 1.5 ～ 20
地域林業経営確立 林業構造改善事業	地域における持続的な林業経営の確立に向け、経営の集約化、資源の循環利用、就業者の育成・確保を総合的に推進	2000 ～ 04 （2000 ～ 09）	市町村 都道府県等	地域林業経営集約化型　340 地域 資源循環利用推進型　80 地域	補助 1,820 融資 913	補助 3 ～ 10 融資 1.5 ～ 5

資料：福島康記（2000）「構造行政」『戦後林政史』大日本山林会，106 ～ 107 頁より作成。
注：各事業には追加事業，特別対策事業は含まない。計画実施地域数，総事業費は実績値。

営の規模等により類型的に区分される経営形態の差異を考慮して，林地の集団化，機械化，小規模林業経営の規模の拡大その他林地保有の合理化及び林業経営の近代化」と記された林業構造の改善は重要施策であり，その実現のため1964年から第１次林業構造改善事業（１次林構）が開始された。

ところで農林業の構造改善事業の萌芽は，1956年の新農山漁村総合対策事業である。この事業こそがその後に続く「農政模倣・追随型林政」（萩野(1996)，334頁）の始まりであった。それまでの生産増強施策から生産性向上，経営近代化を地域指定により目指す最初の農林省施策だが，林政においては林野公共事業の優先的取り扱いを主軸とした。同事業中の森林組合に対する林業機械助成は，林業協業促進対策事業として1962年から独立事業となった。

１次林構では市町村を原則指定地域として，普通交付税補填，林道開設起債措置枠増額，融資拡充などの手段で諸施策の重点化が図られた。事業期間終了の1974年度までの事業費総額765億円のうち，70％が生産基盤整備事業として林道開設に，26％が森林組合を主とした共同組織の素材生産，苗圃の生産施設投資に向けられ，小規模林業経営規模拡大のための経営基盤充実事業費はわずか２％にも満たなかった。非公共事業費である林構事業費は国の林業一般会計予算の６～７％台を推移し，さながら林道中心の「ミニ公共事業」，「公共事業の矮小化された別働隊」（萩野（1996)，332・336頁）であった。

1972年に１次林構は第２次林業構造改善事業（２次林構）へと引き継がれたが，市町村原則指定，非公共事業という大きな枠組みはそのままであった。２次林構の目玉は高度集約施業団地協業経営促進事業（団協）である。この事業では1968年の森林法改正の際に創設された森林施業計画制度と連動し，小規模林業経営発展のために属地集団化した森林に高密路網を作設，集約育林と自走式機械作業体系を組み合わせた新たな森林施業構築が試みられた。この時に生まれた林地集団化施策は当初の路網敷設手段から，時代状況の変化に応じて作業集団化，経営集約化までも包含するようにその後展開するが，次第に施策の困難性は増してきているとも言える。

林業基本法の関連法として，入会林野近代化法と国有林野活用法が制定された。入会林野近代化法は入会権を近代的私権に置き換えることによって解消し，農林業による土地の高度利用を目指す法律である。この法律は第2節の4 (3) で述べたように，戦前からの公有林野施策とは異なる系譜に位置する。また，国有林野活用法は林業基本法成立時に法成立を後押しした国有林野解放運動に配慮し，地域産業振興と住民福祉向上に利する国有林活用方針を明らかにした。

林業基本法は確かに新たな林業構造を創出したと言えるかもしれない。その新しい林業構造では，入会林野近代化によって増加した生産森林組合所有林に対して，林構事業で機械化された森林組合が担い手となり，分収造林制度による森づくりを進めた。しかし，その後の経済低迷も拍車をかける形で，森林組合の補助金依存，分収林の不採算化といった現在へと続く林業問題の端緒を生んだのもまた林業基本法であった。林業基本法の特徴として，巷間言われる経済政策の嚆矢という評価にしても，林業基本法の射程はまだ林業のみに限定され，戦後造林木の伐期にはまだ間のあるなか，木材産業はその視界の外にあった。

(3) 地域林業施策から森林・林業基本法へ

1979年の第2次オイルショックは長く続いた高度経済成長の決定的な終わりを意味し，これを境として日本経済は低成長時代に入る。国産材自給率は1973年にはじめて4割を切った。第1次オイルショック以降停滞していた木材需要量は1980年代に入ると減少に転じた。高度経済成長の負の側面とも言える過疎問題や公害問題への対処に，国土庁は開発主義であったそれまで2度の全国総合開発計画から方針を転じた。1977年策定の第3次全国総合開発計画（三全総）では，人間と自然との調和のとれた社会を目指し，定住圏構想，地方の時代がキーコンセプトとなった。

林政も日本の社会経済全体のこうした基調変化に同調し，地域林業施策を新たに打ち出す。背景には1,000万haに達した人工林資源，国有林財務悪化の加速がある。地域林業施策は三全総の文脈では次節で述べる社会政策として位置づけられるが，一方で林政の産業政策の系譜で言えば，林業基本法が積み残した木材産業施策の嚆矢であり，林政としては後者にこそ重心があった。

地域林業施策の論理は主産地形成のために措定した地域の関係主体を相互に関連づけ，森林所有者の施業計画化と製材業合理化を同時に図ることで木材供給量増大を目論むものである[20]。政策推進のために2次林構の森林組合を中心とした広域的林産物集出荷貯蔵施設設置の流通施策の方向をさらに推し進め，1980年からは新林業構造改善事業（新林構）が始まる。新林構では1次林構，2次林構同様に森林組合を主対象にして，新たに製材工場などの加工施設整備事業のメニューが追加された。

1980年代前半の米国は貿易赤字，財政赤字のいずれもが増大する双子の赤字に悩み，1985年の先進5カ国蔵相会議は前者の解消のため協調的ドル安誘導の合意であるプラザ合意を締結した。特に対日貿易赤字は大きく，為替レートは合意後1年で1ドル230円台から150円台へと円高に振れた。また，同時期，日米貿易不均衡是正を目的として，電気通信，医薬品・医療機器，エレクトロニクス，林産物の4分野でMOSS協議（市場分野別個別協議）が行われた結果，林産物分野では木材製品・紙製品の関税引き下げ，2×4住宅関連の建築基準法改正などの非関税障壁の規制が緩和された。これを契機として輸入米材の主力は丸太から製品へと移行したが，国産自給率はなお低下し続ける。

1990年林政審答申「今後の林政の展開方向と国有林野事業の経営改善」は「緑と水」の源泉である多様な森林整備，「国産材時代」を実現するための林業生産，加工・流通における条件整備という2つの基本課題達成のために，新たに流域管理システム施策を掲げた。流通管理システム施策は産業政策としてみれば地域林業施策と同様の論理構成と言えるが，新たに流域概念によって森林整備施策をそこにつなげた点に新味がある。この流通管理システム施策では林業基本法が目指した森林所有者の所得向上への視点は薄れ，森林所有者は一担い手として森林整備施策のなかに埋没した。こうした事態を指して，第2次大戦末期の「<林材統合>論の戦後版」（萩野（1996），339頁）との評価もある。

さらに担い手のなかで注意すべきは国有林である。明治期から1960年代前半まで国全体の林業を常にリードしてきた国有林は，累積し続ける経常赤字によってすでにかつての面影はなかった。国有林資源は流域のなかで民有林と横並びに森林整備と木材生産の対象とされ，国有林営林署も市町村と並列な関係として連携する見取り図が描かれた。こうした方針が累積赤字解消のための国有林事業資金導入策であり，財務当局への説得策であったとの説（萩野（1996），339～341頁）には更なる実証研究が必要だが，ともあれ見取り図通りの民国連携は，流域管理システム施策開始から四半世紀経過した今なお困難を極める。

次節の（3）で述べる1992年リオサミットの産業政策への影響は大きく，森林認証や違法伐採対策への政策的対応も進んだ。2001年には林業基本法改正によって森林・林業基本法が新たに制定された。この法律は，①生態系など森林の有する多面的機能の発揮，②林業の持続的かつ健全な発展という2つの基本理念を目的に掲げる。1つ目の基本理念に重心を置いて環境政策へのシフトという評価も時折見られるが，むしろ流域管理システム施策である森林整備施策と林業・木材産業システム化施策という枠組みが，本法によって初めて法制化されたと捉える方が適切だろう。特に本法制化の最大の意義は，林業基本法では射程外にあった木材産業施策が基本法のなかに明記されたことであると言えよう[(21)]。

森林・林業基本法制定後，円高進行や中国の経済成長によって外材輸入の困難になった木材産業の国産材回帰が進むなかで，そうした事態に対応した木材産業施策が相次いで打たれた。まず，2004年に集成材，合板用国産材丸太の供給増加をねらう新流通・加工システム事業が，そして2006年には同様のフレームで製材用国産材丸太を対象とする新生産システム事業が実施された。両事業はその名称からも推察されるとおり，地域林業施策から森林・林業基本法へと続くシステム化施策の潮流のなかにある。両事業が協同組合を対象とした従来の農林水産省補助金と異なり，単独事業者への補助を認めたことは1つの画期として特筆される。

林政における木材産業施策への世論の注目は，近年高まりを見せている。2009年から新設された基金方式の森林整備加速化・林業再生事業は，木材産業のメニューも含みこうした動きを後押しした。また2010年の公共建築物等における木材の利用の促進に関する法律は新たな需要創出を目論む。建設行政の変化も追い風となり，法律制定を契機として新規市場が育ちつつある。

1960年代以降，減少一途であった木質バイオマスエネルギーは，リオサミットを契機として再度注目されるようになった。さらに2011年東日本大震災以降のエネルギー見直しの世論は，家庭用，産業用両方の木質バイオマスエネルギー需要を増加させた。2012年に始まった資源エネルギー庁の固定価格買取制度（FIT）に木質バイオマスが含まれたことで，関連施設の建設ラッシュが始まっている。資源の利用と保続の舵取りという林政の真価が今まさに問われている。

3　社会政策と環境政策

(1) 社会政策としての山村問題・労働問題

近代日本林政の社会政策の主な対象は山村問題と林業労働問題である。その政策の萌芽は，いずれも昭和初期に見出すことができる。

昭和初期の農業恐慌への対応に農林省は1932年に経済更生部を新設し，農山漁村経済更生運動を展開した。この運動は全国町村の半分ほどに経済更生計画を樹立し，農山漁村経済復興を自立的かつ組織的に進めるため，①農業経済改善，②生産・販売・購買の統制，③金融改善，④産業団体の連絡統制，⑤備荒共済施設の充実などを図ろうとするものである。日本林政が山村問題を最初に認識したのは，この経済更生運動においてである。

ところで本節2で詳述した通り，この1932年という年は大正期からの米材大量流入が再関税化によってようやく沈静化してきた時期であった。当時，山林局技術官僚の主要人物の1人であり，木材再関税化に重要な役割を果たした渡邊全は，経済更生運動を論じた著書を出版している。その著書において渡邊は再関税化施策の山村経済への好影響を評価する一方，農業中心の経済更生運動において林業が「極めて軽視せられ，農村は勿論山村に於ても更生計画に林業の進展策を採り入れたものの甚だ少なきは遺憾至極」(22)と憤慨する。

経済更生運動では農山村の副業として薪炭収入が脚光を浴び，造林事業，林道事業が農山村救済事業として余剰労働力の受け皿となった。しかし，それは用材生産を第一義とする山林局技術官僚には，農山村経済更生における林業生産の役割の認識を欠く不満足なものであった。時代は戦争へと傾斜し，国内資源の慢性的不足のなかで山村は資源と労働力の供給源となる。農業よりずっと小規模ではあったが満州への林業移民も実施された。

敗戦後，焦土と化した日本へと喪失した植民地から大量の引揚者が戻り，都市からの罹災者，疎開者と併せて農山村は一時多くの人々で溢れかえった。政府は緊急入植地を選定し開拓を進め，林野解放が世情を賑わせた。敗戦直後に労働者災害保険が拡充され，大規模事業所という制約付きであるものの民間林業労働者が初めて労働施策の対象となった。労働関連法規が相次いで制定されて労働施策全体の枠組みは整い始めたが，その適用は国有林に留まり民有林事業体まではまだ届かなかった。1950年には水力電源開発を主目的とする国土総合開発計画が始まる。

戦後復興で急伸する木材価格に引き寄せられるように，1950年代になると農山村の中小規模林家を中心とした余剰労働力が造林労働へと向かう。その最後の瞬きを捉えたのが林業基本問題答申の家族経営的林業であった。しかし，1960年代以降の高度経済成長による激動のなか，多くの労働力は都市へと流出し続けた。西日本の人口流出の契機として，1963年の38（サンパチ）豪雪が象徴的な出来事として今も語り継がれるが，新聞には過疎の文字が躍り，山村問題が顕在化した。

水源開発ラッシュに対する水没補償や住民の生活再建問題のために，ダム建設計画地域関係町村長によって全国ダム対策町村連盟が結成されたのは1954年であった。団体は幾度かの組織変更を経て1963年に全国山村振興連盟へと結集した。のちの総理大臣である福田赳夫を会長に抱く連盟は活発なロビー活動を展開し，林業基本法成立の翌年1965年に山村振興法が施行された。本法は山村振興のための施設整備が中心であり，①産業基盤，②交通，③社会・生活環境の整備が行われた。本法は時限立法であるものの再延長を繰り返し，現在もその役割を担う。

林業基本法は林業労働者の福祉向上と養成確保を掲げ，社会保険加入促進，労働力需給調整会議開催，労働安全技能研修普及といった施策が実施された。高度経済成長下，林業機械化の波は国有林から民有林に及んだが，特にチェーンソーの爆発的普及は振動障害によって労働者の身体を蝕んだ。国は1966年に振動障害を白蝋病と認定する。また，同時期には労働争議も頻発した。特に国有林野における労使紛争は，民有林施策も含めた林政の様々な局面に影を落とした。

東京オリンピック目前の1962年に全国総合開発計画（全総）が閣議決定されるが，それは公共事業による拠点開発を主とした計画である。高度経済成長による様々な歪みが認識されるようになった1969年，新たに新全国総合開発計画（新全総）が策定された。しかし，この計画も日本列島改造論との関連が指摘されるように，それまでの開発主義の枠を越えるものではなかった[(23)]。問題が深刻度を増すなか，1970年に議員立法による過疎地域対策緊急措置法が全会一致で国会承認された。国有林野経営はやがて赤字体質が経常化し，明治以来，山村経済に大きな影響を与え続けてきた国有林野の存在は次第に薄れていった。

第1次オイルショックが日本の社会経済に与えた影響は大きく，それまでの開発主義を見直す動きが加速した。1977年閣議決定の第3次全国総合開発計画（三全総）では，定住圏構想を軸に地方の時代への実現を目指し，大分県を震源に一村一品運動が始まる。しかし，次項の（2）で詳述するように，その10年後の1987年に打ち出された第4次全国総合開発計画（四全総）では，バブル経済を背景としたリゾート法によって山村地域の乱開発が進んだ。

1990年代に始まる流域管理システム施策は高性能林業機械化の契機となるとともに，流域林業活性化センターを介した各種の担い手助成を内容に含んだ。林野庁には林業労働対策室が設置される。1990年林政審答申，1991年の森林法一部改正附帯決議の林業労働条件改善の指摘を受け，林業労働者に対する就業規則及び休日規定の適用除外が廃止され，労働基準法全面適用の法改正が1994年に公布された。

さらに1996年には農林水産省・労働省共管の林業労働力の確保の促進に関する法律が，林業改善資金助成法及び林業等振興資金融通暫定措置法の一部を改正する法律，木材の安定供給の確保に関する特別措置法の二法と併せた，いわゆる林野三法の1つとして成立した。その他1990年代の特徴を列挙すれば，林業第3セクター設立ブーム，農政の地帯区分の1つに中山間地域設定，EU共通農業政策に範をとった条件不利地域対策の実施などが挙げられる。

2003年に創設された「緑の雇用」事業は，雇用情勢悪化を受けて厚生労働省が2002年に開始した，緊急地域雇用創出特別交付金事業に林業作業が含まれたことを契機とする。本事業は現在まで続く主要な林業労働施策であり，都市からの多くの新規就業者が移住することで山村社会の定住促進策の一面も併せ持つ。その目的は時期ごとに新規就業者の初期教育の標準化，高度技術教育の標準化，現場労働者のキャリア形成支援へと変化した。2014年には里山資本主義と林業女子会が巷間を賑わした。

まだはっきりとした輪郭は見えないが，2011年3月11日を境にして，日本の社会は確かに変わった。しかし，震災から5年経過した今，地域の労働力はままならず，なお復興の道のりは遠い。福島県浜通りを中心とした原子力災害の被災地では，住み慣れた土地に戻ることのできない多くの人たち。一方で，不安を抱えながら地域に戻り，日々を懸命に生きる人たち。無残に壊されてしまった森林と寄り添う暮らしをいつになれば取り戻すことができるか，暗中模索のなかだ（濱田・小山・早尻（2015））。後年林業史，林政史が編まれたとしたら，災後の社会における山村社会，林業労働はどのように描かれるだろうか。

(2) レク利用と自然保護問題

森林法をはじめとした森林関連法規は，保続原則や伐採規制のように広く捉えれば環境法，自然保護法の側面を持つものも多い。しかし，明治以降の林政においては本章でこれまで述べてきたように，資源政策あるいは国土保全政策に関心の中心があったため，自然保護問題を十分に認識するのは1970年代以降のことである。

そうしたなかで異彩を放つのは，1915年に山林局長通牒により定められた国有林の保護林制度である。明治末から大正期にかけて尾瀬，上高地，十和田，大雪などの紀行文が刊行され，アメリカ国立公園制度の紹介による日本自然美の保存気運の高まりなどを契機として，本制度は制定された。原生林，風致林，名所旧蹟，学術参考など8種類の特別保護する森林を指定するもので，日本で最初の自然保護制度と呼べるものである。同様の制度は御料林には設けられなかった。

日本にはもう1つ内務省，厚生省，環境省へと続く国立公園を軸とした自然保護施策の系譜がある。上述の保護林制度の制定とほぼ同時期の，1911年に帝国議会に提出された請願が国立公園設置運動の発端であった。運動の成果として1919年に，初の本格的政党内閣と言われる原敬政権のもとで史蹟名勝天然紀念物保存法が制定された。有力な外国人観光客誘致策として関心を向ける地元政治家らによって国立公園設置気運が盛り上がるが，一方で天然記念物保護を重視するグループとの対立が顕在化した。国立公園制度は，その初期から開発利用と保護の対立の構図を内包していた。

震災後の財政難を理由に，国立公園設置準備を政府は一旦取りやめた。しかし，1927年の国立公園協会設立など再度設置運動が興り，1931年に国立公園法が制定された。1932～1936年にかけて12地域が指定されるものの，日本はすでに戦時体制に差し掛かっていた。1938年に国立公園行政はそれまでの内務省衛生局から新設の厚生省体力局へ所管替えされ，国民の体力増強施設に位置づけられる。国立公園協会も国土健民会へ改称された。

敗戦後，占領行政のなかで国立公園制度は息を吹き返す。1949年法改正では国立公園に準ずる準用地域が規定されるが，この準用地域は1957年国立公園法を改正した自然公園法制定によって国定公園と呼称されるようになる。自然公園法ではまた都道府県による独自の自然公園指定の動きに鑑み，都道府県立自然公園が設けられた。

1951年森林法改正に伴い，厚生省・林野庁協議による国立公園内での森林施業制限事項がまとめられた。これは国立公園特別地域の地種区分を第1種，第2種，第3種とし，特別保護地区とともに森林施業制限細目を覚え書きとするものである。この覚え書きは自然公園法制定を受け，1959年「自然公園区域内における森林の施業について」と改定された。さらに環境庁移管後の1974年には「特別地域の区分」として自然公園法施行規則9条2項に法定され，長く特別地域の許可基準，他産業との調整基準となってきた。

表5-9　地種区分別・土地所有別自然公園面積

単位：ha

地種区分別 区分	特別地域				普通地域	計
	特別保護地区	第1種	第2種	第3種		
国立公園	279,138	254,298	488,706	506,164	585,096	2,113,402
国定公園	65,858	171,172	383,887	635,728	94,049	1,350,694
都道府県立自然公園	−	72,286	188,295	459,346	1,250,446	1,970,373
計	344,996	497,756	1,060,888	1,601,238	1,929,591	5,434,469
区分　土地所有別	国有地	公有地	私有地	所有区分不明	調査未了	計
国立公園	1,293,067	262,840	542,519	1,074	13,902	2,113,402
国定公園	620,183	197,464	532,761	286	−	1,350,694
都道府県立自然公園	502,148	217,481	919,816	69,677	261,251	1,970,373
計	2,415,398	677,785	1,995,096	71,037	275,153	5,434,469

資料：環境省公表データ（2015年3月31日現在）より作成。

国立公園における自然保護運動としては，1948年に起きた尾瀬ヶ原電源開発計画問題が有名である。この運動は国土健民会解散後に再結成された国立公園協会と尾瀬保存期成同盟によって展開された。尾瀬保存期成同盟を母体として日本自然保護協会が1951年に設立される。

高度成長期の歪みによる公害問題は深刻化の度を増し，1967年の公害対策基本法制定，1970年公害国会を経て1971年に環境庁が発足した。さらに同庁誕生とともに自然環境保全法が施行された。当初案では自然保護強化策を強く打ち出した本法だが，農林省，建設省の強い反対に遭い最終的に大幅な譲歩を強いられる。林野庁との関係では保安林を原生自然環境保全地域に指定しないこと，自然環境保全地域内の林業活動の許容などが認められた。

1970年代以降の自然保護運動の高まりを受け，経営赤字解消のために大規模な伐採や林道建設を行う国有林野事業への批判が起きる。なかでも白神や知床の国有林はその象徴であった。白神は開発規制が保安林指定のみのいわゆる「白地」のブナ林における青秋林道建設計画であり，また知床は規制の比較的緩い国立公園第3種特別地域に第1種並みの単木択伐法を適用したが，いずれも強い反対運動が展開された。当時の環境庁実務担当者は，「包括的な区分と施業方法の取り決めは，時として国民の意識の変化というものに追いつかない，保守的な対応を余儀なくされる」（瀬田（2009），251頁）と述懐している。

1987年に林野庁長官諮問機関「林業と自然保護に関する検討委員会」が

設置され，その答申をもとに1989年に戦前からの保護林制度が刷新された。新制度では従来の保護林制度を基本に森林生態系保護地域，森林生物遺伝資源保存林など7つの保護林が定められた。一方で同時期には新全総，列島改造ブームによる土地投機が頻発し，森林も開発圧に曝された。保安林以外の1 ha以上の林地開発行為を公益目的で規制できる林地開発許可制度が1974年に制定された。

1915年の保護林制度にはレクリエーション利用として享楽地が設置された。国有林のレクリエーション施設は戦後展開し，1955年国設スキー場，1967年自然休養林制度，1972年レクリエーションの森制度が設けられた。なお，自然休養林制度は1961年の厚生省による国民休暇村，国民宿舎の野外レク施策が当時盛んだった国有林開放へ発展することを警戒したものであった（萩野（1996），702頁）。

多極分散型国土の形成を目的として，1987年に第4次全国総合開発計画が閣議決定された。日本はバブル景気のただなかにあり，三全総の地方の時代はすでに過去となっていた。同年に施行された総合保養地域整備法（リゾート法）は国民生活増進と地域振興を目的に余暇活動に資する民間活力導入を推進し，森林へのスキー場，ゴルフ場，ホテル建設などを後押しした。全国の山間地域で同法による乱開発が社会問題化したが，バブル崩壊後，廃業するリゾート施設が相次いだ。

野生生物管理も林政と密接に関連する。1873年に鉄砲取り締まりを主目的とした鳥獣猟規則が明治政府による最初の狩猟規制である。1895年には特定の保護鳥獣の捕獲を禁じる山林局主管の狩猟法が制定された。明治末から大正期にかけて林地の開発や針葉樹林化，狩猟人口増加，捕獲道具改良などによって野生動物が激減したため，1918年狩猟法が抜本的に改正される。新法では指定対象を保護鳥獣から捕獲鳥獣へ逆転し，そのほかの捕獲を原則禁止した。

敗戦後，狩猟施策はGHQの影響を受けてアメリカ型の公聴会制度などが設けられた。1963年の大幅改正で狩猟法は鳥獣保護及狩猟ニ関スル法律（鳥獣保護狩猟法）と名称変更され，法の目的に保護が付加される。1971年の環境庁創設と同時に鳥獣保護行政は林野庁から環境庁に移管された。自然保護団体の反対を自民党議員連盟などが押し切る形で，法の目的を保護から保護・管理へ変え，有害鳥獣の捕獲要件を緩和する改正法が1999年に成立し，2003年前法を全部改正して，鳥獣の保護及び狩猟の適正化に関する法律（新鳥獣保護狩猟法）が施行された。さらに2014年に増加する鳥獣被害対策に科学的管理の側面を強めた法の一部改正が行われた。

(3) 公害問題・地球環境問題

日本近代勃興期において，鉱業生産の増加は各地に深刻な環境問題を引き起こした。特に1880年代以降，鉱毒による河川汚染，亜硫酸ガスによる煙害を引き起こし，日本の公害の原点とも称される栃木県の足尾銅山事件は，大洪水による鉱毒被害の広域化や反対運動の先鋭化のため社会問題化した(秋山（1990))。

政府は数回にわたる予防工事命令を発し，山林局もそのなかで鉱煙被害を受けた荒廃森林の復旧事業を実施した。しかし，たびたびの予算縮減や第2次世界大戦勃発によって，汚染源の抜本的改善が見られないなかでの復旧は芳しい成果を得られなかった。足尾国有林荒廃地復旧は戦後1947年に再開し，治山事業として緑化の努力が続けられた。1956年排煙脱硫施設導入を契機として煙害問題は終息へと向かった。

足尾銅山と同様の銅鉱山での煙害問題による社会紛争は，同時期に茨城県日立，愛媛県別子などでも見られた。このうち日立鉱山では，亜硫酸ガス希釈によって煙害低減を図るため，当時世界一の150 m超の高煙突を建造した。この措置によって日立の煙害問題は沈静化するが，その際，効果の科学的検証や地元折衝の中心を担った1人が林業技術者の鏑木徳二であった。足尾が政府による対応であったのに対し，日立は民間部門主導の事例として特筆される[(24)]

第2次世界大戦後，高度経済成長の合わせ鏡のように公害問題が多発し，各地で環境調査などが行われたものの，戦前期ほどには林学の出番は多くなかった。地球規模の環境問題が一般に広く認識されるのは，1972年国連人間環境会議のストックホルム宣言以降である。宣言では人類共通の課題である環境問題への国際的取り組みの重要性が謳われた。前項の（2）で述べたように，この時期は日本の林政においても自然保護問題が頻発した。

1992 年に環境と開発に関する国際連合会議（地球サミット，UNCED：United Nations Conference on Environment and Development）がブラジルのリオ・デ・ジャネイロで開催された。本会議の結果，リオ宣言が採択され，その行動計画であるアジェンダ 21 と森林問題解決の国際協力を掲げた森林に関する原則声明が合意された。さらに同会議では，生物の多様性に関する条約（CBD：Convention on Biological Diversity），気候変動に関する国際連合枠組条約（UNFCC：United Nations Framework Convention on Climate Change）が調印された。

1997 年に温暖化問題の国際的解決方策として，第 3 回気候変動枠組条約締約国会議（地球温暖化防止京都会議，COP3）において京都議定書が採択された。森林はそのなかで温暖化ガスの吸収源と位置づけられ，以降それを理由に日本では公的資金による森林整備が進められた。一方で化石燃料に代替するカーボンニュートラルな資源として，木質バイオマスが注目されたがその普及はなかなか進まなかった。2011 年の東日本大震災や 2012 年の固定価格買い取り制度（Feed-in Tariff, FIT）導入によって，近年木質バイオマス施設が全国に建設されつつある。

地球サミット以降，多くの国で森林法が改正されるなど世界の林政は環境シフトした。日本林政が同様の環境シフトをしたかどうかについては専門家の間でも見解が分かれる。第 1 節でも述べたように，温暖化対策が従来からの森林整備施策に終始するとしたら，地球環境サミットの日本林政へのインパクトはその程度のものと評価されるだろう。その意味では，化石代替資源であり山村地域社会に多く賦存する木質バイオマスを日本の社会のなかに持続的に位置づけられるかどうかは，日本林政が環境シフトするための試金石とも言える。2011 年以降の災後という新たな時代の節目から 5 年目が経過するなか，日本林政は未来への新たな道標を探る岐路に立っている。

参照文献（第 5 章）

林業発達史調査会編（1960）『林業発達史 上巻』（林野庁編纂の通史，明治初期から第 1 次大戦終戦までの日本資本主義生成期から発展期の林業の姿を描く）

大日本山林会『日本林業発達史』編纂委員会編（1983）『日本林業発達史：農業恐慌・戦時統制期の過程』（幻の『林業発達史　下巻』稿本を編纂。上巻に続く，第2次大戦終戦までの日本資本主義成熟期の林業を活写）
手東平三郎（1987）『森のきた道：明治から昭和へ・日本林政史のドラマ』（明治から第2次大戦終戦までの日本林政のエピソードを読み物調で綴る）
萩野敏雄（1984）『日本近代林政の基礎構造：明治構築期の実証的研究』（日本近現代林政を生涯探求した著者の原点とも言える作品，明治期林政の分析）

注

(1) 島田錦蔵は晩年に行った林業経済研究会例会の講演の最後に，「学説史への関心からシュンペーターの「経済分析の歴史」などをぼつぼつ読んでみたり，(引用者，略) マーシャルの「経済学原理」をいままで読んだことがなかったが，最近読んで感銘を受けた」と控えめに述べた。言うまでもなく，シュンペーター，マーシャルは経済学の巨星だが，いずれもその理論は主流派経済学に収まらず，社会科学全体に拡がる。今となっては叶わぬ夢だが，島田がその先にどのような林政学を構想していたか尋ねてみたかった。島田（1970）参照。

(2) こうした問題意識から言えば，本章の記述は制度の羅列に終始し過ぎた感がある。制度を担った人々そのものを，もう少し前面に押し出した議論展開もまたあり得るだろう。そのような著作として，手東（1987），西尾（1988）がよく知られるが，前者は多くの興味深い事例を載せるが読み物の域を出ず，後者は個人史と社会経済史のバランスにやや難があるなど，今後の研究進展の余地を残す。最近の試みとして，山本（2016）も参照。

(3) ピアソンの社会科学への貢献は，曖昧に使われがちな「経路依存性」という概念に，精緻な議論によって新たに息を吹き込んだ点にある。ピアソンによれば，自己強化過程が働いている状況での政治現象は，複数均衡，偶発性，タイミングと配列，慣性の4点で特徴付けられる。ポール・ピアソン（2010），56頁。

(4) ダグラス・C・ノース（1994）序章第2節に言及のある通り，ノースの経済学は歴史を重視し，経済理論と経済史の統合を目指す新制度派経済学に分類される。

(5) 岩手・山の会（1993）や林業経済研究所編（1971）の地方林政に関する記述など，貴重な文献は多いが，それらを本章の議論に十分に接続することはできなかった。

(6) 松沢（2013）は無境界的な市場経済の暴力と，境界的な国家権力の暴力の相互依存する社会を近代と規定し，江戸期の村と町から明治以降の町村制行政への変容を，この2つの暴力の関係性のなかにみる。以上の松沢の視角は，地域社会，市場経済，法制度・政策の相互関係を重視する森林管理制度論においてもまた重要である。

(7) 松沢（2009）ではこの移行期問題を，明治初期の地方自治制度と地方社会の相互影響から読み解く。なお，本書を注 (6) で述べた松沢（2013）の出発点と著者は位置づけている。林業分野の移行期問題については，成田雅美（2012），芳賀和樹・加藤衛拡（2012）を参照。

(8) 太田は山林局技術官僚の中心的存在として，本改正を主導した。太田（1976），517頁。

(9) 内務省管轄の第1期事業は1923年に改訂され，河川改修と砂防工事を内容とする第2期治水事業が始まる。この計画には御料林，国有林の砂防設備に関する事項も含まれた。しかし，発足直後に起きた関東大震災の影響で進捗は滞り，計画を縮小した第3次治水事業へと1933年に改訂された。この第3次計画もまた，発足間もなく室戸台風に見舞われ，さらにその後の第2次世界大戦激化で実績は伸び悩んだまま敗戦を迎えた。西川（1969），219～263頁参照。

(10) 森林施業計画は，森林計画制度を今日のような政策誘導施策とした嚆矢と言える。手東はこの他に造林査定係数の生みの親でもある。手東（1978），手東（2000）参照。

(11) 本書全体の参照文献のほか，国有林史については，秋山（1960），農林省大臣官房総務課編（1963），森編（1983）を参照。

(12) 東京山林学校は日本初の林学に関する高等教育機関だが，1886年に駒場農学校と併せ農商務省東京農林学校，1890年に文部省に移管され帝国大学農科大学となった。1872年開校の札幌農学校の森林科設置が1899年であり，1907年に東北帝国大学農科大学，さらに1918年に北海道帝国大学農科大学へと移管される。一方，旧制専門学校の林学教育は，1902年盛岡高等農林学校，1908年鹿児島高等農林学校を嚆矢とするが，これらの学校の卒業生が初期の日本林政の担い手であった。奥山（1997）参照。

(13) 志賀は東京大林区署長，帝国大学農科大学教授などを歴任し，日本における初期の森林経理学を牽引した。日本林業技術協会編（1962）参照。同書は日本近代林業初期の技術者たちの素顔を知るのに便利である。

(14) 国有林野特別経営事業は村田，そして，その構想を継ぎ山林局林業課長，特別経営課長を歴任した松波秀実の両名が中心的に推進した。村田は鴨緑江採木公司理事長を山林局在官のまま，1912年から1917年まで務めた。松波（1919），松波（1924），宮田編（1940），日本林業技術協会編（1962）参照。

(15) 大正期の技術者運動以来の山林局技官の悲願であった林政統一だが，その評価は当時の技術官僚のなかでも一枚岩ではない。たとえば，林政統一時の初代技官局長の有力候補であり，初代札幌局長・道林政部長を兼務した伊藤正斌が林政統一へ向ける目は厳しい。伊藤正斌（1971）参照。

(16) 小澤（1978）参照。なお，小澤の立案した林増計画については，林増計画，木増計画を論じた福島編著（2015）一冊のなかでも，「高い＜志＞をもった林野本庁の一係長」（萩野敏雄）から「たった一人の国有林の若手官僚の独善的な批判」（南雲秀次郎）まで様々である。他に，小沢（1965），小澤今朝芳追悼文集編集委員会（2001）も参照。

(17) 国有林労働力の直ように大きく舵を切り，1977年の常勤作業職員制度を準備した，いわゆる「二確認問題」については，労使双方，また当時の林野庁当局者のなかでも大きく評価が分かれる。いずれにせよ，その後の国有林経営に大きな影響を及ぼしたことだけは間違いない。北村（1983），隅田（2007），田中（1984）参照。

(18) 三浦辰雄初代林野庁長官が1950年第2回参議院議員選挙に当選以来，戦後続いた林野庁長官経験者の参議院議員化は，丁度この時期，1977年第11回選挙の当選を最後に途絶える。萩野（1996），751～755頁参照。

(19) 福島（2000），164頁。「森組は林構により機械を装備し，森組らしくなった。だが一方，国の補助金取扱い窓口ともなり，森林整備・公共事業を独占し，行政の末端機関の観を呈した」と率直に述べる。加えて，福島（2007）も参照。

(20) 赤井英夫は地域林業施策の理論的基礎を用意した。一方，こうした赤井の立論を「林業の構造矛盾」として鈴木尚夫は「尋常の道でない」と批判したが，この論点は今なお林業と木材産業を考えるうえで，重要性を失っていない。赤井（1980），赤井（1983），鈴木（1981），山本（2015）参照。

(21) 林業基本法改正に際し，経済的手法，地域社会，国民全体の3層によって持続可能な森林管理を担保しようという「持続的森林経営基本法」が，次期法案として国会提出目前に取りやめられ，「森林・林業基本法」へと変更された。林業軽視と見られることへの国会対策上の危惧，農業，水産業との横並び意識，法案が数値目標とした循環利用率の当面の減少傾向が予想され，政治的に受けが悪いことへの配慮が主な理由であったと政策担当者は述べている。杉中（2004）参照。

(22) 渡邊（1938），480頁。渡邊の著作として，昭和初期の内地林政を包括的に論じた，渡邊・早尾（1930）がある。また，遺稿である渡邊（1945）も参照。

(23) 下河辺淳は1947年戦後復興院を振り出しに，1979年退官まで一貫して中央官庁で国土政策の仕事に携わり，「ミスター全総」と呼ばれた。御厨貴らによる政治学オーラルヒストリーの貴重な成果がある。下河辺（1994）を参照。

(24) 鏑木はのちに宇都宮高農教授，朝鮮総督府林業試験場長を歴任した。この事件を取り上げた，新田次郎（1969）『ある町の高い煙突』文芸春秋がベストセラーとなるが，環境経済学者の宮本憲一は鏑木がこの小説のモデルの1人と指摘するとともに，日本初の公害問題の博士号取得者と評した。吉成（2009），関（1963）を参照。

参考文献

松波秀実（1919）『明治林業史要』大日本山林会
松波秀実（1924）『明治林業史要後輯』大日本山林会
渡邊全（1938）『日本の林業と農山村経済の更生』養賢堂
宮田重明編（1940）『村田重治翁』大日本山林会
渡邊全（1945）『風塵禄』私家版（林業経済研究所編（1972）『大正昭和林業逸史 下巻』日刊林業新聞，再録）
秋山智英（1960）『国有林経営史論』日本林業調査会
日本林業技術協会編（1962）『林業先人伝：技術者の職場の礎石』
関右馬允（1963）『煙害問題昔話』大煙突記念碑建設委員会
農林省大臣官房総務課編（1963）『農林行政史 第五巻下』農林協会
小沢今朝芳（1965）「経営学と経営計画：森林経理学再編の動き」『森林計画研究会会報』128
新田次郎（1969）『ある町の高い煙突』文芸春秋
西川喬（1969）『治水長期計画の歴史』水利科学研究所
島田錦蔵（1970）「林業経済雑感」『林業経済研究会会報』78
伊藤正斌（1971）「その頃と林政統一：北海道より見るもの」（林業経済研究所編『大正昭和林業逸史 上巻』日刊林業新聞，所収）
林業経済研究所編（1971）『大正昭和林業逸史』日刊林業新聞
太田勇治郎（1976）『保続林業の研究』日本林業調査会
小澤今朝芳（1978）「国有林生産力増強計画の策定」（林政総合協議会編『続 語りつぐ戦後林政史』日本林業調査会，所収）
手束平三郎（1978）「民有林森林施業計画制度の創設」（同『前掲書』所収）
赤井英夫（1980）『木材需給の動向と我が国林業』日本林業調査会
鈴木尚夫（1981）「林業の構造矛盾をめぐって」『林業経済』387
赤井英夫（1983）『新日本林業論』日本林業調査会
森巌夫編（1983）『トップリーダーが明かす素顔の国有林：その生いたちと未来』第1プランニングセンター
北村暢（1983）「嵐の中の軌跡：全林野の舵とり」（同『前掲書』所収）
田中重五（1984）「国有林野事業における『直よう』について：いわゆる「二確認」問題の周辺」『山林』1203
手束平三郎（1987）『森のきた道：明治から昭和へ・日本林政史のドラマ』日本林業技術協会
西尾隆（1988）『日本森林行政史の研究：環境保全の源流』東京大学出版会
秋山智英（1990）『森よ，よみがえれ：足尾銅山の教訓と緑化作戦』農文協
岩手・山の会（1993）『岩手の林業史物語』
下河辺淳（1994）『戦後国土計画への証言』日本経済評論社
ダグラス・C・ノース（1994）『制度・制度変化・経済成果』晃洋書房
石井寛（1996）「ヨーロッパにおける森林法をめぐる新動向」『林業経済研究』129
萩野敏雄（1996）『日本現代林政の戦後過程：その50年の実証』日本林業調査会
奥山洋一郎（1997）「戦前期におけるわが国林学高等教育の展開」『大学研究』16
松下幸司・田口標（1999）『GHQ日本占領史 43 林業』日本図書センター
手束平三郎（2000）「造林査定係数の発祥」『山林』1394
福島康記（2000）「構造政策」（大日本山林会『戦後林政史』所収）
藤澤秀夫（2000）「資源政策」（同『前掲書』所収）
小澤今朝芳追悼文集編集委員会（2001）『幾山河 小澤今朝芳追悼文集』
杉中淳（2004）「幻の「持続的森林経営基本法」について」『森林計画研究会報』413
隅田達人（2007）「国有林経営における「二確認問題について」」（大日本山林会『昭和林業逸史』所収）
福島康記（2007）「林業基本法と林業構造改善事業について」（同『前掲書』所収）
瀬田信哉（2009）『再生する国立公園：日本の自然と風景を守り，支える人たち』清水弘文堂書房

松沢裕作（2009）『明治地方自治体制の起源：近世社会の危機と制度変容』東京大学出版会
吉成茂（2009）『林業人にして初の公害博士：鏑木徳二氏の生涯』日鉱記念館研究報告
ポール・ピアソン（2010）『ポリティクス・イン・タイム：歴史・制度・社会分析』有斐閣
成田雅美（2012）「廃藩置県後の官林伐木規制」徳川林政史研究所研究紀要 47
芳賀和樹・加藤衛拡（2012）「19 世紀の秋田藩林政改革と近代への継承」『林業経済研究』58（1）
松沢裕作（2013）『町村合併から生まれた日本近代：明治の経験』講談社
福島康記編著（2015）「『生産力増強・木材増産計画』による国有林経営近代化政策の展開を見る」農林水産奨励会（農林水産叢書 72）
濱田武士・小山良太・早尻正宏（2015）『福島に農林漁業をとり戻す』みすず書房
山本伸幸（2015）「『林業の構造矛盾』について」（餅田治之・遠藤日雄編著『林業構造問題研究』日本林業調査会，所収）
山本伸幸（2016）「テクノクラートと森林管理：現代日本林政の一基層」『林業経済研究』62（1）

終章　戦後林政の克服と制度変化

1　現代日本の森林管理と制度変化

(1) 近代林政の基層と戦後林政

第1章から第5章では，森林・林業と市場経済の関係及び近現代林政の展開過程における経路依存性を明らかにした。組織が革新に真剣になるためには「パフォーマンス・ギャップ」の認知が重要とされている。本書では日本の森林管理の脆弱性と「パフォーマンス・ギャップ」を，①森林資源の循環利用・管理水準の低位性，②住民の森林利用と林政に関する非近親性，③公共的管理の制度的枠組みの欠如と国際的動向からの乖離に求め，その制度変化への展望を考察した。日本の森林・林業基本政策では，森林資源の循環利用の低位性を生産性や林業構造に求め，行政組織や制度・政策自体がその主因として革新が必要な対象という自覚は存在しない。伝統的林政学の主要テーマである国家政策を基軸とした「林政の諸施策」は[(1)]，毎年のように部分改訂と事業の創設が繰り返されているが，基本政策の戦後性や地域森林管理の脆弱性は一向に克服されていない。

終章では戦後林政の克服に向けて，基本政策における法制度・政策と市場経済，地域社会の統合論理とそれを克服する制度変化の展望に言及する。日本の森林管理の歴史的基層を踏まえた近現代林政の問題点と制度変化の特徴は，次のように総括できる。

第1は環境管理に関する公共政策の欠落した林野行政による民有林統治の帰結としての多面的機能の発揮に対する国家・行政による再分配・調整機能の不全である。日本の林野行政組織は，明治期に国有林管理組織として形成され，御料林・国有林経営の展開を最重点課題とし，第2次世界大戦後の林政統一以降も国有林管理組織が民有林行政も担当する体制が継続された。1960年代以降も政権与党自由民主党の農林族[(2)]，農政モデルを基準とした事務官と技官の組織利害が一致する経営主義林政が展開し，林野技官の都道府県林務行政幹部への出向と林野公共・非公共事業の配分を通じて，1980年代まで都道府県林務行政の画一化が進行した。そこでは21世紀に入っても環境管理に関する「何らかの公共的機構を通じた環境利用秩序の適正な管理のシステム」（磯部力（1993），27頁）の確立なくしては環境問題の解決は見出しがたいとする行政法における支配的見解や多様な政策手段は必要とされず，国有林管理組織の維持を前提とした制度・政策対応と行政組織・国家予算と結合した「施策」を基盤にした「政策」形成と事業執行が1990年代以降も常態化した。その結果，日本林政は「森林管理」と「森林経営」の本質を見失い，日本林業の資源の循環利用と森林環境政策における国際的パフォーマンス・ギャップに対する自覚を欠いた。

地方自治体の森林・林業政策は，2000年代以降，都道府県による森林環境税の導入や森林条例制定などの施策開発が進展し，国の方針に沿った利用間伐の推進と団地化に取り組む多くの県とともに神奈川，千葉，東京，大阪，香川などの地域独自の森林管理問題に取り組む大都市近郊都府県，主伐・再造林を含む循環型林業の推進に踏み出す北海道，青森，大分，宮崎等に分節化した。しかし，自治体行財政における林野公共事業への依存と森林・林業部門の組織的位置づけから自治体林政の展開も一定の限界に直面し，伊藤修一郎（2006）が分析した景観法の策定過程のような多様性を持つ地域課題を自ら解決し，国の制度・政策にそれを反映させる制度的枠組みの形成と自治体政策の展開には至っていない。

基礎自治体である市町村では，純山村地域の林業立村を掲げる町村の多くが市町村合併により消滅し，農村・都市近郊市町村では森林・林業に精通した専門職員の配置や財政的制約からも独自の政策展開に大きな限界が生じている。

第2は持続的な循環型林業経営組織の不在と国産材産業の原料調達の刹那性である。これは市場経済の無境界性に対抗し得る林業経営の持続性を担保する制度・政策の欠落と言い換えることもできる。日本は歴史的に紙・パルプ産業と製材，合板産業が分離され，欧米諸国のように同一企業グループによる総合的林業・林産企業が成立することはなかった。各企業における原料調達は，紙・パルプ産業を筆頭に地域森林資源に依拠した原料調達を基盤とせず，原料調達先の変動は急激で振幅が大きかった。2010年代以降，国産材製材工場の規模拡大が進むが，日本の最先端の「大型」工場も1990年代の北欧諸国の工場規模に及ばず，トップ企業も地域企業から完全に脱していない。一方，第2章の第2節で検討したように日本の林業経営体は，その大多数が財形林にとどまり森林資源の循環利用と素材生産の持続的拡大が可能な経営システムを有していない。再生プランは，中小規模森林所有者の団地化・施業集約化と利用間伐に対する補助金の集中化により林業事業体の育成と国産材供給の拡大を目指したが，利用間伐による国産材生産量の増加は財形林を基盤としたものである以上，大規模化する需要先への素材の安定供給先としては一定の限界性を孕んでいた。

第3は住民的林野利用の衰退とそれに代わる地域的公共性に根差した多面的森林機能の発揮に対する制度・政策対応の限定性と政策対象・地域的統合基盤の喪失である。本書で問題とした森林管理問題のうち，基本政策の政策理念である「将来にわたり森林の多様な機能を持続的に発揮させる」ことは，山村地域の人工林以外では限定的となり，都市近郊・平場農村地域で「林業生産活動の活性化」に関する主体的取組みが進展するとは考えにくい。結局のところ人工林の林業的施業管理側面のみを政策領域と考える生産力・「経営」視点による政策手法に埋没し，地域をとらえる視点も産業としての林業の確立の場としてのみ「地域」を把握する枠組みから完全に脱却できなかった。その結果，地域社会に依拠した森林環境の公共性に対する注目を欠き，「多面的森林機能」も保安林や森林計画制度に依拠した国家的「公共性」の設定にとどまった。

「林業の成長産業化による地域活力の創造」が政府の方針となるなかで，林業の国内総生産に占める比率は0.03％に低下し，林業センサスの把握した林業事業体（経営体）数は，1990年までの120万事業体から2015年8.7万経営体に減少する。1990年代以降の保全すべき森林機能に対する国民的・国際的要請の変化やそれに対応した国・都道府県・市町村の行政組織と社会経済組織を統合する制度的対応の不整合を修正するメカニズムが充分に機能することはなかった。

(2) 地域森林管理の脆弱性と制度変化

日本林政の歴史性と現行法制度への規定性及び制度変化の特徴を表終‒1に示した。日本の地域森林管理の脆弱性の背景を，本書では①森林資源の保続と素材生産，②木材産業への素材の安定供給と森林経営の持続可能性，③森林の多面的機能の発揮と林業生産活動の調和という森林・林業・木材産業の三重の「予定調和」に基づいた戦後林政70年の帰結として把握した。日本林業と林政は，21世紀においても林産物・労働力・金融市場における資金循環の「不調和」を繕うもぐら叩きに明け暮れ，歴史的基層の改善に向けた戸口に辿りつけていない。

制度変化に関して，歴史的制度論では政治・行政過程における経路依存性と制度が持つ権力性に変化の原動力を見出す見解が支配的であるが，学習過程や競争淘汰過程における主導的アクターの外生的変化に対する対応やアクター間の連合による戦略的行動にも注目する見解が示されている。これまでの検討から森林管理制度の変化に関する日本の特徴と制度変化に関する示唆として，次の3点が重要である。なお，スイスと日本の制度変化の相違点は，改めて3で言及する。

第1は日本の森林管理制度における政治・行政過程に関する時間的射程の重要性と経路依存性の強靭さである。序章と第5章で検討したように森林管理制度の形成過程において，明治以降の林野所有の形成過程や御料林・国有

表終‒1　日本林政の歴史性と現状への制度的規定性

基層的特徴	日本林政の歴史性	現行法制度への規定性	森林管理問題の発現
森林利用	官林経営の展開と利用権の排除	森林政策の不在，森林との距離感	管理放棄と住民的利用の後退，非近親性
制度・政策	官林経営主義・農政横並び林政	1951年森林法，森林・林業基本法体制	国内総生産0.03％の「産業」政策
林産物市場	紙・パルプ産業の官林・外地依存	総合林産企業・国際経営の欠落	大量安定供給・カスケード利用の限界性
経営対応	国・公有林経営・地主経営の解体	財形林の林業事業体による作業受託	0.7m^3/haの低循環利用と資源保続の阻害
制度変化	国有林経営組織による制度形成	中央集権的権力配分と縦割制度	官僚以外の共生・日和見主義的対応

資料：本書の分析をもとに著者作成。

林経営の展開が山林局・林野庁の制度・政策の枠組みを規定し，国有林経営の累積債務の処理においても旧三公社五現業で唯一国有国営が維持されたのが国有林野事業であった。制度自体がもつ権力性と制度の内生的要因に変化の原動力を見出す見地からこの点は特に重要であり，森林管理制度の長期的制度変化について，時間的射程を捨象した「白紙の上に形成される合理的選択」の結果として，その制度的特徴を把握することはできない。

第2は森林管理制度をめぐる主導的アクターが制度変化に及ぼす影響である。J. Mahoney・K. Thelen（2010）の「漸進的制度変化理論」は，制度が内包する権力配分から生じる制度と政治的文脈の相互作用に注目し，アクターの対応を反乱者による置換（displacement），共生者による放置（drift），破壊活動者による併設（layering），日和見主義者による転用（conversion）に分類している。日本の森林管理制度では学習・競争過程における「反乱者による置換」や「破壊活動者による併設」が国の制度・政策に直接的影響を与えることはこれまで考えられず，都道府県や林業組織も共生的・日和見的対応に終始しがちであった。このため，アクター間の連合による戦略的行動や制度変化は発生せず，林野庁を主導的アクターとする粘着性の強い法制度・政策が維持され，制度と組織の自己強化過程が都道府県・林業組織を巻き込み定着した。

第3は森林管理制度の分析における新制度論の方法と制度変化に関する分析視点の統合の重要性である。本書では森林管理制度論の対象と時間的射程から方法論的個人主義を前提とした経済人による合理的選択や限定合理性に基づいた制度分析よりも組織論的限定合理性と歴史的制度論に基づいた分析視点による検討を行ったが，さらに新制度論の主要アプローチによる市場経済と制度・政策や林業組織と地域動向に関する分析の深化が必要である。特に企業組織の垂直統合戦略に関する合理的選択理論に基づく分析や地域の森林資源利用に関する文化的・規範的関係に注目した社会的制度論による分析，国・都道府県・市町村の行政過程や主要施策・事業における制度変化と学習過程，相互関係に関する研究の深化が期待される。

以上の日本林政に関する制度変化の特徴から重層的森林管理を構成し得る多様なアクターによる制度展開と統合が阻害され，2000年代以降，中央集権的林政の枠組みの限界が一層露呈された。将来的には日本においても「日常生活上の制度の作動可能性を作り出し支える者は，通常の人々であり市民なのである」(E. Ostrom（1998)，18 頁）と言える日が来るのかもしれないが，それに至る制度変化の過程では，支配的組織とルールの組み換えを経ずにコモンズ的関係や市民活動による日常生活上の制度が森林管理に関する法制度・政策を改善し，それが作動可能な経路に転換されることはあり得ない。「共有資源への自己組織的で自己管理的」な制度の構築だけでなく，市場や国家からの自律性を持った組織や制度の総体を射程に収め，粘着的で強固な組織と制度の転換を実現せずに制度変化は起こり得ない。

(3) 基本政策の枠組みと法制度上の論点

政府・農林水産省による戦後林政の克服に向けた法制度・政策の枠組みに関する全面的検討は，これまで巧みに避けられ，森林・林業基本法制定の際にも法律条文上の目的規定を「森林の有する多面的機能の持続的発揮」に塗り替えたが，その政策手法は基本的に「林業生産」と「多面的機能の発揮」の予定調和と「生産」と「森林資源」の予定調和論に依拠したものであった。さらに「経営主義的産業政策」の向かった先は，「木材産業等」への支援と連携による「資源の循環利用」という川上・川下の三層の予定調和論の提唱であった。

2001 年森林・林業基本法の検討過程では，別の制度的枠組みの「持続的森林経営基本法案」が検討され，同法案の内閣法制局の法案登録説明直後２週間程度で法案の内容が変更され，現在の森林・林業基本法に落ち着いたと言われる。その結果，基本政策の基本理念と政策は，次のような特徴を持った。

第１に「望ましい林業構造の確立」による「林業の持続的かつ健全な発展」を通じて「森林の多面的機能の発揮」を実現するという政策的枠組みが維持され，林業以外の管理手法は基本政策の枠組みから排除された。

第２に「望ましい林業構造の確立」は，「効率的かつ安定的な林業経営を担い得る経営体の育成」と「同事業体の育成」により実現する方向が強まり，林業事業体の育成は，中小規模林家からの施業・経営の受委託の促進に

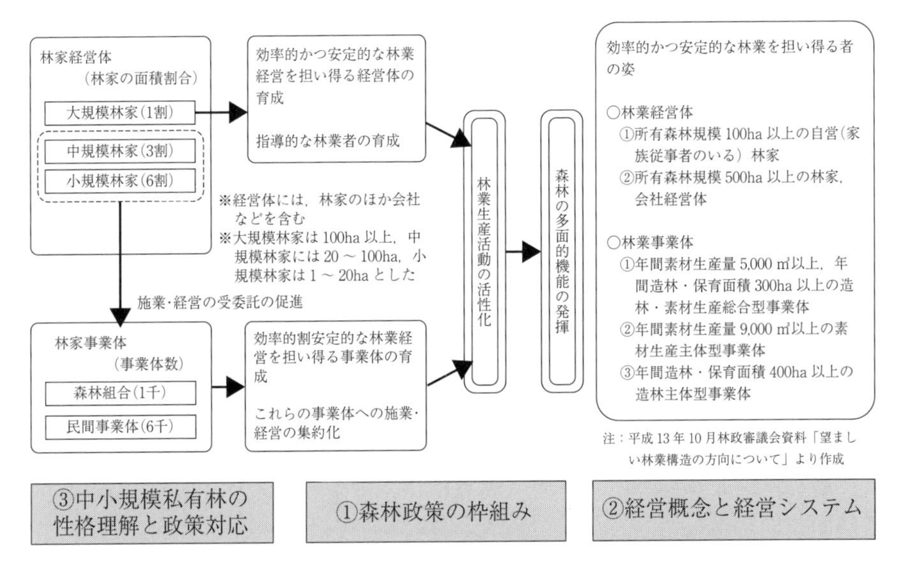

図終–1　森林・林業基本政策の枠組みと論点

資料：林野庁が林政審議会に提出した元資料に①～③の論点を加えた。

よる森林組合・民間事業体への施業・経営の集約化により実現することとされた。

基本政策の枠組みは，①経営概念と経営システムにおける経営単位・経営組織・財務管理不在の経営概念による育林投資の長期非流動性・不確実性の軽視，②林業生産活動の活性化により森林の多面的機能の発揮を実現するという制度的枠組みの限界性と国際的潮流との乖離，③中小規模私有林の性格理解と団地化・施業集約化による利用間伐を主体とする素材生産拡大の限界性の３点が基本問題として指摘できる（図終–1）。

森林・林業政策の階層性を政策・施策・事業の三層構造として把握すると政策理念や政策目的の革新を経て，施策や事業が新たに組み立てられるのではなく，第５章で分析した国有林・保安林・森林整備・森林計画・森林組合等の主要施策はその基層が温存されたまま，事業予算の確保に向けた一部改正が繰り返されることにより現代的装飾が施され，政策及び事業名称は変化しても主要施策の体系と対象は粘着的に維持された。ジョン・C.キャンベル（2014）『自民党政権の予算編成』の指摘する日本の予算編成システムのルーティン化と非政策的傾向は林野予算に関しても貫かれている。民有林政策も林野庁治山課・整備課・計画課・経営課（2001年以前は森林組合課）と各都道府県林務組織の森林保全課，森林整備課，森林計画課，林業振興課が林野公共・非公共事業の執行組織として対応し，中央林業団体には林野庁長官，森林整備部長・国有林野部長，森林管理局長経験者の関連団体役員への天下りと職員OBの再就職及び道県林務組織への出向により制度・組織の粘着性と都道府県段階における林務予算編成と政策形成のルーティン化は強化された。米倉誠一郎・清水洋（2011）「日本の業界団体：産業企業の能力構築の共進化」では，経営史の視点から戦後日本の高度成長期における鉄鋼業と金型産業を事例に業界団体の機能を明らかにしている。林業・木材産業・紙パルプ産業における政府・業界団体・企業の関係と「産業政策」の実態解明が期待される。

1951年現行森林法の成立過程に関しては，正反対の2つの見解が存在する。1つは，野田公夫編（2013）における「アメリカのフォレスターたちの主導した戦後林業改革は，現場（森林）を熟知した技官の山林局長登用の途を開くとともに…はじめて森林の現場と理念に向き合った政策を遂行しうる組織的条件を整えた。その上に成立したのが，森林計画制度を導入し森林組合制度を統制的性格から協同組合的性格へと刷新した1951年森林法であった…かかる基盤のうえでこそ大規模な「拡大造林」の実施が可能になり，…世界に冠たる1000万ha規模の人工林を築くことができた」（450頁）とする積極的評価である。

この評価と対照的に「（1951年森林法は）かくて森林所有者に対し，盲目的に官僚の作製した計画に服従することを強いた…わたしはこれを生涯の恨事としている」（517頁）とする1939年森林法改正草案作成者の1人である太田勇治郎（1976）の評価がある[(3)]。林政総合協議会編（1977）によれば1951年森林法制定時の担当課長武田誠三（事務官）は，「その当時，森林法改正の作業をしていて，私どもが非常に強く感じたことは，時間が足りなかったということ，そのために手をつけて然るべきではないかと思ったことをそのまま残してというか，あまり深い検討をせずに残した」（38頁）と当時を述懐している。序章と第5章で検討したように日本は，1897年森林法制定時の国有林との関係や1951年森林法制定時のGHQとの関係での制約により日本の現状に即した地域的実践と公共性に根差した森林法体系のあり方に関して，学術的・体系的・実践的な検討を充分行ったことがないまま，農林省・農林水産省が対症療法的に制度・政策の改定を繰り返しているのかもしれない。

1951年森林法は部分改正を繰り返しながら基本的枠組みは維持され，その抜本的改正が政策課題に登場しないのは，林野公共事業の根拠法としてその不用意な改正は，治山・林道・造林施策に代表される林野予算の根幹を揺るがしかねず，それに代わる政策手段を日本林政が持ち合わせていないからであろう。それに対応する政策移転の主体となるアクターの行動を制約する「制度」の存在として，秋吉貴雄（2004）は，①参加の制約，②行動の制約，③アイディアの制約の3つを指摘しているが，政策の階層性を構成する政策・施策・事業における主要アクターは，政策・法制度が農林水産事務官，施策・事業が林野技官の限定された参加と行動，アイディアにその大枠は規定された。

島田錦蔵（1950）「日本森林法への反省」は，1951年森林法制定の前年に執筆され，1939年森林法改正により民有林全般に森林資源の保続と施業内容の技術的改善向上を目的とした「施業案監督主義」を採用したが，施業案樹立における森林組合と施業案実行の監督における行政・公務員の役割を描き，その本来的姿と実態の逆転現象を指摘している。1951年森林法改正による戦後改革の一環としての空想的実験として，公務員が実施を担った森林区実施計画は1962年に廃止され，その後は森林施業計画と森林経営計画が造林・間伐補助の査定係数の嵩上げの採択条件として登場し，65年が経過した。名称は施業案から森林施業計画，森林経営計画に変更されたが，その本来的機能である年伐採量の計画化や齢級構成の適正化，経営収支の均衡を担保する物的計画としては機能せず，その樹立単位の計画伐採量や経営責任者，経営単位さえ判然としない現状にある。

第2章で述べたドイツ語圏諸国の森林経営と比較し，それが経営単位・年度単位の経営収支と伐採量・成長量を均衡させ，生産と資源の保続を確保する個別計画として，森林施業計画が一応機能しているのと好対照を示している。第２章の第２節の３で検討したドイツ語圏の森林経営における森林施業計画の定着は，当時の地域資源に依存する木材需給と直接雇用を主体とする経営，天然林施業における空間的・時間的秩序付けがその成立の歴史にあったと思われる。ベルン・ルツェルンなどスイスの一部カントンでは，カントン森林法による編成義務を任意とする状況下においてもドイツ語圏諸国の森林施業計画の編成が継続されているのは，森林経営環境の変化に対する長期対応力と事業年度単位の資金循環，安定雇用・技術者養成，安定供給の確保に現在も施業計画が自生的経営論理としても有効に機能しているからであろう。日本の「森林経営計画」における自生的経営論理の追求と森林計画制度における現代的公共性の切り分けを確立したうえで，その地域的再統合が検討されるべきであろう。

２　人工林育林投資の非流動性・不確実性の縮減

(1) 主伐・再造林と持続的経営の創出

序章で述べたように日本の森林資源の循環利用は先進国最低の 0.7m^3/ha であり，その経営システムを改善せずに需要拡大と主伐への移行を進めれば，必然的に資源の保続との矛盾や地域的不均衡が拡大する。その原因は生産コストや低収益性だけでなく，育林投資の非流動性・不確実性とそれを縮減する経営システムや制度・政策対応を欠く点にある。

日本も所有規模ではドイツ語圏諸国の森林経営を遥かに凌駕する国有林や公有林，私有林が存在するが，その経営内容は全般的にドイツ・オーストリア・スイスほどの持続性を持ち得ていない。特に日本の地主経営は，明治期から 1960 年代半ばまで地主資金投資の一部門として，森林経営の継続や高度化ではなく，集積された分散的林分単位の林地売買や育林投資の収益性が追及され，伐期前の人工林や林地の売買により投下資金の流動性がある部分では担保された。日本林政は，1980 年代以降，地主経営と中小規模私有林の財形林化により欧州諸国を中心とした育成林業先進国と日本林業のパフォーマンス・ギャップが拡大した際にそれが何に起因するかを冷静に分析するべきであった。

日本最大の経営規模を誇る国有林は3.8兆円の累積債務を抱え，2.8兆円を一般会計（国民負担）に転嫁し，2015年に1兆円を超える負債を引き継ぎ一般会計に移行した。各県の林業公社も総額1兆円の累積債務の処理に苦しみ，経営としての持続性を保持できなかった。拡大造林を推進したイデオロギーと制度の残渣は現在も生き残り，再造林の放棄が育林投資の非流動性と不確実性に起因する経営システムと制度・政策対応に起因する問題とは考えられておらず，現在も国産材需要の拡大とコスト削減による克服の途が選択されている。

第2章で述べたように日本の林業経営は，その多くが整備途上の間断経営と財形林にとどまり林業事業体への施業委託や請け負わせへの移行が進行している。そこにPDCAサイクルや「将来木施業」を推奨したところで，PDCAサイクルを事業ベースで回せるのは，林業事業体の委託・請け負わせ作業部分でしかない。大多数の林業経営体は，補助事業と制度リスクへの対応が関心事となり，官製イノベーションへの適応と従順な追随が主流となったのも森林経営なき「経営主義」林政の必然のなりゆきであった。つまり，補助事業による利用間伐の作業受託を主体とする林業事業体と事業年度単位に更新から保育，間伐，主伐までの作業を毎年継続的に行っている保続経営では，市場経済との関係性や経営システムが大きく異なる。事業年度単位に現在の林産物・金融市場との継続的関係を持たない日本の林業経営体に自生的イノベーションや経営再編など起こるはずがなく，直用労務組織が一定のローテーションで森林施業と素材生産を継続的に循環させる基盤を持たず，林業組織が過去を尊重しながら現在の市場環境に対応した現場の革新と経営方針の改善を継続し，未来に責任を持つ経営として持続する基盤を持ち得なかった。

経営管理の構成要素は，生産管理，販売管理，財務管理，人的資源管理に区分され，経営リスクもこれに対応した生産リスク，市場リスク，制度リスク，人的リスク，資産リスクに大別される。森林経営もこれらの経営リスクに対応した経営管理が求められるが，特に生産期間の長期性に対応したリスク管理が可能な経営システムと持続的経営基盤の形成が重要である。行政は極力，経営体の市場対応を制約し，制度リスクを高める制度・政策の投入は避けることが望ましい。

基本政策と再生プランは，次項で述べる森林の公共的管理に関する枠組みの欠落とともに経営対策としても人工林経営の成立条件を見誤った。その原因は，行政当局が日本の整備途上の間断的受託「経営」と保続経営の成立条件の違いを認識せず，国有林生産力増強計画以来の「林木生産の保続」を目指した森林・林業・木材産業の予定調和論から脱却できず，都道府県や森林組合系統もこれに対する異議申し立てや対案の提示ができなかった。研究者も土地純収穫説に基づく森林所有者の林分単位での伐採行動モデルや企業化論，過去の伐採性向を前提とした減反率による素材供給モデルにより「理論」的にこれを補強し，自らの「理論」の社会的合理性を現状に照らし見直すことを怠った。

ドイツ語圏諸国の森林経営は長伐期だが天然更新を主体とするため，初期投資が日本の人工林経営と比較し小さく，育林過程の投資資金の循環は事業年度単位の収支計算と環境変化に対応した経営対応が可能な連年経営を維持している。日本林業の「再生」は，その低収益性だけでなく，地主経営や中小規模森林所有者の財形林における育林投資の非流動性と不確実性を克服し得る経営システムの構築なしに第１段階の「林木生産の保続」と北欧並みの「資源の循環利用」を実現できない。以上の経営問題を克服し，循環経営を基盤とした自生的秩序形成を展望するため，次項では経営システムの再編に向けた資金循環の改善と政策論理の再構築を提案する。なお，日本における森林信託に関して，第２章の第３節で「小規模分散的所有構造の克服」や「所有と経営の分離」を推進する手法として，飛躍的に拡大していく展望を描くことは当面，現実的ではないとしたが，三菱 UFJ 信託銀行編著（2015）『信託の法務と実務』では「信託の転換機能」として能力，財産の性状・性格，数，時間の４つを指摘しており（８～９頁），森林信託における受託者の能力の向上や信託による転換機能がどのような可能性を発揮できるかは注目しておく必要があろう。

(2) 資金循環の改善と政策論理の再構築

現在の間断的人工林「経営」から循環経営の確立への転換に向けた提案を

図終-2 に示した。本試案では森林所有者と施業受託者（以下，受託者）・行政の連携による管理経営組織と林業技術者の権限・責任を明確化し，公的資金の投資基準と財務管理を統合した管理経営システムへの移行を目指している[4]。

榊原茂樹ら（2011）『現代の財務管理』では，財務担当経営者が企業価値の創造を目標とした財務的意思決定の際に提案された投資計画を割引キャッシュフロー法で評価・選択することを推奨し，貨幣の時間価値の現在価値への割引計算とともにリスク調整割引率法や確実性等価法によるリスクの除去や割引による現在価値の算定を求めている（19 ～ 38 頁）。しかし，いかに有能な財務担当経営者といえども日本の人工林投資において，林分単位に裸地から造林を開始し，伐期に至る 50 年後のリスクの除去や割引による現在価値の算定に基づき取締役会でその投資計画の承認を受けることは，現在の補助体系の継続を前提としても不可能であろう。それは経営やコスト削減をどのように行うかというレベルの問題ではなく，そもそも経営が成立する前提に関する問題ととらえるべきであろう。

本試案と現在の人工林経営モデルの基本的違いは，林分単位に裸地から造林した伐期までの投資利回りや収益を「積み立て方式」で追求するのではなく，まず各地域で中核となる林業経営体や経営体の形成が見込める森林を経営単位として，再造林から主伐に至る生産過程を主伐・再造林期，保育期，

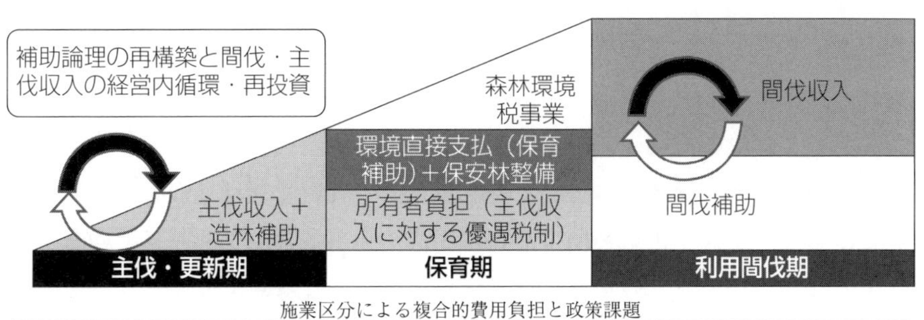

施業区分による複合的費用負担と政策課題

施業区分	林齢	費用負担	政策課題
主伐・再造林期	1 ～ 10 年生	主伐収入＋造林補助＋上乗せ補助等	再造林補助・基金、主伐税制
保育期	11 ～ 30 年生	環境直接支払（保育補助）＋所有者負担等	環境直接支払いのグリーン化
利用間伐期	31 年生～伐期	間伐収入＋間伐補助＋地域活動支援交付金	更新、施業方法の選択と誘導
持続的経営単位とクロスコンプライアンスの確立，資金循環の積立方式から賦課方式への移行			

図終-2　人工林循環経営確立への資金循環の提案

利用間伐期の概ね10年～15年を期間とする3期の計画期間に区分し，各期の特性に応じた複合的費用負担と管理責任，評価会計システムを適用し，中期計画と年度事業計画・事業収支と担当責任者を明確化する点である。各期の人工林経営の経営リスクは，森林所有者，受託者（森林組合・林業事業体等），行政間で時間的・機能的に分散負担し，経営リスクと制度リスク，資産リスクを縮減し，受託者が中期計画と年度事業計画実行の責任を負うことにより「未来への高い割引率」を緩和する。中期計画と年度事業計画の変更は，経営環境の変化に対応して受託者が経営単位ごとに随時行えるようにし，その成果の評価は次期計画の樹立時に受託組織が委託者に対する報告・説明責任を果たし，内部監査や補助事業に関する行政検査，森林認証の取得によりその妥当性を監視する。

本提案の最終目的は，連年経営による保続経営単位の形成と経営単位ごとの年間収支均衡型の賦課方式の森林経営への移行である。しかし，日本の森林経営体は，その大部分が間断経営または整備途上の「森林建設」段階にあり，その整備途上の経営を保続経営に移行させるプロセスとしての過渡的対策が必要である。これにより林業経営体のなかで経済センサスにおける事業所概念の適応可能な森林経営体が絞り込まれ，経営資金の循環を積立方式から賦課方式に移行できる基盤が形成される。連年経営による森林経営（経営対策としての政策対象）とその経営管理者としてのフォレスト・マネージャー（経営者）の職務が確立し，施業プランナーや都道府県公務員（ステート・フォレスター）との機能分担と連携のあり方が整序され，真の森林経営統計と経営対策の対象が誕生する。

受託者と行政の役割は，利用間伐期と主伐・更新期，保育期ではその主導的役割が異なり，受託者は造林から伐採までの経営や管理，作業を受託するのではなく，主伐・再造林期であれば主伐から再造林，下刈りまでの更新過程を受託し，都道府県の造林・保育検査を完了した時点でその任務は一応完了する。同時に保育期における管理計画を受託者が提出し，受託組織のカンファレンスによる協議を経て，行政が公的な補助の妥当性を判断する。利用間伐期に入れば，受託者は間伐収入と間伐補助により所有者に利益が還元可能な提案を行い，当該林分の更新や施業法の選択に関する合意形成を行う。

委託者は各期末に受託組織や受託担当者の変更を要求でき，その成果により受託組織や受託担当者の経営管理能力が評価される。行政は，造林・保育検査，助成措置，森林組合の常例検査，監査士監査の改善と森林認証制度の活用を科学的モニタリング・システムとして統合する方策を検討すべきであろう。

以上の枠組みにより各期における費用負担と補助論理の再構築を図り，間伐・主伐収入の経営内循環・再投資を促進するため，補助，税制，森林環境施策のコーディネーションによる経営可能な場を創出，拡大する。特に保育期は費用に対する収入が生み出し得ない時期であり，保育期を通じた公的補助と環境直接支払のクロス・コンプライアンスを確立する。このため，現行の森林経営計画を経営介入的でない「森林管理計画」に再編する。また，主伐収入の再造林，保育過程への再投資に関しては，過度の補助金依存を是正し，林業資金の経営内循環を推進するため，一定の森林所有者に対する育林経費再投資分の主伐収入に対する優遇税制や森林公共信託の導入を検討する。

(3) 林業技術者の任務とキャリア形成

再生プランと「緑の雇用」事業の展開により林業技術者と現場技能者の教育・研修に関する関心が高まったが，表終–2 に示したように日本の林業技術者の教育・訓練システムは，A. Bernasconi，U. Schroff (2011) が林業技術者教育の国際的潮流と指摘する実地教育と学校教育システムの連携に基づいた国際的通用性や教育課程のモジュール化の視点を欠いている。各人材の資格認定・登録制度は，国有林・都道府県職員を主体としたフォレスター(資格認定制度)，森林組合・林業事業体の従業員を主体とした森林施業プランナー（認定制度)，現場技能者を対象としたフォレストワーカー（登録制度）で林業技術者と現場技能者の制度上の資格認定が分断された「ガラスの天井」が存在し，その制度設計は最近の国際動向と対極的対応を示している。

「緑の雇用」事業による林業労働力対策は，林業や森林経営の担い手ではなく，林業事業体における現場林業技能者のキャリア形成にとどまってい

表終–2　国際標準教育分類の教育レベルと林業教育プログラム

教育レベル	主要国の該当例	教育プログラム	
		スイス	日本
ISCED・3 B 後期中等教育	Forstwirte：ドイツ Forstfacharbeiter：オーストリア Forest worker and machine operator：スウェーデン	職業教育・森林管理者（Forstwart）	林業高校・総合学科？
ISCED・4 B ポスト中等教育	Forstwirtschaftsmeister：ドイツ Harvester operater：スウェーデン		「緑の雇用」事業？ 林業大学校？
ISCED・5 A 大学型高等教育	BSc in Forstwirtschaft/Waldökologie：ドイツ MSc in forestry：スウェーデン	高等専門学校学士・修士(SHL)・森林技師 環境自然学士・修士(ETH)・森林技師	大学学士 大学院修士
ISCED・5 B 非大学型高等教育	Forsttechniker：ドイツ Forstwirtschaftsmeister mit Meisterprüfung：オーストリア BTS Gestion Forestière：フランス	フェルスター(Bildungzentrum Wald) 森林管理主任（同上） 林業機械オペレータ・索道主任（WVS）	フォレスター研修？ 施業プランナー研修？

資料：A. Bernasconi, U. Schroff（2011）Forstliche Berufe und Ausbildungen, BAFU・ILO・FAO を参考に作成。

る。それは林野庁が「収穫の保続」を放棄し，「生産の保続」さえ実現できずに赤字を国民負担に転嫁したその経営理念・技術者像の反映でもある。「日本型フォレスター」における経営責任や「高権的行政任務」，地域における当事者意識の欠落した技術者像と持続的森林経営における経営責任者としての業務経験を欠いた「フォレスター」像は，日本林政の負の遺産と林野庁・都道府県普及組織の戦後的組織防衛意識から決別できていない。

スイスでは1960年代から70年代にかけて，ゲマインデ有林の森林蓄積が現在の水準に達し，年計画伐採量と伐採量・成長量が均衡した保続経営の確立に向けて，現場技術者の教育体制が整備された。林業労働力対策において，「林業労働者から森林管理者へ（Vom Waldarbeiter zum Forstwart）」という基本方向がこの時期に明確となる。さらに1989年に連邦職業訓練法が改正され，職業教育の充実を目指した連邦政府プロジェクトが始まり，ベルンとグラウビュンデンの2つのカントン連携フェルスターシューレを森林教育センター（Bildungszentrum Wald）に再編し，教育課程のモジュール化と実践，応用をより重視した教育課程への再編が行われている。

スイスの林業技術者教育の歴史を概観すると，1902年連邦森林警察法に

表終-3　スイスの森林経営組織における技術者等の役割分担（抜粋）

	誰が（機能分担者）								
	雇用主			従業員					林務行政
何を（課題）	議会	役所	森林委員会	経営責任者	フェルスター	班長	森林管理者	オペレータ	森林管理署
1　計画									
1.1　事業方針と戦略的計画									
企業政策	E	I	AN	I	I	I	I	I	I
戦略	E	I	AN	P	I	I	I	I	I
市場実績形成の原則	E	I	AN	P	I	I	I	I	I
目標システム，特に安全目標	E	I	AN	P	I	I	I	I	I
経営・指導組織	E	I	AN	P	I	I	I	I	I
森林施業計画			I	P/A	I	I	I	I	I
予算計画	E	P/A	AN	P/A	P/I				
投資計画	E	P/A	AN	P/A	P/I				
事業実施の基本決定			E	AN/P	P/I				
基本的実施計画			E	AN/P	P/I				
他の経営組織との協働			E	AN/P	P/I				
労働手段と小型機械の調達			E	ME/P	AN	I	I	I	I
車両・大型機械の調達	E		AN	P	P	I	I	P	
車両，機械，施設の管理		I	I	A	A			A	
1.2　育林計画									
保育計画			E	P/A	P/A	I/A	I	I	ME
伐採計画			E	P/A	P/A	I/A	I	I	ME
1.3　労務計画									
年次計画			E	P/AN	P/A	I	I	I	
週間計画				E/A	E/A	I	I	I	
週間就労計画の相談				A	A	I	I	I	
伐採			E	AN/P	P/A	I	I	I	
労働手段・作業場所の形成				E/P/A	E/P/A	I	I	I	
特別運行活動（VUV 第8条）				E/A	E/A	E/A			
労働手段・機械の配備				E/A	E/A	E/A			
従業員等の安全対策の確認				E/A	E/A	E/A			
1.4　作業準備									
作業現場の構成				A/K	A/K	A	A	A	
従業員の配備				E/K	E/K	I	I	I	
技術規則遵守の確保				K	K	A	A	A	
現場労働手段の確認				A/K	A/K	A	A	A	
関与者以外の安全確認				K	K	A	A	A	

資料：Franz Schmithüsen und Albin Schmidhauser（1999）Grunlagen des Managements in der Forstwirtschaft, S.88.

注：E = Entscheid（決定），ME = Mitentscheid（協議），AN = Antrag（提案），A = Ausfürung（実行），P=Planung（計画），K = Kontrolle（監視），I = Information（情報提供）を示し，団体有林（Unterägeri）における実際の事例である。

基づき森林技師・フェルスターの俸給に対する補助と講習が実施され，初級フェルスター・禁令監視員入門講習が1866年から1968年まで継続された。この初級フェルスター教育は単に林業労働者の養成を目的としたものではなく，森林法に規定された保安林や森林警察の執行上の地域担当者の育成を目的とした点が重要であり，戦後，1963年同法改正により労働者の職業訓練とフェルスターの教育施設に対する補助が開始され，1970年に先述したカントン連携フェルスターシューレが開校する。

フォレスターの立ち位置は，森林経営や地域森林管理の持続性に関する専門的貢献とともに勤務組織や立場を超えた専門職として，森林所有者と市民，政策形成の結節点における公正で科学的な立場が重視されるべきであろう。特に人材育成に関するキャリア形成支援の実行段階では，一定のローテーションの循環経営サイクルのなかで，経営責任を持つ技術者が事後合理性をも確認できる経営責任者として，これを担うことが必須である。表終-3にスイスの林業技術者の森林経営における任務を示したが，森林管理者（職業教育を完了した熟練労働者）からフェルスター，経営責任者へのキャリア形成とともにそれぞれの固有の任務と経営組織としての意思決定が機能的に設定されていることに注目したい。

3　森林利用・経営・管理の再定義と制度発展

(1) 土地利用・環境管理と地域的公共性

ドイツ語圏諸国では，1970年代以降，多面的森林機能の発揮に対する国民的要請が高まり，林業的施業管理に加えて，土地利用や空間整備政策，環境政策と結合したランドスケープレベルの森林管理が展開する。しかし，それは伝統的な林業的施業管理から自然資源管理一般への転換ではなく，保続経営による森林資源の循環利用を確立したうえでの持続的森林管理（公共的管理）への新たな転換であった。

1991年スイス連邦森林法は，表終-4に示したように林業的施業管理と土地利用・環境管理の両輪から構成され，連邦森林法改正時に付加された項目とともに連邦森林警察法やカントン森林法に従来から規定されていた項目も多い。1902年連邦森林警察法では，私有林と公共的森林，保安林と普通林の森林区分に対応した禁止・許可措置と連邦補助，罰則を定め，木材生産の保続と災害防止，国土保全を連邦・カントン森林行政組織による森林警察的

表終-4　1991 年スイス連邦森林法の体系

<table>
<tr><td colspan="4">目的規定</td></tr>
<tr><td colspan="4">a. 森林の面積と地理的分布を維持し，b. 森林を自然に近い生物共同体として保護し，
c. 森林機能，特にその保全機能，厚生機能，利用機能（森林機能）の実現に配慮し，
d. 林業を助成し，維持する 。</td></tr>
<tr><td colspan="2">干渉からの森林保護（土地利用・環境管理）</td><td colspan="2">森林の保育と利用（林業的施業管理）</td></tr>
<tr><td rowspan="2">森林保全</td><td>・転用禁止と例外許可</td><td>経営原則</td><td>・近自然性・保続性の確保</td></tr>
<tr><td>・森林確定</td><td rowspan="5">施業規制</td><td>・保育・収穫の放棄（生態・景観的理由）</td></tr>
<tr><td rowspan="2">災害防止・景観保全</td><td>・森林との距離</td><td>・森林保護区の設定</td></tr>
<tr><td>・原則，所管と近自然工法</td><td>・保全機能維持と最小限の保育実施</td></tr>
<tr><td>森林の近親性</td><td>・立入と通行に関する規定</td><td>・皆伐禁止と伐採許可制</td></tr>
<tr><td rowspan="2">多面的機能の実現</td><td>・森林整備計画</td><td>・未立木地の再造林義務</td></tr>
<tr><td>・助成措置</td><td>公共的森林</td><td>・売却・分割の許可制，森林施業計画</td></tr>
<tr><td colspan="4">罰　則</td></tr>
<tr><td colspan="3">森林行政組織の任務</td><td>森林所有者</td></tr>
</table>

資料：Bundesgesetz über den Wald vom 4. Oktober 1991.
注：アンダーラインは，1902 年連邦森林警察法にある項目，網掛けは林業的管理に関する領域を示す。

手法により実現することを森林・林業政策の基調としていた。特に公共的森林に関しては，カントンが定めた施業規程と経営規程に基づく森林施業計画の編成を義務づけ，概ね 1970 年代までに年成長量と計画伐採量を均衡させた保続経営を確立し，その経営責任者としてのフェルスターの社会的地位が確立する。

1991 年連邦森林法は，1902 年連邦森林警察法を全面改正し，志賀和人(2003)・(2004) で明らかにしたように「多面的森林機能の実現と林業の維持」を第２章「干渉からの森林保護」（土地利用・環境管理）と第３章「森林の保育と利用」（林業的施業管理）の両面から実現する枠組みに転換し，森林法の執行と公益性の維持を森林行政組織の任務と規定している[(5)]。第２章の「干渉からの森林保護」は，連邦森林法改正時に付加された項目が多いが，転用禁止や森林との距離に関する規定は，従来から連邦森林警察法やカントン森林法に規定された国土保全，火災・自然災害防止対策から時代的要請に対応した環境・景観保全対策に拡充されている。

第２章は，伝統的な林地転用（Rohdung）の禁止や土地利用における森林との距離に関する規定に加え，森林の近親性（Zugänglichkeit）とアクセス権の保障や森林確定（Waldfeststellung）による空間計画との調整措置や森林整備計画が付加され，土地利用・環境管理と森林・林業分野の中間領域における政策的リンケージが進展している。つまり，連邦森林警察法以来の伝統的な施業規制や利用規制を基礎に周辺領域における環境政策とのリンケージを進め，森林へのアクセス権や空間計画との調整措置と多面的な森林機能を保全するための助成措置を再編し，森林整備計画（Waldentwicklungsplan）によるコンフリクトの調整とプロジェクト対象地の決定を住民参加のもとに実施した。

一方，第３章「森林の保育と利用」は，連邦森林警察法当時からの項目が多いが，新たに経営原則における近自然性や施業規制における生態・景観的理由による保育・収穫の放棄や森林保護区の設定が付加された。林業的施業管理に関しては，公共的森林を中心に保続経営を確立し，中小規模私有林は伐採許可制度と結合した選木記号付けによって，地域の森林行政組織と森林技師・フェルスターが伐採，更新過程における環境保全と国土保全への配慮や林分単位の普及指導を担っている。伐採許可制度と皆伐禁止措置により漸伐・択伐施業と結合したフェルスターによる選木記号付けが施業技術上で大きな意味を持ち，次項で示す同制度に関する国民的支持を得ている。

(2) 制度発展と住民的森林利用

スイスは，表終-4 に示した法的枠組みにより 1990 年代に森林経営より広義の森林管理を法制度と執行組織，地域の合意形成，森林行政と経営の協働を統合し，確立した。スイスの森林・林業政策における伝統的一貫性と現代的課題に対する制度変化を可能にした要因として，次の点が重要である。

第１に林野所有の形成過程において，利用権者であるゲマインデが林野所有権を取得し，地域における支配的な所有者として保続経営を確立し，連邦・カントンの森林行政組織と連携した地域管理組織を形成した。さらに 1902 年の連邦森林警察法段階から森林警察的管理を担当する森林行政組織と現場技術者を養成し，地域森林管理における政策手法の開発と定着がなされた。また，森林法の執行と公益性の維持に責任を有するカントンが多様性を有する独自のカントン森林法を持ち，地域実践に基づく自生的秩序形成の場を有した。

表終–5　森林・林業行政と自然景観保護行政の重点領域と中間領域の行政任務の例示

森林・林業行政	中間領域	自然景観保護行政
一般的森林確定	特別な立地の森林確定	種の保護
森林のアクセス	林地転用の許認可・現物補充	森林地域以外のビオトープ保護
林道における自動車交通	森林との間隔確保，例外的強制収用	保護価値のある対象物の取得
開発補償	なだれ，地すべり，侵食，落石地帯の保護	植物採集と動物捕獲の許可
保育による保護機能の保全	裸地の再造林，皆伐禁止の例外許可	外国産の動植物の移植許可
伐採許可	森林内の河川工事	連邦自然郷土保護委員会の判定
林地の売却・分割の許可	野生動物生息数の管理	湿原保護
森林保全・自然災害防止と収用	森林保護区，植物保護職	湿原景観保護
森林被害，有害動植物の予防・除去	環境に有害な物質	森林地以外のビオトープの保存
林業種苗	計画規程と経営規程	補助金の交付
森林調査・森林現況に関する情報	プロジェクト	自然景観保護の管轄カントン行政組織
教育・研究	苦情の申し立て権	刑事訴追
補助金の交付	課題の団体への委託，調査実施	
林務組織	森林地内の湿原保護・湿原景観保護	
法的手段，環境森林景観庁	森林地内のビオトープの保護・保存	
刑事訴追	生態的均衡，絶滅した種の再移植	

資料：BUWAL（1993）Zum Verhältnis zwischen Forstwirtschaft und Natur- und Landschaftsschutz, S.29.

第2に伝統的な民法（1907年）や狩猟法（1986年改正）に加え，1960年代後半以降，自然郷土保護法（1966年），空間計画法（1979年），環境保護法（1983年），歩道・散策路法（1985年），河川・湖沼保護法（1991年）などの連邦環境法が制定され，森林法制との結合が強化された。森林・林業政策は1980年代以降，山村・産業振興的呪縛から解放され，空間整備・環境政策との結合を強めた。連邦自然郷土保護法では，カントン・連邦政府に対する抗告権をカントン，市町村とともに一定の要件を満たした自然郷土保護団体にも認め，連邦森林法第46条に林地転用，森林確定，森林の土地利用計画への編入に関する抗告権が同様に規定された。これにより森林政策の立案や予算編成過程における自然郷土保護団体と住民の影響力が増大した。

表終–5に森林・林業行政と自然景観保護行政の重点領域と中間領域の行政任務を例示した。連邦森林法の枠組みにおける主要な政策手段は，森林・林業行政と自然景観行政の連携によって，その中間領域を森林・林業行政に取り込み，地域の自然景観と森林生態系の保全対策が有効に機能し，土地利用・環境管理側面における新たな政策手法の開発が進展した。この制度変化の基層として，地域住民の森林に対する日常的近親性と利用・アクセス権の保証が重要である。この両者を基盤に地域の「社会的共通資本」として，「森林を自然に近い生物共同体として保護し，（多面的）森林機能の実現に配慮」する森林法の基本目的が国民的な支持を得て，その実現を森林行政組織の直接的な行政任務とする現代的森林・林業政策の枠組みが構築された。

スイスの森林・林業と林政に関する国民意識は，連邦環境庁調査（2010年3,022人のインタビュー）によると回答者の94％が日常的に森林利用し，森林への移動手段は徒歩が70％と日本と大きく異なっている[(6)]。森林利用とレクリエーションに対して，「完全に満足」37％と「まあ満足」51％で88％を占め，「やや不満」と「不満」は7％と6％に過ぎない。連邦森林法の骨格である林地転用の禁止と皆伐禁止，木材生産の水準（保続性の確保）に関しても70～85％の支持率を示している。

日本は森林率が高く，ドイツ語圏諸国に典型的な森林と農地・牧草地，市街地のモザイク状の土地利用や空間形成は，里山周辺の一部を除くと例外的存在に過ぎない。また，森林・農業，都市地域が日本では制度的に各省庁別の個別法に基づきゾーニングされ，自然公園地域と森林地域の一部は重複している場合も多いが，スイスにおける森林・林業行政と自然景観保護行政のような連携や中間領域の行政的取り組みは進展せず，国の森林・林業政策は林業的施業管理の領域から一歩も踏み出せていない。日本林政と森林法制の制度変化に関する包括的で継続的な研究の積み重ねが期待される。

スイスの政策決定過程の特徴は，住民及び国民投票システムと関係団体・自然保護団体の影響力と前議会委員会，政府，議会過程における調整とレファレンダムの存在にみることができる。1991年連邦森林法の制定過程においても政府，議会，関係機関，国民の間で長く厳しい論議を経ており，同法案は1970年代に専門家グループが検討に着手し，1985年連邦議会における「森林枯死特別セッション」の開催や風倒木被害の頻発により連邦森林法改正の機運が高まり，1988年に関連団体等を含めた前議会委員会で同法案が起草され，政府教書が閲覧されている。その後も同法案は多くの修正が加えられ，結果的には任意レファレンダムの請求がないまま，1993年に連邦森林法が施行される。A. Schmidhauser（1997）によると連邦森林法及び関係政令の制定過程では，自然保護団体と連邦政府，連邦議会の厳しい政治交渉が行われ，スイス自然景観保全財団とスイス空間計画連盟は，森林と空間計画の関係に関する自らの主張が受入れられない場合，レファレンダムの要求も辞さない構えを示した。自然保護団体は，地域住民の森林機能に対する意識の変化を背景に1990年代以降，法令の制定過程や森林政策，予算の編成過程においても影響力を強めている。

(3) 森林所有と利用権の公共的制御

日本の林野利用は，戦前期の地域住民の生業的林野利用から薪炭・木材生産の拡大を経て，1970年代以降，観光・レクリエーション利用と自然環境の保全問題に多様化が進展した。林野利用における地域的共同性や「市民的公共性」は，森林管理の重要なアクターを構成するが，志賀和人・御田成顕ら（2008）で明らかにしたようにそれが経済性と公益性の調整や国家的公共性の独走への緩衝役として，有効に機能する社会的条件に関して，その歴史的前提や法理を実態に即して把握する必要がある。日本の森林管理制度と林業経済研究における制度・政策研究は，国家による行政任務と経営主体による市場経済対応，地域での合意形成の果たすべき役割とその機能すべき領域と統合形態が現状に即して，整合的に組み立てられていない点に最大の問題点がある。

日本における林野所有権と利用権に関する研究は，入会権を中心にした法社会学的研究を中心に行われた。川島武宜・潮見俊隆・渡辺洋三編（1959, 1961, 1968）『入会権の解体』は，1960年代までの公有地，国有地，私有地における自給的林野利用の衰退と木材生産の展開を主体とした入会権の変質過程を法社会学的視点から明らかにしている。そこでは川島武宜（1949, 1978）『所有権法の理論』に基づき入会権を物権として位置づけ，現在も民法学における支配的理論となっている[(7)]。

中尾英俊（1965）『林野法の研究』は，入会権に関する法社会学的研究を出発点に日本の林野所有権と林野利用権の特質を考察し，「林野利用権の優位とそれに対応する林野所有権の従属」を指摘し，林野利用に関する歴史実態を踏まえた林野所有と林野利用権の相互関係と林野法制の展開過程を明らかにしている（5～24頁）。しかし，当時から50年以上が経過して林野利用権を地元住民の入会権に限定し，林野所有との対抗関係を論じている点で時代的限界性を持ち，林野法制に関する国際比較や多面的林野利用への移行を踏まえた物権的林野利用権の転換と環境管理や住民的林野利用に関する考察を踏まえた研究の展開が不可欠となろう。

吉田邦彦（2000）『民法解釈と揺れ動く所有権』は，アメリカ法における「緑の所有権」論（共同体的・環境主義的所有権論）を基礎に自然的資源利用に関する公共的・共同体的コントロールの強化による法原理として，①予防・警戒的環境不法行為責任，②信認義務としての土地利用（開発）制限と自然保護団体の原告適格，③万民に対する合理的アクセス権の保証を抽出している（443 ～ 444 頁）。スイス連邦森林法では，自然郷土保護・空間整備政策や民法，カントンやゲマインデ法令と併せて，吉田の指摘する法原理を充足しており，アメリカとは異なるスイスの歴史的文脈での自然郷土保護法制と森林法制が結合した歴史過程が注目される。

行政法学では，磯部力（1993）「公物管理から環境管理へ」によれば「いまや地球という環境資源の有限性は，誰もが容易に視認できるレベルにまで達し…近代法によって破壊された環境公物の利用秩序の回復を意味する『新しい環境公物管理の法システム』を確立すること以外にありえない」（27 頁）との視点から警察的公害管理・土地利用規制から包括的環境管理へという法理念の展開に注目している。そして，行政法上の「管理」の意義を「公害行政の領域から発生してきたこと…もう一つの大きな発生基盤として，都市計画行政の歴史的展開という要因がある…当初建設警察として出発した土地利用規制行政が，次第に面的な都市計画規制に発展するとともに…歴史的には別々の行政領域であった公害行政と都市計画行政が，今日では，都市という人為的な生活環境の利用秩序の確立ならびにその計画的管理という現代社会にとっての最重要課題を共有する段階に到達し，…包括的な環境管理行政の核心部分を構成することになる」（30 頁）としている。さらに現代的「環境管理」と警察行政の行政手段の相違点を「警察領域においては，命令・禁止・許可・強制など主として権力的な行為形式が用いられ，仮に行政指導など非権力的手法が用いられるにしても，そこにはおのずから警察目的に由来する限界があると考えられるのに対し，管理の領域においては，まさに規範定立・計画策定行為から個別処分まで，公権力行使から非権力的な行政指導や協定・契約，補助金交付まで，法行為から事実行為まで，実に多様な行政手段が行使されうる点に本質的な特徴を見出すことができる」(52 頁) とする。

先にみたようにスイス連邦森林法における森林保全・景観保全に関する規定は，連邦森林警察法から引き継いだ転用禁止と森林との距離に関する規定に加え，森林確定と森林の近親性と立入・通行に関する規定が 1991 年連邦森林法の制定時に拡充されている。連邦森林法では連邦・カントンの林地転用の例外認可の要件を法定し，例外許可が認められた場合も同一地区で主要な立地に適した現物補充（Realersatz）を義務付け，転用許可によって成立する利益の調整を定め，土地利用計画における森林の利用地区への編入も転入許可を必要とし，土地利用計画の編成と改定の際に利用地区に隣接する森林，あるいは将来隣接が予定されている森林を森林確定により指定することとした。以上の転用と森林確定に関する規定は，すべての林地転用を原則禁止したうえで，さらに区域設定を伴う空間計画との結合とそれに基づく開発規制，開発利益の公共帰属を法定している点が日本の林地開発許可制度の枠組みと大きく異なる。

市町村の都市計画・建設行政における「建設主事」と同様に市町村に「森林主事」の設置を法定化することがこれまでも森林法改正の際にたびたび検討されつつも断念されている[8]。土地所有の絶対性に関する議論も日本の農地・都市計画・建設警察行政と森林・林業行政における対応の違いを見落すことはできない。市町村の森林・林業担当部署は歴史的にも森林警察行政や環境管理行政の埒外にあり，国の土地利用・環境管理に関する法制度的枠組みと市町村の森林・林業行政の執行体制も不十分であり，都市計画・建設行政と森林・林業行政の地域における重要性と公共性を現状では同列に考えることはできない。つまり国家による「制度いじり」で問題解決が図れる課題ではなく，地域住民の生産基盤や居住空間として多面的な機能を持つ森林利用のあり方を総合的な土地利用のなかで位置づけ，その共同性と競合性を自治的に地域が調整し，その総意を地域に依拠した公共性として決定し，個別具体的な森林利用に反映する過程なしに地域資源としての有効活用や社会的コスト負担に関する広範な地域の参画は期待できない。こうした意味での地域の合意なしにマスタープランを標榜する市町村森林整備計画が実効性を持ち，絶対的土地所有を調整，制御し得るものとはなり得ない。日本林政は残念ながらその制度的足がかりを何ら獲得し得ていない。

根本問題は，森林管理をめぐる国際的潮流や自治体政策運営が統治型から自治型に転換されるなかにおいても，国の森林・林業政策の転換がなされず，日本の現状に即した重層的な地域森林管理を誰がどのような手法と手続きで形成するかという制度的枠組みと社会的合意，持続的な経営主体が存在しない点にある。それを社会的共通資本や森林ガバナンスの問題と言い換えることで問題は何ら解決せず，民法・行政法・環境法と森林管理問題の専門家による法理の究明が求められる。

(4) 行政任務の再定義と組織再編

スイスの森林管理制度と森林行政組織は，図終-3に示すように連邦（森林管理に関する上級監督），カントン（森林法の執行と公益性の維持），ゲマインデ（森林経営主体としての地域森林管理の分担）という重層構造を形成している。連邦森林法はカントン森林法に対する枠組みを示し，カントンは連邦森林法・森林令の枠内でカントン森林法を制定し，森林法の執行と公益性の維持に関する責任を持つ。

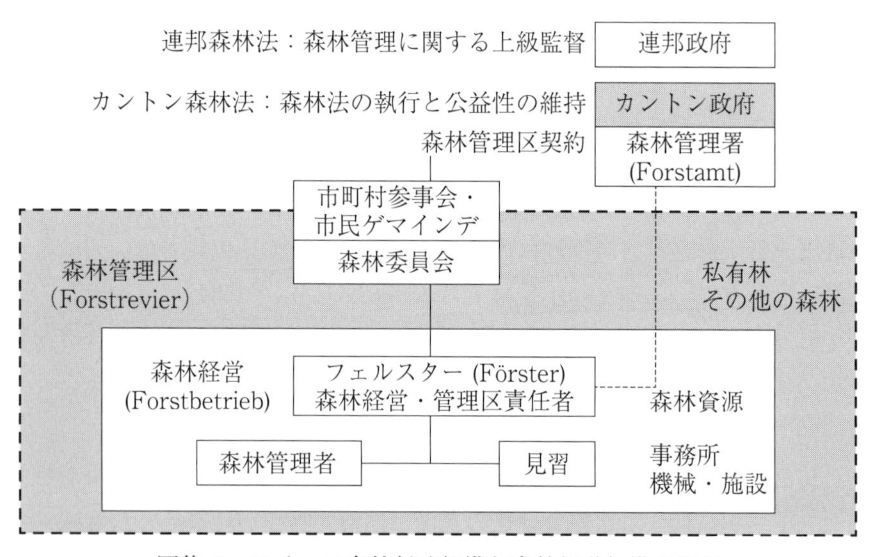

図終-3　スイスの森林行政組織と森林経営組織の関係

連邦は1999年連邦憲法第77条に基づき森林管理に関する上級監督の権限を持ち，連邦森林法は連邦の権限を次のように規定している。①連邦森林法の実行の監督，5,000m^{2}超及び複数カントンに関係する転用申請の例外許可，連邦森林法により連邦に直接的に委任された課題の実行（同法第49条），②計画規程，経営規程などのカントンの施行規程に関する連邦の許可（同法第52条）とカントンの施行規程の連邦への報告義務（同法第53条）。森林行政の連邦管轄官庁は，連邦環境・交通・エネルギー・コミュニケーション省（Eidgenössisches Departement für Umwelt, Verkehr, Energie und Kommunikation）であり，環境庁（Bundesamt für Umwelt, BAFU）の森林部（Abteilung Wald）に木材産業・林業課，森林保護課，森林保全・森林政策課，給付・整備課の4セクションが置かれている。

1997年カントン・ベルン森林法では，第38条で森林行政組織の任務を「森林法の執行と公益性の維持」，「経営の組織化と形成は森林所有者の任務」と規定し，両者を峻別している。森林行政組織の任務は，委任できない任務（同法第39条）と委任できる任務（同法第40条）に区分され，後者は森林管理区契約を締結したゲマインデにカントン森林令第54条，55条に基づく森林管理区交付金を支給し，委任している[(8)]。委任できない任務は，a. 森林保全，森林整備に関する監督と自然災害防止に関する監督と必要な措置の命令，b. 森林警察，c. 地域森林計画，d. 補助金の供与，e. カントン有林に対する責任の4項目が規定されている。一方，カントンが自ら実行または第三者に委任できる任務は，a. 助言活動，b. 選木記号づけと伐採許可，c. 森林現況の監視，d. 森林種苗供給の確保，e. 教育と再教育，f. 広報活動である。このうち選木記号づけと伐採許可は，国家資格を有するフェルスターを雇用するゲマインデに委任され，後述する森林管理区におけるフェルスターの主要業務となっている。

カントン・ベルンの1997年までの森林行政組織は，森林自然庁（Amt für Wald und Natur）のもとにミッテルラント，ジュラ，オーバーラントの3森林管理局（Forstinspektionen）と19森林管理署（Kreisforstämter）が置かれていた。財政危機を契機に行政組織改革が実施され，森林管理局がすべて廃止され，森林管理署は8森林部（Waldabteilung）に統合された。森林部は，

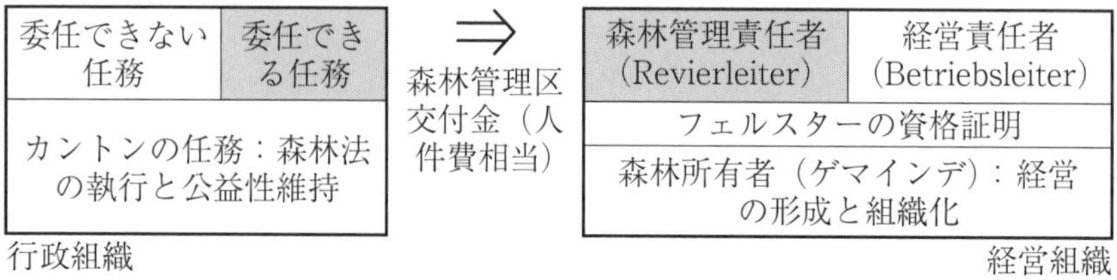

委任できない任務	委任できる任務
カントンの任務：森林法の執行と公益性維持	

行政組織

⇒ 森林管理区交付金（人件費相当）

森林管理責任者 (Revierleiter)	経営責任者 (Betriebsleiter)
フェルスターの資格証明	
森林所有者（ゲマインデ）：経営の形成と組織化	

経営組織

図終-4　スイスのカントン森林行政組織と森林経営組織の関係

従来の森林管理署の2～3程度の管轄区域を合わせた地域に設置され，地域経済・行政地域区分に対応した新たな森林圏区分（森林面積1.6～2.9万ha）に再編された。森林行政組織の現状は，カントンによる多様性が大きいが，連邦・カントン森林法の改正と併せて，それに対応したカントンの行政組織改革が並行して行われている[9]。

ゲマインデは，地域の代表的森林所有者として森林経営を行うとともにカントンと森林管理区契約を締結し，周辺の私有林などを含めた地域森林管理を受け持つ。カントンは委任した業務相当額のフェルスター人件費を森林管理区交付金としてゲマインデに支給し，現場技術者の設置を財政的に支援している。森林管理区契約に当たっては，フェルスターの資格証明の添付が義務づけられ，フェルスターはゲマインデに雇用された経営責任者（Betriebsleiter）と森林管理区契約に基づく森林管理区責任者（Revierleiter）としての任務を果たす。森林管理区（Forstrevier）は，F. Lanfranchi（1996）が明らかにしているようにドイツやオーストリアでは，一般的に森林経営における下位の構成単位（経営区）と理解されているが，スイスでは森林法上の行政管理義務と結びついた地域森林管理の単位として機能している。

以上のスイスの地域森林管理組織は，図終-4に示すように制度上の経営と管理を峻別したうえで，経営責任者と森林管理区責任者を人格的に一致させ，ゲマインデ自治に依拠した当事者解決アプローチを尊重しつつ現場技術者の社会的位置づけを国家資格として法定している点が注目される。

日本の森林・林業行政の役割と林業組織の関係性から日本とスイスでは，フォレスターの性格と位置づけは正反対となっている。日本の「フォレスター」は，スイスのゲマインデ・フェルスターのように経営責任者として，カントンの森林行政組織の任務の一部を地域定着的に担うのではなく，経営責任のない公務員が林業組織に対して，森林経営計画の認定・実行監理等の支援を行うことが想定されている。それは，日本の森林行政組織の任務が「公益性の維持」を自ら図るのではなく，「望ましい林業構造の確立」による「林業の持続的かつ健全な発展」を通じて「森林の多面的機能の発揮」を実現することを中心に据え，経営介入的・補助事業誘導的政策が行政により展開され，それ以外の政策手法を持ち合わせていないからであろう。この結果，森林行政組織は行政固有の本来的任務を放棄し，毎年変化する補助事業の事務手続きと予算獲得に追われ，林業組織は市場経済における経営努力よりも経営介入的補助制度への対応と制度リスクの軽減への対応が関心事となった。

協働原則はドイツ語圏諸国において，事前配慮義務や原因者負担原則とともに環境法の主要三原則の１つとされている。戸部真澄（2009）『不確実性の法的制御』では，現代国家活動における協働の必然性を「国家の制御資源の欠如」に求め，「基本権侵害への感受性欠如（社会の国家化）」と「第三者の権利利益の危殆（国家の社会化）」及び「民主的原理の空洞化」にその問題性をみている。また，協働の法的条件と協働による不確実性の法的制御の機能条件に関して，国家の核心的任務論における「高権的権限」と「社会の機能論理の尊重・利用」の関係を論じている。この点に関する日本林政におけるボタンの掛け違いの歴史的根は，序章や第５章で明らかにしたように深い。

日本の森林・林業行政組織に関しては，手束平三郎（2000）「総説」（大日本山林会編『戦後林政史』，所収）の「林政の機構」の項で３頁ほどの記載があるのみで実証的研究は少ない。林野庁と都道府県，市町村，森林組合の林業予算や補助事業を通じた関係のみならず，国有林監督官庁が別組織として存在せず，国有林管理を主とする行政組織が民有林政策の企画・指導と国有林の監督を同時に実施する現在の体制の妥当性や道州制の導入の際の林野行政組織や法制度のあり方に関しても議論が必要である。行政組織間や経営体・業界団体間においても協調と競争が相互に共存する「冷めた信頼関係」が林野庁と自治体・業界の共生・日和見的主義的対応を打破する近道であろう。

行政学では，今村都南雄（2006）『官庁セクショナリズム』や大森彌（2006）『官のシステム』が行政組織と官僚制の歴史・政治・組織過程の分析を行い，藤田由紀子（2008）『公務員制度と専門性：技術系行政官の日英比較』が国土交通省土木技官と厚生労働省医系技官を題材に技官の専門性と自律性を分析している。西尾勝編著（2000）は，都道府県に焦点を当て，国・都道府県・市町村の新しい関係を検討し，伊藤修一郎（2006）『自治体発の政策革新』は，景観条例から景観法への政策過程における政府間関係と政策革新を検討し，「自治体政策過程を理解する場合，特定の自治体に着目し，その領域内の内生条件を特定するだけでなく，自治体相互の関係にも目配りする必要がある。その相互作用を理解する鍵となるのが，相互参照と横並び競争である」（33頁）とする。農林水産省における林野技官や林野庁組織に関する行政学的研究とともに国・都道府県・市町村の森林・林業政策における政府間関係と政策革新に関する本格的研究の進展が期待される。

南雲秀次郎（2015）は，国有林における管理経営基本計画（林野庁段階）から地域管理経営計画・国有林野施業実施計画（森林管理局段階）の問題点を「計画決定に際して上位の計画担当者が広大な広がりを持ち多様な施業対象地に対して現場からの十分な情報もないままに与えられた基準に従って計画策定を行うため，現場の実情に合った計画を策定することも困難で，結局は広大な対象地に対して，一様に単純化された経営計画を作らざるを得ないことになる。他方，現場の実行責任者たる営林署長は，わずか数年間の在任期間中に上部機関から指示された収穫量や造林量等各種計画量をひたすら能率よく達成することでその有能さを発揮する以外になかった。本来，森林施業は現場の実状を基に実施すべきであるのに，この単純化と標準化のトップダウン方式こそが効率化された国有林経営の本質で，当初から企業的経営を目指した国有林当局の真の狙いでもあった」（50頁）としている。それは一般会計化された現在も基本的枠組みは維持され，1991年森林法改正による流域管理システムの導入と2013年の国有林野事業の一般会計化による民国一体化の提唱のもとに国有林経営理念の民有林への注入，浸透が継続されている。

日本の森林・林業問題の根源が明治以降の「(国家的) 所有」による (地域の林野)「利用」の排除と戦後における保続経営，行政固有の管理機能の放棄にあり，その制度的枠組みが1951年森林法と2001年森林・林業基本法にあるとすると，木材需要の拡大や生産・流通コスト削減だけでなく，地域の林野利用や行政組織と林業財政の役割を根本的に問い直す制度・政策の策定過程と制度変化への射程を保持することが重要となる。戦後性を克服した21世紀の森林管理制度の構築は，森林管理の基層を構成する森林利用・経営・管理の再定義に基づく，粘着的主要施策の改善と林政の基本法規としての1951年森林法体制の刷新が第一歩となる。それは農林水産省・環境省・国土交通省共管の森林基本法と自治体森林条例の統合による都道府県・市町村林政の多様性と独自性を許容するものであってもよいのかもしれない。林政・森林管理制度研究においても1951年森林法体制と国有林経営主義，林野庁の森林・林業政策を超える公共政策論としての研究視点と枠組みが求められる[10]。

参照文献 (終章)

K. ハーゼル (1979)『林業と環境』(1970年代のドイツ林政学の代表的教科書が何を問題としていたかが日本語訳で読める)

大森彌 (2006)『行政学叢書4 官のシステム』(行政学による国の官僚組織と公務員制度の分析)

岡裕泰・石崎涼子編著 (2015)『森林経営をめぐる組織イノベーション：諸外国の動きと日本』(林業経済研究者による森林経営に関する最新の国際比較研究)

注

(1) 半田良一編 (1990) は，「Ⅲ．林政の諸施策」を1. 林政の体系，2. 林業の生産基盤，3. 森林の環境効果，4. 森林計画，5. 国有林経営，6. 林業技術，7. 林業構造の改革，8. 森林組合，9. 林業労働力，10. 木材貿易と木材価格，11. 木材流通，12. 山村の振興から構成している。

(2) 自由民主党の林政活動に関しては，吉田修 (2012) の337，720～721頁に一部が垣間みられる。

(3) 太田勇治郎は，戦後の初代技官山林局長候補と言われながら林業試験場長に転出し，その後，信州大学と日本大学教授を務めた。臨終の際に「スイス林業を勉強するように」との遺言を残している。

(4) 林業経営の将来を考える研究会編 (2010) は，森林経営の成立要件としての連年経営への移行という共通の問題意識を共有しているが，その手法と対象，経路の想定は異なっている。

(5) A. Bernasconi, U. Schroff (2011)，BUWAL (1993)，BUWAL (2003) などの報告書がスイス連邦政府ホームページに公表されている。日本においても政府報告書のホームページにおける公開が望まれる。

(6) FORN (2012) The Swiss People and their Forests Results of the second population survey for sociocultural forest monitoringによる。
(7) 川島武宜 (1987) を参照。日本法社会学会は，川島武宜『所有権法の理論』の再検討をテーマに日本法社会学会編 (2014) を公表している。中尾英俊「共有の性格を有する入会権」(川島武宜・川井健編 (2007) 所収，489～577頁) も参照。
(8) 林業経済学会2013年春季大会シンポジウム討論要旨で林野庁の担当者が2011年森林法改正の際に市町村建設主事にならい森林法のなかで市町村に森林主事をおくことを検討したが，規制緩和と地域主権の潮流のなかで国がなぜ市町村に森林主事をおけと言えるのかという点の理解を得るのが難しいのでそれは見送ったとしている (「林業経済学会2013年春季大会シンポジウム　新政策の狙いと限界 討論要旨」(2014)，『林業経済』67 (4)，26頁)。
(9) カントンの森林行政組織の再編は，M. Adam・M. Schaffer (2001) を参照。
(10) 最近の公共政策論では，笠原英彦・桑原英明編著 (2013) は，歴史的・理論的アプローチの架橋を指向し，歴史的新制度論や不確実性の政策過程モデル，政策移転・転換論を展開し，秋吉貴雄・伊藤修一郎・北山俊哉 (2015) は，公共政策の決定過程と新制度論に言及し，政策決定過程と合理性・利益・制度・アイディアの関係を論じている。

参考文献

中尾英俊 (1965)『林野法の研究』勁草書房
中尾英俊 (1984)『入会林野の法律問題 新版』勁草書房
林政総合協議会編 (1977)『語り継ぐ戦後林政史』日本林業調査会
林政総合協議会編 (1978)『続 語り継ぐ戦後林政史』日本林業調査会
川島武宜 (1987)『新版 所有権法の理論』岩波書店
磯部力 (1993)「公物管理から環境管理へ」(松田保彦・久留島隆・山田卓生・碓井光明編『国際化時代の行政と法：成田頼明先生横浜国立大学退官記念』，所収)
BUWAL (1993) Zum Verhaltnis zwischen Forstwirtschaft und Natur- und Landschaftsschutz, BUWAL.
Fabio Lanfranchi (1996) Organisation und Aufgabe der Forstreviere: Aktueller Zustand und Entwicklungstendenzen, ETH Zürich.
Albin Schmidhauser (1997) Die Beeinflussung der schweizerischen Forstpolitik durch private Naturschützorganisationen,Mittelungen der Eidgenössischen Forschungsanstalt für Wald,Schnee und Landschaft Band72 Heft3.
Elinor Ostrom (1998) A Behavioral Approach to the Rational Choice Theory of Collective Action:Presidential Address, American Political Scieince Review,92 (1) .
西尾勝編著 (2000)『都道府県を変える！：国・都道府県・市町村の新しい関係』ぎょうせい
吉田邦彦 (2000)『民法解釈と揺れ動く所有論』有斐閣
Marcel Adam, Martina Schaffer (2001) Überblick über den Stand, die Hintergrunde und die Stossrichtung der Reorganisationen der kantonalen Forestverwaltungen, ETH Zürich.
BUWAL (2003) Forstliche Planung und Raumplanung Standortbestimmung und Entwicklungstendenzen.
志賀和人 (2003)「スイスにおける地域森林管理と森林経営の基礎構造」『林業経済』56 (6)
秋吉貴雄 (2004)「政策移転の政治過程：アイディアの受容と変容」『公共政策研究』4
志賀和人 (2004)「地域森林管理と自治体林政の課題」『林業経済研究』50 (1)
岩崎美紀子 (2005)『比較政治学』岩波書店
今村都南雄 (2006)『行政学叢書1 官庁セクショナリズム』東京大学出版会
大森彌 (2006)『行政学叢書4 官のシステム』東京大学出版会
伊藤修一郎 (2006)『自治体発の政策革新：景観条例から景観法へ』木鐸社
川島武宜・川井健編 (2007)『新版注釈民法 (7) 物論 (2) 占有権・所有権・共益物権』有斐閣
藤田由紀子 (2008)『公務員制度と専門性：技術系行政官の日英比較』専修大学出版会
戸部真澄 (2009)『不確実性の法的制御：ドイツ環境行政法からの示唆』信山社
林業経営の将来を考える研究会編 (2010)『林業経営の新たな展開：団地法人経営の可能性を探

る』大日本山林会
米倉誠一郎・清水洋（2011）「日本の業界団体：産業企業の能力構築の共進化」（柴孝夫・岡崎哲二編著『講座・日本経営史 4 制度転換期の企業と市場：1937 ～ 1955』ミネルヴァ書房，所収）
Andreas Bernasconi, Urs Schroff（2011）Professions and Training in Forestry：Results of an Inquiry in Europe and northern America, Federal Office for the Environment・FAO・ILO.
日本法社会学会編（2014）『新しい所有権法の理論 法社会学第 80 号』日本法社会学会
富井利安（2014）『景観利益の保護法理と裁判』法律文化社
ジョン・C. キャンベル（2014）『自民党政権の予算編成』勁草書房
三菱 UFJ 信託銀行編著（2015）『信託の法務と実務 6 訂版』金融財政事情研究会

あとがき

編者の気まぐれにお付き合いいただいた共著者に心からお礼申し上げたい。本書は編者が『民有林の生産構造と森林組合』(1995) から『現代日本の森林管理問題』(2000) を経て，たどり着いた戦後林業経済研究と日本林政に対する批判の書でもある。長い団体職員生活の経験からそんなこととは無関係に大学での研究教育生活を終えたいと考えていたが，成り行きで数年前に林業経済学会のシンポジウム報告を引き受け，一度はゴミ箱モデル的現実に身を置かざるを得なかったものとして，林政研究における臨床的実践性を踏まえた発言もすべきかとの心境に至った。本書が制度形成とその運用に関する経験知のない「研究者」・「市民」と現行の法制度の執行に関する経験知しかない「林務職員」の橋渡しの契機となれば幸いである。

民主党政権下の森林・林業再生プランをめぐる議論では，現地視察によるドイツ林業の理解や政策検討過程に対して，研究者がその問題性を的確に批判せず，追随的学会報告を行う姿が痛ましかった。法制度・政策の内容はともかく，Betrieb（施業・経営）や Verwaltung（管理・行政），Revier（管理区・経営区），Förster（フェルスター）といった明治期以来，学術的に定着している学術用語の解釈までも林野行政とそれに追随する研究者の都合で，国際的・学際的通用性を欠いた自己流解釈に変更してしまうことになぜ誰も異議申し立てをしないのか，不思議な危機感さえ感じた。その国の林政は残念ながら林業組織の政策形成能力や森林・林業問題研究の水準と無関係ではなく，森林・林業基本法の制定から再生プラン，2016 年の森林・林業基本計画の改定に至っている。

歴史を踏まえない「理論」は，時代の変化により妄想と化しやすく，制度変化の展望を描き得ない歴史分析は，化石化した自己満足に終わりがちである。私が関係した学生・大学院生には，森林管理の基層理解を踏まえた社会科学としての学術的普遍性と研究対象としての森林管理の特徴，経験知を踏まえた実践的有効性を統合した研究視点を追求して欲しいと考えたが，それさえも年寄りのつぶやきに終わりそうだ。それでも本書が林政学 300 年の歴史と泥沼を知らずに要領よく採用された林務職員や近隣分野から森林管理問題に関心を持ち勇敢に越境を厭わない研究者，気骨ある大学院生や現場で苦悩する実務者の退屈しのぎになれば幸いである。

本書の内容と研究方法は，編者の母校である東京教育大学林政学研究室の伝統と異なったものに漂着したが，学生時代からお世話になった故鈴木尚夫先生，赤羽武先生，故萩野敏雄氏，荒谷明日兒氏，餅田治之氏，成田雅美氏，故柳幸広登氏には，様々な研究や議論の機会を与えていただいた。本書の作成過程では，筑波大学の大学院生や森林総合研究所の研究者，石井寛先生を初めとした林業経済学会の会員の方々から貴重なご意見をいただいた。さらに都道府県や森林組合関係者，森林・林業の現場で働く方々には現地調査や委員会・検討会で大変お世話になった。机上の空論に納まりきれない何かがあるとすれば，興林会勢力と無関係な民有林の現場との接点を持てたおかげと深く感謝している。

編者の研究視点は歴史的制度論と森林管理論の統合に置かれているが，各著者の視点や方法論は編者と必ずしも同様ではなく，制度派と市場経済派，山村・農民派，市民社会派の呉越同舟状態ともいえる。その意味では単なる研究対象の分担に過ぎない方法的越境のない共同研究と自らの土俵から一歩も踏み出し得ていない現状に私自身編著者として深く反省している。発行が退職１年半前となり個別施策や都道府県・市町村林政，森林管理制度・政策の本格的国際比較と歴史的制度論以外の新制度論に基づく統合的アプローチや制度変化に関する本格的な分析は，割愛せざるを得なかった。私に残されたわずかな研究時間でそれなりに取り組んでいきたいと考えているが，私が力尽きたその先は，中堅・若手研究者によって，近い将来本格的研究に結実することを切望している。

2016年9月30日

志賀 和人

執筆者紹介（執筆順）

志賀和人（しが かずひと）序章・第２章・終章
1953 年生まれ，筑波大学生命環境系教授
著書　志賀和人・成田雅美編著（2000）『現代日本の森林管理問題：地域森林管理と自治体・森林組合』，志賀和人（2015）「現代日本の林業政策と森林経営問題」，「日本における組織イノベーションと森林経営」（岡裕泰・石崎涼子編著『森林経営をめぐる組織イノベーション：諸外国の動きと日本』）

立花　敏（たちばな さとし）第１章
1965 年生まれ，筑波大学生命環境系准教授
著書　立花敏（2010）「林産物貿易の展開」他（森林総合研究所編『中国の森林・林業・木材産業：現状と展望』），立花敏（2010）「ニュージーランド」（日本林業経営者協会編『世界の林業：欧米諸国の私有林経営』），立花敏（2015）「森林資源経済学の基礎」（馬奈木俊介編著『農林水産の経済学』），立花敏（2015）「森林の管理と利用」（中村徹編著『森林学への招待 増補改訂版』），立花敏（2015）「主要先進国における森林と林業，そして林産物貿易」他（岡裕泰・石崎涼子編著『森林経営をめぐる組織イノベーション：諸外国の動きと日本』）

興梠克久（こうろき かつひさ）第３章
1968 年生まれ，筑波大学生命環境系准教授
著書　興梠克久編著（2013）『日本林業の構造変化と林業経営体：2010 年林業センサス分析』，佐藤宣子・興梠克久・家中茂編著（2014）『林業新時代：「自伐」がひらく農林家の未来』，興梠克久編著（2015）『「緑の雇用」のすべて』

土屋俊幸（つちや としゆき）第４章
1955 年生まれ，東京農工大学大学院農学研究院教授
著書　土屋俊幸（2011）「サステイナブル・ツーリズムの可能性」（森林総合研究所編『山・里の恵みと山村振興：市場経済と地域社会の視点から』），土屋俊幸（2012）「サステイナブル・ツーリズムの計画」（千賀裕太郎編著『農村計画学』），

畠山武道・土屋俊幸・八巻一成編著（2012）『イギリス国立公園の現状と未来』，梶光一・土屋俊幸編著（2014）『野生動物管理システム』

山本伸幸（やまもと のぶゆき）第５章
1966年生まれ，森林総合研究所林業経営・政策研究領域
著書　山本伸幸（2014）「営林の監督と森林計画制度」，「森林資源の助長」（戦後日本の食料農業農村編集委員会編『戦後日本の食料・農業・農村第２巻（Ⅱ）』），山本伸幸（2015）「フィンランド森林所有者共同組織の基層とその変容」（岡裕泰・石崎涼子編著『森林経営をめぐる組織イノベーション：諸外国の動きと日本』），山本伸幸（2015）「『林業の構造矛盾』について：フィンランドの経験を手掛かりに」（餅田治之・遠藤日雄編著『林業構造問題研究』）

初出一覧：本書は全体的に書き下ろしが主体を占めるが，一部に以下の初出論文や図書を改めて再構成，大幅に加筆した部分が含まれる。

序章　森林管理制度論の研究対象と方法　志賀和人（2015）「森林管理の基層理解と林政研究」（餅田治之・遠藤日雄編著『林業構造問題研究』）の一部を大幅に加筆，再編。

第１章　木材市場の展開と木材産業　すべて書き下ろし。

第２章　市場経済と林業経営　志賀和人（2002）「山林保有と森林経営」（餅田治之編著『日本林業の構造的変化と再編過程：2000年林業センサス分析』），餅田治之・志賀和人編著（2009）『日本林業の構造変化とセンサス体系の再編：2005年林業センサス分析』の一部を加筆のうえ，大幅に再編。

第３章　林業担い手像の再構成　佐藤宣子・興梠克久（2006）「林家経営論」（林業経済学会編『林業経済研究の論点：50年の歩みから』），興梠克久（2014）「再々燃する自伐林家論：自伐林家の歴史的性格と担い手としての評

価」（佐藤宣子・興梠克久・家中茂編著『林業新時代：「自伐」がひらく農林家の未来』），興梠克久（2015）「自伐林家論の再構成と新しい集落営林」『山林』1569，興梠克久（2015）「戦後林業労働問題と『緑の雇用』」（興梠克久編著『「緑の雇用」のすべて』）を大幅に加筆，再編。本稿のなかで紹介した現地調査の一部は，科研費25292090及び15H04562の助成を受けた。

第４章　森林の観光レクリエーション利用と地域資源管理　土屋俊幸（2002）「森林資源の多面的利用の現状」（餅田治之編著『日本林業の構造変化と再編過程：2000年林業センサス分析』，56～81頁）の一部を改編して使用した以外は，すべて書き下ろし。

第５章　森林管理と法制度・政策　戦後日本の食料農業農村編集委員会編『戦後日本の食料・農業・農村第２巻（Ⅱ）』，177～202頁の一部を改編して使用した以外は，すべて書き下ろし。

終章　戦後林政の克服と制度変化　志賀和人（2003）「スイスにおける地域森林管理と森林経営の基礎構造」『林業経済』56（6），志賀和人（2004）「地域森林管理と自治体林政の課題」『林業経済研究』50（1），志賀和人（2015）「現代日本の林業政策と森林経営問題」（岡裕泰・石崎涼子編著『森林経営をめぐる組織イノベーション』）の一部を大幅に加筆，再編。

索　引

さ行

た行

な行

は行

ま行

や行

ら行

わ行

2016年9月30日　第1版第1刷発行

森林管理制度論（しんりんかんりせいどろん）

編著者 ―――――― 志賀和人
カバー・デザイン ―― 峯元洋子
発行人 ―――――― 辻　潔
発行所 ―――――― 森と木と人のつながりを考える
㈱日本林業調査会
〒160-0004
東京都新宿区四谷2－8　岡本ビル405
TEL 03-6457-8381　FAX 03-6457-8382
http://www.j-fic.com/

印刷所 ―――――― 藤原印刷㈱

定価はカバーに表示してあります。

ISBN978-4-88965-247-5

再生紙をつかっています。